高等学校计算机基础教育教材

Python语言
程序设计基础教程

傅清平 李雪斌 徐文胜 编著

清华大学出版社

北京

内 容 简 介

本书以程序设计为主线,以编程应用为驱动,理论联系实际,通过丰富的实例分析详细介绍了Python程序设计的思想及方法。全书叙述严谨、案例丰富、由浅入深、难易适中、重点突出。

全书共分为9章,内容包括Python概述,Python基本数据类型、表达式和内置函数,程序控制结构,组合数据类型,函数,字符串和正则表达式,文件,Python面向对象编程,科学计算与可视化。为避免学习过程的枯燥、乏味,本书精选了一些实用性强、趣味性足的实例。这些实例增强了全书的可读性和学生的参与性,便于学生在轻松愉快的氛围中学习。

本书适合作为高等学校各专业Python程序设计课程的教材,也可以作为广大编程爱好者的自学读物,还可以作为各类计算机等级考试的辅导用书。本书配套的电子资源包括PPT、书中例题代码和习题参考答案等,均可在清华大学出版社官网免费下载。

图书在版编目(CIP)数据

Python语言程序设计基础教程/傅清平,李雪斌,徐文胜编著. —北京:清华大学出版社,2022.1
(2022.7重印)
高等学校计算机基础教育教材
ISBN 978-7-302-59856-5

Ⅰ. ①P… Ⅱ. ①傅… ②李… ③徐… Ⅲ. ①软件工具−程序设计−高等学校−教材 Ⅳ. ①TP311.561

中国版本图书馆CIP数据核字(2022)第000649号

责任编辑:袁勤勇 杨 枫
封面设计:常雪影
责任校对:李建庄
责任印制:朱雨萌

出版发行:清华大学出版社
　　　　　网　　　址:http://www.tup.com.cn,http://www.wqbook.com
　　　　　地　　　址:北京清华大学学研大厦A座　　　　　邮　　编:100084
　　　　　社　总　机:010-83470000　　　　　邮　　购:010-62786544
　　　　　投稿与读者服务:010-62776969,c-service@tup.tsinghua.edu.cn
　　　　　质量反馈:010-62772015,zhiliang@tup.tsinghua.edu.cn
　　　　　课件下载:http://www.tup.com.cn,010-83470236
印　刷　者:北京富博印刷有限公司
装　订　者:北京市密云县京文制本装订厂
经　　销:全国新华书店
开　　本:185mm×260mm　　　印　　张:17.75　　　字　　数:410千字
版　　次:2022年1月第1版　　　印　　次:2022年7月第2次印刷
定　　价:52.00元

产品编号:094731-01

前 言

Python 是一种面向对象的解释型计算机程序设计语言,同时也支持面向过程的编程。具有丰富和强大的标准库及第三方可扩展库,可扩展性非常好。据 TIOBE 的编程语言排行榜统计,截至 2021 年 8 月,Python 已经成为继 C 语言之后的第二大语言。

Python 语言有很多优点:简单易学、免费开源、高层语言、可移植性强、面向对象、可扩展性、可嵌入型、丰富的库、规范的代码等。因此,在系统编程、图形界面开发、科学计算、文本处理、数据库编程、Web 开发、自动运维、多媒体应用、游戏开发、大数据、金融分析、人工智能等方面得到广泛应用。目前,不仅计算机相关专业人员选择使用 Python 语言快速开发,非计算机专业人员也纷纷选择 Python 语言帮助自己解决专业问题。

"程序设计基础"是高校普遍开设的一门计算机基础课程,它既面向计算机专业的学生,也面向非计算机专业的学生。该课程的主要目标是通过程序设计语言的学习,使学生掌握一种计算机语言的基本语法和规则,掌握程序设计的基本方法和编程技能,并学会使用该语言通过编程解决一些实际的问题。

本书作者长期从事非计算机专业的"程序设计基础"课程的教学,积累了丰富的教学经验。把多年的教学体验融入本书的编写中,力争做到如下几点。

(1) 对每个知识点提供相关的程序实例,使读者能更直观地理解和掌握 Python 语言的基本语法和程序设计方法,并逐步提升解决问题的能力。

(2) 每一章后面提供了适量的习题,便于读者检验自己的学习情况,及时发现学习过程中存在的问题并及时解决。

(3) 针对重点和难点知识,给出了大量的分析和注释,力争把重点和难点讲透讲懂,并给出应用实例。

本书共分为 9 章,各章节内容如下。

第 1 章的主要内容有计算机工作原理简介,程序和程序设计语言的概念及分类,程序的执行方式;Python 语言的概述,Python 开发工具 IDLE 的下载、安装、运行;通过几个简单的例子学习,使读者掌握 Python 语言的基本语法规则;Python 中模块的概念,模块的下载、安装、导入以及 math 和 random 模块的使用。

第 2 章的主要内容有基本数据类型常量的表示形式,变量的定义;各种运算符的功能、优先级和结合性,表达式的书写规范;最后对常用的内置函数进行讲解。

第 3 章的主要内容有算法的概念,算法的表示方法,如传统的流程图、N-S 流程图等;选择结构程序设计,如双分支、单分支、多分支和嵌套的 if 语句等;循环结构程序设计,如

while 和 for 循环语句、break 和 continue 循环跳转语句以及 else 语句；多重循环结构程序的设计；异常处理的概念及分类、异常处理控制语句 try 语句的各种类型。

第 4 章的主要内容有组合数据类型的概念及分类；列表的创建、访问、切片以及列表的运算和操作函数、方法等；元组的创建、访问、切片以及元组的运算和操作函数及方法；集合的创建、访问以及集合的运算和操作函数及方法；字典的创建、访问和操作函数及方法等。

第 5 章的主要内容有函数的概念、定义、调用、返回值；函数的参数传递，位置参数、关键字参数、默认值参数、可变长参数；变量的作用域即全局变量、局部变量和非局部变量；lambda 函数的定义和使用。

第 6 章的主要内容有字符串的创建、访问、切片以及字符串的运算和操作函数及方法；正则表达式的模式设计、正则表达式的常用函数等。

第 7 章的主要内容有文件的基本处理；数据维度的概念、表示、处理及文件管理等。

第 8 章的主要内容有面向对象的概念及与面向过程的区别；类的定义，实例对象的创建；对象属性和对象方法的使用；继承与多态的概念；方法重载等。

第 9 章的主要内容有与科学计算和数据可视化相关的 numpy、pandas 和 matplotlib 三个扩展库的介绍和使用。

本书由江西师范大学计算机信息工程学院的任课教师编写，具体分工如下：傅清平老师负责第 1、2、4 章、第 3 章的 3.3 节和 3.4 节以及附录 A 的编写；李雪斌老师负责第 3 章的 3.1 节和 3.2 节及第 7～9 章的编写；徐文胜老师负责第 5、6 章的编写。全书由傅清平老师统稿和定稿。

本书在编写和出版过程中得到了许多人的帮助，包括领导的支持和关心、同事的意见和建议及家人的理解和支持。清华大学出版社的领导和编校人员为本书的出版提供了无私的帮助，在此一并表示真诚的感谢！

本书在编写过程中，参考了大量的书籍和资料，在此谨向这些文献资料的作者表示衷心的感谢！

由于作者的时间和水平有限，书中难免存在疏漏和不足之处，恳请广大读者批评指正。

编　者

2021 年 8 月

目 录

第1章

Python 概述

学习目标：

- 了解计算机的工作原理，程序与程序设计的基本概念，程序设计语言的分类，程序的执行方式。
- 了解 Python 语言历史沿革，熟练掌握 Python IDLE 环境的安装与使用。
- 学习并掌握 Python 程序的基本语法规则。
- 理解 Python 中模块的概念，学会库的安装、导入和使用。

1.1 程 序

程序是一个多义词，本书中的程序特指计算机程序。程序是一组指令序列的集合，是为解决某一特定问题而采用某种程序设计语言而编写的一组指令序列。

1.1.1 计算机工作原理简介

目前市面上使用的计算机的工作原理都遵循冯·诺依曼原理，该原理是由美籍匈牙利数学家冯·诺依曼于 1945 年提出来的。冯·诺依曼体系结构的计算机的工作原理可以概括为 8 个字：存储程序、程序控制。

存储程序：将问题求解的步骤编写成程序，并把程序存放在计算机的内存储器中。

程序控制：计算机在运行程序时，先从内存中取出第一条指令，通过控制器的译码，按指令的要求，从存储器中取出数据进行指定的运算和逻辑操作等加工，然后再按地址把结果送到内存中。接下来，再取出第二条指令，在控制器的指挥下完成规定操作。重复这一操作，直到程序中的指令执行完毕。

1.1.2 程序设计语言类型

程序设计语言是用于书写计算机程序的语言，也叫作计算机语言。语言的基础是一组记号和一组规则，根据规则由记号构成的记号串的总体就是语言。在程序设计语言中，这些记号串就是程序。

程序设计语言数量很多,每年都会产生一些新的编程语言,同时也会有一些语言因为用户少而逐渐被淘汰。按层次来分,程序设计语言可以分为 3 类:机器语言、汇编语言和高级语言。

1. 机器语言

机器语言是一种计算机能够直接识别和执行的程序设计语言,是用二进制代码表示的一种机器指令的集合。

一条指令就是机器语言的一条语句,它是一组有意义的二进制代码。指令的基本格式一般包括操作码和地址码,其中操作码指明了指令的操作性质及功能,地址码则给出了操作数或操作数的地址。

机器语言具有灵活、直接执行和速度快等特点。但不同型号的计算机的机器语言是不相通的,由一种计算机的机器指令编制的程序,在另一种计算机上不能运行。因此由机器语言编写的程序,可移植性差。

2. 汇编语言

汇编语言用一些容易理解和记忆的字母、单词(也叫作助记符)来代替一个特定的指令中的操作码和操作数。例如,用 ADD 代表数字逻辑上的加减,用 MOV 代表数据传递。例如:

```
MOV AX,100H    (表示将十六进制数 100H 存入寄存器 AX 中)
ADD AX,BX      (表示将寄存器 AX 中的数据与寄存器 BX 中的数据相加,结果仍存回寄存器 AX)
```

因此,用汇编语言书写程序比直接用机器语言书写程序具有更高的效率,且较机器语言易懂、易查错。但汇编语言仍是一种面向机器的低级语言,也与机器的硬件相关,可移植性差。

用汇编语言编写的程序是由一系列的助记符组成,计算机不能识别和直接执行,必须把汇编语言程序转换成机器语言程序才能在计算机上执行。将汇编语言程序转换成机器语言程序的过程称为"汇编"。

3. 高级语言

机器语言和汇编语言与计算机的硬件系统密切相关,用机器语言或汇编语言在某种计算机上编写的程序,在另一种计算机是不可以运行的,所以把机器语言和汇编语言称为低级语言。相对于低级语言而言,高级语言是较接近自然语言和数学公式的编程语言,用人们更易理解的方式编写程序,基本脱离了机器的硬件系统,可移植性好。

例如,用 Python 语言来表示把 1+3 赋给变量 x 并输出,可表示为

```
x=1+3
print(x)
```

显然,高级语言比低级语言更易懂、更易学。

到目前为止,高级语言出现过 2000 多种,门类繁多,各种高级语言在不同的历史时期和应用领域发挥了不同的作用,有些昙花一现,有些却像常青树,例如 C、Fortran 等语言。

1.1.3　程序的执行方式

用高级语言编写的程序称为源程序,源程序虽然容易编写、易懂、易理解,但是计算机不能识别和执行,必须把源程序"翻译"成机器语言程序才可以执行。

目前"翻译"有 3 种方式,分别是编译方式、解释方式和虚拟机工作方式。

1. 编译方式

源程序需要经过一个"编译程序"进行编译(compile),编译程序把源程序编译成目标文件。目标文件还不能直接运行,需要与其他辅助的库代码进行链接(link),生成最后的可执行程序(扩展名为 exe,Windows 中叫作应用程序)。可执行程序可以在机器上运行。像 C、C++、FORTRAN 等高级语言编写的源程序采用的就是这种执行方式。

2. 解释方式

而有些高级语言,如 Basic、JavaScript 等编写的源程序采用了"解释"方式来执行程序,这种方式由一种称为"解释器"的软件来实现,解释器并不是将源程序整体翻译成目标代码,而是解释一条语句执行一条语句。

3. 虚拟机工作方式

除了前面讲的编译方式和解释方式,目前有一些高级语言采用了编译方式和解释方式相结合的方式执行,这种方式称为虚拟机工作方式。目前非常流行的语言,如 Java、Python、Perl 等都采用这种方式。

以 Python 为例,使用 Python 语言编写的源程序(.py)文件,首先要编译成字节码(.pyc)文件,字节码文件不是机器语言指令,不能被计算机执行,必须由 Python 虚拟机进行解释执行。除此之外,Python 还可以以交互模式直接运行。

1.2　Python 简介、环境的安装与使用

1.2.1　Python 简介

Python 语言诞生于 1989 年,其创始人为荷兰的吉多·范罗苏姆(Guido Van Rossum)。Guido 在 1989 年圣诞节期间,为了打发无聊的圣诞节开发了一种新的编程语言。该语言之所以叫作 Python(中文为蟒蛇之意),是因为 Guido 是英国 20 世纪 70 年代首播的电视喜剧《蒙提·派森的飞行马戏团》(*Monty Python's Flying Circus*)的狂热爱好者。

Python 已经成为最受欢迎的程序设计语言之一。自从 2004 年以后,Python 的使用

率呈线性增长。Python 2 于 2000 年 10 月 16 日发布，稳定版本是 Python 2.7。Python 3 于 2008 年 12 月 3 日发布，不完全兼容 Python 2。2018 年 3 月，Guido 在邮件列表上宣布 Python 2.7 于 2020 年 1 月 1 日终止支持。近几年，随着全球对大数据、人工智能、数据科学、机器学习的关注不断升温，Python 的使用率获得了迅猛增长。从 2019 年 6 月开始，Python 语言一直处在 TIOBE 编程语言排行榜的第三位，到 2021 年 8 月已居第二位，且与第一位的 C 语言差距越来越小，如图 1-1 所示。

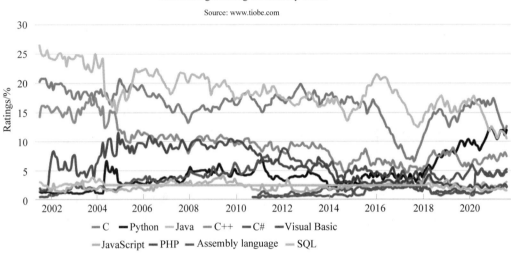

图 1-1　TIOBE 2021 年 8 月的编程语言排行榜

目前广泛学习和使用的是 Python 3.X，截至 2021 年 8 月，Python 的最新版本是 Python 3.9.6，本书中的所有代码在 Python 3.7 版本下运行通过。

Python 能获得越来越多人的喜爱是有很多原因的，主要有以下 4 点。

(1) Python 的设计哲学是优雅、明确、简单。例如，同一个问题，C 语言要写 500 行代码，Java 要写 100 行，而 Python 可能只要 20 行，因此 Python 是一种相当高级的语言，支持命令式编程和函数式编程，非常适合初学者。

(2) Python 提供了大量功能强大的基础库，覆盖了科学计算、数据分析、人工智能、网络、系统运维、GUI、数据库等各种领域，使得 Python 几乎无所不能，因此也有了"人生苦短，我用 Python"的说法。

(3) Python 是完全面向对象的语言。函数、模块、数字、字符串等都是对象，并且完全支持继承、重载等机制，极大增强了代码的复用性。

(4) Python 是一种"胶水语言"。Python 可轻松将其他语言（如 C、C++、Java 等）编写的程序进行集成和封装，极大地提高了 Python 的可扩充性。

1.2.2　在 Windows 平台上安装 Python IDLE 环境

IDLE(Integrated Development and Learning Environment，集成开发和学习环境)，

是开发 Python 程序的基本 IDE,具备基本的 IDE 的功能,是非商业 Python 开发的不错的选择。只要安装好 Python,IDLE 就自动安装好了。

安装 Python 非常简单,以安装 Python 3.7.0 为例,具体步骤如下。

(1) 如果没有 Python 安装包,先要到 Python 官方网站 https://www.python.org/downloads/下载 Windows 操作系统的安装包,如图 1-2 所示。

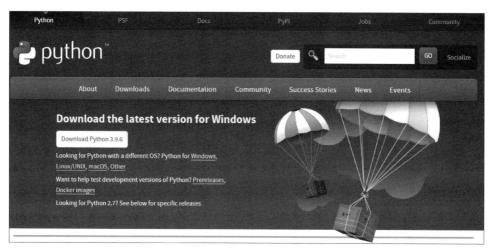

图 1-2　Python 官方网站

(2) 双击安装包,即可出现如图 1-3 所示的安装向导界面,选中 Add Python 3.7 to PATH 复选框。如果没有选中复选框,在 Windows 命令行窗口中运行 Python、pip 等程序时要指定程序所在路径,否则系统会找不到可运行的程序。

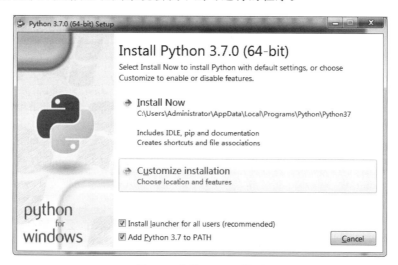

图 1-3　安装 Python 界面

(3) 选择 Customize installation 选项,弹出如图 1-4 所示的界面。

(4) 单击 Next 按钮,弹出如图 1-5 所示的界面。

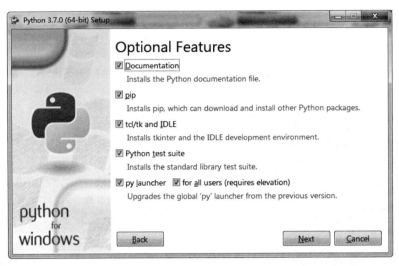

图 1-4　Optional Features 界面

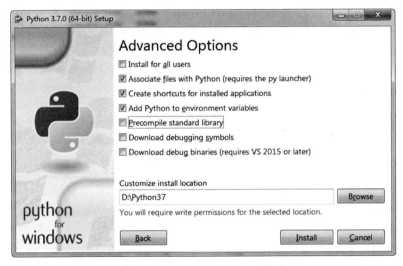

图 1-5　Advanced Options 界面

（5）在图 1-5 所示的界面中可以根据需要设置 Advanced Options（高级选项），此处将 Customize install location（安装路径）设置为 D:\Python37。设置完成后，单击 Install 按钮开始安装，出现安装进度界面，耐心等待安装完成。

（6）安装完成后，弹出如图 1-6 所示的界面，单击 Close 按钮，安装结束。

1.2.3　Python IDLE 的运行

单击 Windows 的开始菜单，在弹出的开始菜单中，依次选择"所有程序"→Python37→IDLE（Python 3.7 64-bit），即可启动内置的解释器（IDLE 集成开发环境），如图 1-7 所示。

图 1-6　安装成功界面

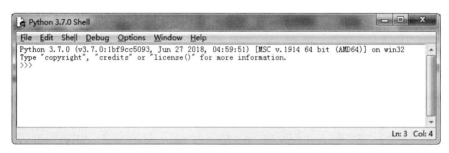

图 1-7　IDLE 的 Shell 窗口

Python 程序运行支持交互式方式和程序文件执行方式。

1. 交互式方式

交互式方式是一种命令行的解释方式,即当输入一条命令并按 Enter 键后,解释器
(Shell)即负责解释并执行命令。例如在图 1-7 的 Shell 窗口中,可以在 Python 提示符
>>>后输入 Python 语句,通过交互式运行 Python 语句输出结果,如图 1-8 所示。

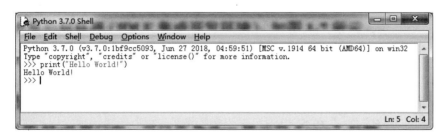

图 1-8　在 IDLE 交互式运行 Python 语句

本书在编排时,把交互式执行的语句的输出结果写在代码下面,请读者阅读时注意。

2. 程序文件执行方式

先在 IDLE 的 Editor 窗口中编辑程序文件,下面通过一个具体的操作演示创建并运行 Python 程序的方法。

(1) 选择 Shell 窗口中的 File→New File 命令,即可创建一个默认名称为 Untitled 的 Python 程序文件并自动打开 Editor 窗口,在窗口中输入程序的所有代码,如图 1-9 所示。

图 1-9　IDLE 的 Editor 窗口

(2) 选择 Editor 窗口中的 File→Save 命令,在弹出的"另存为"对话框中,选择保存路径并输入文件名,如图 1-10 所示。单击"保存"按钮,文件默认的扩展名为 py,此例中文件的全名是 hello.py。

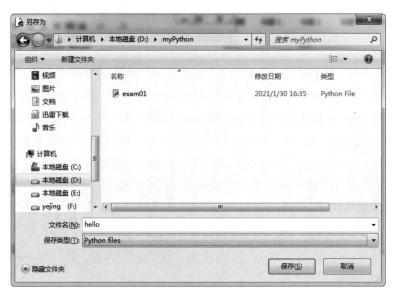

图 1-10　"另存为"对话框

(3) 返回到 Editor 窗口,在 Editor 窗口选择 Run→Run Module 命令或按下 F5 键,可以运行当前程序文件,并在 Shell 窗口输出运行结果,如图 1-11 所示。

如果要运行一个已经存在的程序文件,可以选择 Shell 或 Editor 窗口中的 File→Open 命令,在弹出的对话框中找到相应文件,单击"打开"按钮,如图 1-12 所示,再操作第 (3)步即可。

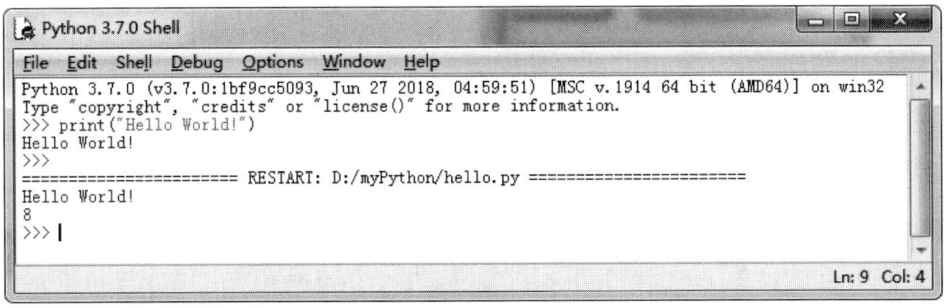

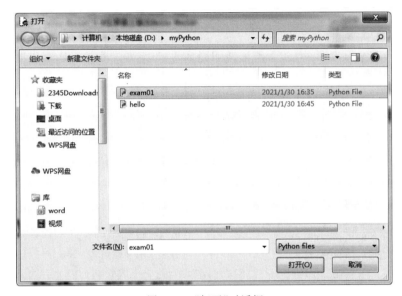

图 1-11　程序文件运行结果

图 1-12　"打开"对话框

1.3　Python 语言的基本语法规则

1.3.1　几个简单的 Python 程序

【例 1-1】　计算矩形的面积和周长。

程序代码如下：

```
#liti1-1.py
length=10                      #假定矩形的长为 10
width=5                        #假定矩形的宽为 5
c=(length+width) * 2           #计算矩形的周长
s=length * width              #计算矩形的面积
print("矩形的周长为:",c)        #输出矩形的周长
```

```
print("矩形的面积为:",s)                    #输出矩形的面积
```

程序运行结果如下：

```
矩形的周长为: 30
矩形的面积为: 50
```

程序分析：

（1）本程序通过几条赋值语句给变量赋值，代码中的＝是赋值运算符，其含义是把＝右边的表达式的结果赋给左边的变量；

（2）print()是输出函数，用来输出计算的结果；

（3）以♯开头的是单行注释语句，注释是解释说明语句或程序的功能，帮助读者读懂程序，不会执行。

例 1-1 只能求长为 10，宽为 5 的矩形的周长和面积，如果要计算任意矩形的周长和面积，上述程序修改如下。

【例 1-2】 输入矩形的长和宽，计算矩形的周长和面积。

程序代码如下：

```
#liti1-2.py
length=eval(input("请输入矩形的长:"))      #运行时通过键盘输入矩形的长
width=eval(input("请输入矩形的宽:"))       #运行时通过键盘输入矩形的宽
c=(length+width)*2                        #计算矩形的周长
s=length*width                           #计算矩形的面积
print("矩形的周长为:",c)                   #输出矩形的周长
print("矩形的面积为:",s)                   #输出矩形的面积
```

程序运行结果如下：

```
请输入矩形的长:6
请输入矩形的宽:4
矩形的周长为: 20
矩形的面积为: 24
```

程序分析：

（1）该程序中的矩形的长和宽是程序运行时输入的，每次运行输入不一样，所计算的矩形也不一样。

（2）程序中通过调用 input()函数进行输入，但是 input()只能输入字符串型的数据。

（3）调用函数 eval()的目的是将 input()函数输入的字符串转换成数字型。

关于函数 eval()、input()、print()更详细的内容将在第 2 章中介绍。

【例 1-3】 从键盘输入一个整数，判断它是奇数还是偶数。

程序代码如下：

```
#liti1-3.py
num=eval(input("请输入一个整数:"))
if num%2==1:                             #判断 num 整除 2 的余数是否等于 1
```

```
    print(num,"是一个奇数!")
else:
    print(num,"是一个偶数!")
```

程序运行结果如下:

```
请输入一个整数:10
10 是一个偶数!
```

再运行一次:

```
请输入一个整数:5
5 是一个奇数!
```

程序分析:

(1) 上述程序运行了两次,通过输入一个偶数,一个奇数,得到不同的输出。

(2) 在 Python 语言中,实现选择分支结构要使用 if 语句,有关 if 语句的介绍详见第 3 章。

【例 1-4】 编程,计算 s＝1＋2＋3＋…＋100 的结果,并输出。

程序代码如下:

```
#liti1-4.py
s=0
i=1
while i<=100:                              #当 i<=100 条件成立,重复执行下面的语句块
    s=s+i
    i=i+1
print("s=",s)
```

程序运行结果如下:

```
s= 5050
```

程序分析:

(1) 在 Python 语言中,while 是循环语句,表示当满足条件(i＜＝100)时,重复执行循环体语句块。

(2) 循环体语句块是比 while 语句更低一层次的语句块,在 Python 语言中具有相同缩进的语句属于同一层次,低一层次的语句必须要缩进,缩进几格没有要求,但在 IDLE 中默认是缩进 4 格。

1.3.2　Python 基本语法规则

1. 注释

注释是用来增加程序的可读性的说明性文字,用于在程序中对语句、运算等进行说明和备注。程序在被编译或解释时,编译器或解释器会自动过滤掉注释部分。也就是说,注

释能帮助开发者或读者更好地理解代码的含义和功能,程序在运行时,注释部分不会执行。

Python 中用♯符号表示单行注释,♯后面的文字就是注释文字,直到该行结束。例如,前面的几个例子中的♯后面的文字都是注释文字。

在 Python 中也可用'''(3 个单引号)或"""(3 个双引号)作为开始符和结束符来括起一行或多行文字用作注释,即多行注释。

在 IDLE 窗口中,注释语句以红色或绿色文字标出,用以区别代码部分。

2. 标识符

标识符用来指变量、函数、类、对象等程序要素的名称,如例 1-1 中的 length 表示存放矩形的长的变量,width 表示存放矩形的宽的变量。给变量、对象等元素命名时,标识符可以自由命名,但必须符合下面的规则。

(1) 首字符必须是字母、汉字或下画线。

(2) 中间可以是字母、下画线、数字或汉字,不能有空格或上述符号之外的其他字符。

(3) 区分大小写字母(如大写 S 和小写 s 代表了两个不同的变量)。

(4) 不能使用 Python 的关键字。

Length,pi,s3,张三,_c32,Char 等都是合法的标识符,而 3s,c * s,Len gth,True 等不是合法的标识符。

3. 关键字

关键字(keyword)又称为保留字,是 Python 语言内部定义的具有特定作用、特殊含义的标识符,不能挪作他用。每种程序设计语言都有自己的关键字。Python 中的关键字共有 33 个,具体如下:

'False', 'None', 'True', 'and', 'as', 'assert', 'break', 'class', 'continue', 'def', 'del', 'elif', 'else', 'except', 'finally', 'for', 'from', 'global', 'if', 'import', 'in', 'is', 'lambda', 'nonlocal', 'not', 'or' , 'pass', 'raise', 'return', 'try', 'while', 'with', 'yield'。

这些关键字的具体含义和作用,将在后面的章节一一介绍。

4. 强制缩进

在 Python 语言中使用缩进表示代码块,同一层次的代码块具有相同的缩进,缩进的空格数自定,一般默认是 4 格。尾部的冒号代表缩进的开始。如例 1-3 中的 if 分支语句,分支内部的各语句缩进量均一致,又如例 1-4 中的 while 循环语句,循环体语句块中各语句缩进量一致,否则将出错。

5. 多行语句

Python 通常是一行写一条语句,但如果语句过长,可以使用反斜杠\来表示一条跨多行的语句。

例如:

```
total=item_one + \
    item_two + \
    item_three
```

它表示的是一条语句：

```
total=item_one + item_two + item_three
```

但在[]、{}或()中的多行语句,不需要使用反斜杠\,例如:

```
total=['item_one', 'item_two', 'item_three',
        'item_four', 'item_five']
```

6. 同一行执行多条语句

Python 允许在同一行中书写多条语句,语句之间用分号";"间隔。
例如:

```
>>> x=3;y=4;print(x * y)
```

相当于顺序执行了 3 行语句,代码输出结果为

```
12
```

1.4 Python 模 块

1.4.1 模块的概念

模块又称为构件,是能够单独命名并独立地完成一定功能的程序语句的集合。在
Python 中,模块是在函数、类和对象的基础上,将一系列相关代码组织到一起的集合体。
一个模块就是一个扩展名为 py 的源程序文件,也可以称为模块文件。当定义了函数、类
等各种资源的模块文件载入内存后,Python 就会创建出对应的模块对象。

Python 模块的来源有以下 3 种途径。

(1) 标准模块:Python 安装包中自带的模块,安装好 Python,标准模块就安装了,不
需要另外安装。

(2) 第三方模块:也称为扩展库,由第三方软件公司开发,是开源的,用户可以使用,
使用前要先下载,再安装。Python 的强大功能就在于可以下载并安装各种功能的扩
展库。

(3) 自定义模块:用户根据需要,自己设计的模块。

1.4.2 扩展库的安装

在 Python 语言中,扩展库是第三方编写好的模块,如果要使用模块中的资源,就必

须下载并安装,否则不能使用。

下载并安装管理扩展库的方法有多种,最常用的是 pip 工具。pip 工具可以下载、安装、查看、升级、卸载扩展库。pip 工具要在 Windows 的命令提示符窗口中使用,所以先要进入 Windows 的命令提示符窗口,方法是单击"开始"菜单,在"搜索程序和文件"框中输入 cmd 并按下回车键,即可进入命令提示符窗口。

1. 下载安装扩展库

命令格式:

```
pip install 扩展库名
```

以 numpy 模块为例,numpy 是一个用于科学计算的模块,提供了许多高级的数值编程工具。但 numpy 不在 Python 语言的安装包中,属于第三方模块,要使用里面的资源,必须先下载并安装才可以使用。在 Windows 的命令提示符窗口输入如下命令:

```
pip install numpy
```

按下回车键会出现如图 1-13 所示的窗口。

图 1-13　pip 下载安装 numpy 模块界面

但这种安装方式默认是从 https://pypi.org 镜像源下载,由于该站点在国外,有很大的网络制约,安装很慢,并且经常会安装失败。可以选择从国内的 Python 镜像源下载,安装速度极快。

国内的主要 Python 镜像源如下。

阿里云　https://mirrors.aliyun.com/pypi/simple。

豆瓣　https://pypi.douban.com/simple。

清华大学　https://pypi.tuna.tsinghua.edu.cn/simple。

中国科学技术大学　https://pypi.mirrors.ustc.edu.cn/simple。

例如,可以从阿里云上安装所需扩展库,命令如下:

```
pip install numpy -i https://mirrors.aliyun.com/pypi/simple
```

pip 默认从 Python 的官方源下载,参数-i 用来指定下载源,后面接的是下载源的地址 https://mirrors.aliyun.com/pypi/simple。从此镜像源下载,下载、安装速度很快。

2. 查看已安装的扩展库

命令格式：

```
pip list
```

3. 升级已安装的扩展库

命令格式：

```
pip install --upgrade 已安装的扩展库名
```

例如，升级安装 numpy，可以使用如下命令：

```
pip install --upgrade numpy
```

4. 卸载已安装的扩展库

命令格式：

```
pip uninstall 已安装的扩展库名
```

例如，卸载 numpy，可以使用如下命令：

```
pip uninstall numpy
```

使用该命令后，扩展库 numpy 就从本机上卸载了，如果再要使用 numpy 中的资源，必须重新下载并安装。

1.4.3 模块的导入和使用

无论是标准模块、用户自定义模块还是扩展库模块，都要先导入内存中才能使用。导入模块的方式主要有如下 3 种。

1. 整个模块资源全部导入

命令格式：

```
import  模块名  [as 别名]
```

功能是把由模块名指定的模块全部导入内存，供用户调用其中的资源。如果带了 as 别名，表示在导入指定模块的同时，也给该模块指定了一个更容易表示和理解的别名。在资源引用时，使用别名和模块名的效果是一样的。但指定了别名，则不能用模块名来调用成员。其格式为

别名.成员名或模块名.成员名

例如：

```
>>> import math as m          #导入标准库 math,并指定别名为 m
>>>math.sin(1.57)             #想用模块名 math 调用 sin 函数,但因指定了别名而触发异常
Traceback (most recent call last):
    File "<pyshell#4>", line 1, in <module>
      math.sin(1.57)
NameError: name 'math' is not defined
>>> m.sin(1.57)               #通过别名 m,调用 math 中的正弦函数,求弧度 1.57 的正弦值
0.9999996829318346
>>> m.sin(m.pi/2)
1.0
>>> m.cos(pi/2)              #因为 pi 前面没有加模块名或别名,所以触发异常
Traceback (most recent call last):
  File "<pyshell#2>", line 1, in <module>
    m.cos(pi/2)
NameError: name 'pi' is not defined
```

2. 从指定的模块中导入指定的成员

命令格式:

```
from  模块名  import  成员名  [as 别名]
```

功能是从指定的模块中导入指定的成员,模块中的其他资源不导入内存。如果带了 as 别名,表示给导入的成员指定别名。该方式只导入需要的成员,其他成员没有导入,因此节省内存资源。在使用时成员前面不要加模块名限定。

例如:

```
>>> from random import randint    #从标准库 random 中导入 randint 函数
>>>randint(1,100)       #获得[1,100]区间上的随机整数,randint 前不要加模块名 random
71
```

3. 从指定的模块中导入全部资源

命令格式:

```
from  模块名  import  *
```

功能是从指定的模块中导入该模块中的全部资源。该方式下,调用成员也不要加模块名限定。

例如:

```
>>> from math import *     #从标准库 math 中导入所有成员
>>> cos(pi/2)              #cos 前不加 math,pi 也是 math 中的常量,也不加 math
6.123233995736766e-17
>>> sin(pi/2)              #sin 前不加 math
1.0
```

1.4.4 常用模块介绍

1. math 模块

math 模块主要包括幂函数、对数函数、三角函数、双曲函数、特殊函数和数学中的常用常量（如圆周率 pi，自然数 e 等），具体如表 1-1 所示。

表 1-1 math 模块的常用成员

	常 用 成 员	功 能
常数	pi	圆周率
	e	2.718281828459045
	inf	正无穷大
	nan	非浮点数标记，NaN(Not a Number)
函数	fabs(x)	返回 x 的绝对值
	ceil(x)	向上取整，返回不小于 x 的最小整数
	floor(x)	向下取整，返回不大于 x 的最大整数
	trunc(x)	返回 x 的整数部分
	factorial(x)	返回 x 的阶乘 x!
	gcd(x，y)	返回整数 x 和 y 的最大公约数
	isclose(x，y)	比较 x 和 y 的相似性，返回 True 或 False
	exp(x)	返回 e 的 x 次幂
	sqrt(x)	返回 x 的平方根
	log(x)、log2(x)、log10(x)	返回以 e、2、10 为底的对数值
	sin(x)、cos(x)、tan(x)⋯	各种三角函数
	degrees(x)、radians(x)	弧度转角度、角度转弧度

下面给出一些例子，帮助读者理解 math 模块中成员的功能。例如：

```
>>> from math import *        #导入模块 math 的所有成员
>>> fabs(-5.6)                #求-5.6 的绝对值
5.6              #输出结果,本书编排时,把交互式运行方式的输出结果直接写在命令行的下面

>>> ceil(5.61478)             #求大于 5.61478 的最小整数
6

>>> floor(5.61478)            #求小于 5.61478 的最大整数
5

>>> trunc(5.61478)            #求 5.61478 的整数部分
```

```
5

>>> factorial(7)                    #求 7 的阶乘
5040

>>> gcd(32,18)                      #求 32 和 18 的最大公约数
2

>>> exp(2)                          #求自然数 e 的 2 次方
7.38905609893065

>>> sqrt(16)                        #求 16 的平方根
4.0

>>> log(e)                          #求以 e 为底,e 的对数
1.0

>>> log2(10)                        #求以 2 为底,10 的对数
3.321928094887362

>>> log10(10)                       #求以 10 为底,10 的对数
1.0

>>> sin(pi/2)                       #求 pi/2 的正弦值
1.0
```

2. random 模块

random 模块用于实现各种分布的伪随机数生成,可以根据不同的实数分布来随机生成值,如随机生成指定范围的整数、浮点数、序列等。random 模块中的函数及其功能如表 1-2 所示。

表 1-2　random 模块中的函数及其功能

函　　数	功　　能
seed(a=None)	初始化随机数种子,默认值为当前系统时间
random()	生成一个[0.0,1.0)的随机小数
randint(a, b)	生成一个[a,b]的随机整数
randrange(start,stop[,step])	生成一个[start,stop)以 step 为步长的随机整数
uniform(a, b)	生成一个[a,b]的随机实数
choice(seq)	从序列 seq 中随机选择一个元素
shuffle(1st)	将列表 1st 中的元素随机排列,即打乱 1st 中元素的顺序
sample(seq, k)	从序列 seq 中随机选取 k 个元素,以列表类型返回

下面给出一些例子,帮助读者理解 random 模块中成员函数的功能。例如:

Python 语言程序设计基础教程

```
>>> from random import *        #导入 random 模块的所有成员函数
>>> random()                    #随机生成[0.0,1.0)的实数
0.092255065672045


>>> randint(0,10)               #随机生成[0,10]的整数
3

>>> randrange(0,100,2)          #随机生成[0,100)的偶数,不包括 100
82

>>> uniform(0,10)               #随机生成[0,10]的实数
1.7188064265047154

>>> choice("Python")            #在字符串"Python"中随机选择一个字符
'o'

>>> list1=sample(range(100),5)  #在[0,100) 中随机选择 5 个数组成列表并赋给 list1
>>> list1
[69, 26, 13, 53, 46]

>>> shuffle(list1)              #打乱列表 list1 中元素的顺序
>>> list1
[53, 69, 46, 13, 26]
```

习　　题

一、填空题

1. 冯·诺依曼体系结构的计算机的工作原理可以概括为 8 个字:_____、_____。

2. 按层次来分,程序设计语言可以分为 3 类:_____、_____和高级语言。

3. 用高级语言编写的程序称为源程序,把源程序"翻译"成_____程序才可以执行。

4. 目前"翻译"有 3 种方式,分别是_____、解释方式和_____。

5. Python 程序运行支持_____和程序文件执行方式。

6. Python 中用_____符号表示单行注释,用'''(3 个单引号)或"""(3 个双引号)作为开始符和结束符来括起一行或多行文字用作注释,即多行注释。

7. 在 Python 语言中,如果一条语句过长,可以加上续行符_____后另起一行。

8. 在 Python 语言中使用缩进表示代码块,同一层次的代码块具有_____的缩进。

9. 在 Python 语言中,_____是第三方编写好的模块,如果要使用模块中的资源,就必须下载并安装,否则不能使用。

10. 模块是在函数和类的基础上,将一系列相关代码组织到一起的集合体。在 Python 中,一个模块就是一个扩展名为_____的源程序文件。

11. 若 math 模块已导入,执行函数 floor(2.718)的结果是_____。

12. 在 math 模块中,_____函数用来求平方根。

二、选择题

1. 下面选项中,正确的变量名是_____。

    A. 2sum   B. if   C. sum2   D. a * b

2. 下面 4 个特点,Python 不具备的是_____。

    A. 运行速度快   B. 扩展库丰富

    C. 跨平台   D. 支持函数式编程

3. 如果需要从 math 模块中输出 pi 常量,以下代码正确的是_____。

    A. print(math.pi)   B. print(pi)

    C. from math import pi   D. from math import pi

       print(pi)   print(math.pi)

4. 可用于下载、安装 jieba 库的命令是_____。

    A. pip list jieba   B. pip install jieba

    C. install pip jieba   D. pip upgrade jieba

5.
```
from random import randint
print(randint(5,10))
```
执行上述程序段后,不可能输出的数是_____。

    A. 4   B. 5   C. 9   D. 10

6.
```
from math import gcd
print(gcd(28,16))
```
执行上述程序段后,输出的结果是_____。

    A. 28   B. 16   C. 4   D. 112

7. 下面标识符不属于 Python 关键字的是_____。

    A. if   B. while   C. sum   D. return

8. 下面选项中,可作为函数名的是_____。

    A. 2if   B. if   C. iF   D. i * f

三、判断题

1. Python 标识符的首字符可以是字母、数字或下画线。   (   )

2. Python 关键字不可以作为变量名。   (   )

3. 在 Python 中可以使用 if 作为变量名。   (   )

4. 执行语句 from math import sin 之后,可以直接使用 sin()函数,例如 sin(3)。

                                                            (   )

5. 使用 random 模块的函数 randint(1,100)获取随机数时,有可能会得到 100。

                                                                 (   )

6. 先执行 import math,然后运行 sqrt(4)就可以成功对 4 求平方根。 (   )

7. 尽管可以使用 import 语句一次导入任意多个标准库或扩展库,但是仍建议每次只导入一个标准库或扩展库。 (   )

8. math 库中的函数可以直接使用。 (   )

9. from math import *,如果采用这种方式导入 math 库,math 库中所有函数可以采用<函数名>( )形式直接使用。 (   )

10. Python 使用符号♯表示单行注释。 (   )

11. Python 中的标识符不区分大小写。 (   )

12. Python 中的代码块使用缩进来表示。 (   )

13. Python 中的多行语句可以使用反斜杠来实现。 (   )

第2章

Python 基本数据类型、表达式和内置函数

学习目标:

- 学习并理解 Python 中的基本数据类型、常量和变量的概念。
- 理解并学会使用 Python 中的运算符和表达式,能正确把关系表达式、逻辑表达式和数学表达式写成 Python 语言中的表达式。
- 理解内置函数的概念,学会使用 Python 语言中的常用内置函数。

编写程序的主要目的是利用计算机对数据进行自动管理和处理。作为初学编程语言的人员,首先要考虑以下 3 个问题。

(1) 在计算机中如何存储数据;

(2) 对数据进行哪些计算;

(3) 采用哪种逻辑结构来编写程序。

本章会对前两个问题给出回答。

2.1 Python 数据类型

在 Python 语言中,数据类型分为数值类型(又称为基本数据类型)和组合类型,具体如图 2-1 所示。

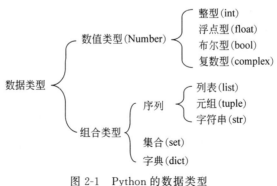

图 2-1 Python 的数据类型

本章将对数值类型进行讲解,组合类型只做简单的介绍,字符串将在第 6 章详细讲解,其他组合类型将在第 4 章进行详细讲解。

2.1.1 Python 的数值数据类型

在 Python 语言中,数值类型包括 int(整型)、float(浮点型)、bool(布尔型)、complex(复数型)。

1. 整型

整数包括负整数、0 和正整数,即不带小数的数。在 Python 语言中,整数的大小没有限制,整数表示的范围与计算机的内存大小有关,这与其他计算机语言有很大的区别。

通常情况下,使用十进制表示整数,如−10、0、20 等。在 Python 语言中可以在数据的前面加上前缀来表示其他进制的整数。

十进制整数,不加任何前缀。例如,32、0、−23 等。

二进制整数,加前缀 0B 或 0b。例如,0B10、0b110、0b101 等,对应十进制的 2、6、5。

八进制整数,加前缀 0O 或 0o。例如,0O17、0o101、0o35 等,对应十进制的 15、65、29。

十六进制整数,加前缀 0X 或 0x。例如,0XA1、0X1b、0x2cf 等,对应十进制的 161、27、719。

2. 浮点型

浮点数,也叫作实数,由整数部分、小数点和小数部分组成。例如,−3.12、0.05、3.1415926、1.23e5 等。

在 Python 语言中,浮点数的表示方法有如下两种。

(1) 十进制小数形式:如−3.14、125.69、0.0 等。

(2) 科学记数法形式:由尾数、字母 e 或 E 和指数组成,如 1.23e5,其中,1.23 表示尾数,5 表示指数,1.23e5 表示的就是 1.23×10^5。

3. 复数型

复数型数据用来表示数学中的复数,由实部、虚部和 j 组成,实部和虚部都是一个浮点数,j 是虚部单位,也可以写成大写形式。例如,1+2.3j、3.5+2.4J 等。可以使用 real 和 imag 来表示复数的实部和虚部,例如:

```
>>> y=3.2+4.5j
>>> y.real
3.2
>>> y.imag
4.5
```

4. 布尔型

布尔型数据用来表示一个命题的两种状态,用 True(逻辑真)和 False(逻辑假)表示。在 Python 语言中,布尔型是整型的子类型,所以布尔型数据也可以进行算术运算,此时 True 自动转换为 1,False 转换为 0。例如:

```
>>> True+2
3
>>> False+2
2
```

在进行逻辑运算时,Python 语言把数值 0 和空数据都看成 False,把非 0 和非空看成逻辑真,有关知识请参见 2.2.4 节。

2.1.2　Python 的组合数据类型

在 Python 语言中,组合数据类型包括 list(列表)、tuple(元组)、string(字符串)、set(集合)、dict(字典)等。

1. 列表

列表是用方括号[]括起来的零个或多个元素组成,元素之间用逗号分隔。例如,[1, 2,3,4,5]就是一个具有 5 个元素的列表。列表中的元素可以是同一种类型的数据,也可以是不同类型的数据。例如,列表[1,2,3]中的 3 个元素就是同一种类型,均为整数类型;列表[1,2.5,True,[1,2],10]中的 5 个元素就分别为整型、浮点型、布尔型、列表和整型。空列表是指没有元素的列表,用[]表示。

2. 元组

元组与列表类似,可以包含零个或多个元素,元素之间也是用逗号分隔,且元素的类型也可以不同。与列表不同的是,元组是用圆括号()括起来的。例如,(1,2,3)、(1,2.5, True,[1,2,4])。空元组是指没有元素的元组,用()表示。

3. 字符串

在 Python 语言中只有字符串类型,没有字符类型。字符串是指用单引号(')、双引号(")、三引号(三单引号或三双引号)引起来的零个或多个字符。例如:
'Hello,World!'　(用单引号引起来的字符串,左右两边必须为同一种引号)
"Hello,Python"　(用双引号引起来的字符串,左右两边必须为同一种引号)
'''计算机学院'''　(用三单引号引起来的字符串,左右两边必须为同一种引号)
"it's a book about the future"　(如果字符串中包含某种引号,要用另一种引号引起来)
""　(空字符串)

4. 集合

集合中包含零个或多个元素,元素之间也是用逗号分隔,且元素的类型也可以不同。与列表和元组不同的是,集合是用花括号括起来的,集合中的元素是无序的,不能重复且不能是列表、集合和字典等可变数据类型。例如,{1,2,3}、{1,2.5,True}。空集合是指没有元素的集合,用 set() 表示,因为{}表示的是空字典。

```
>>> set1={1,2,2}            #把一个具有重复元素的集合赋给 set1,Python 会自动去重
>>> print(set1)
{1, 2}
>>> set2={1,2,3,[4,5]}      #列表不能为集合的元素
Traceback (most recent call last):
  File "<pyshell#9>", line 1, in <module>
    set2={1,2,3,[4,5]}
TypeError: unhashable type: 'list'
```

5. 字典

字典是另一种无序的对象的集合。但与集合不同的是,字典是一种映射类型,每个元素由键(key)值(value)对组成。例如,{1: 'a',2: True,4: [1,2,3]}就是一个由 3 个元素组成的字典,每个元素就是一个键值对。在一个字典对象中,键必须是唯一的,且键不能是列表、集合和字典等可变数据类型,但值可以重复且可以是任意类型。空字典是指不包含任何元素的字典,用{}表示。

这里只是简单介绍了列表、元组、字符串、集合和字典的概念和常量的表示形式,有关它们的详细知识将在第 4 章和第 6 章中介绍。

2.1.3 Python 中的常量与变量

在 Python 语言中,数据的表示形式可分为常量和变量。

1. 常量

常量在数学中称为常数,是指在程序运行过程中,其值保持不变的数据。例如,5、5.2、True、3+4.5J、'China'、[1,2,3]、(2.5,3,5)、{2,3,5}、{2: 'abc',3: False}等均为常量。根据数据的类型,上述例子的常量分别称为整型常量、浮点型常量、布尔型常量、复数常量、字符串常量、列表常量、元组常量、集合常量和字典常量。

可以使用 type() 函数来测试数据的类型,例如:

```
>>> type({2:"a",3:"b"})
<class 'dict'>
>>> type(1)
<class 'int'>
```

```
>>> type(1.0)
<class 'float'>
```

2. 变量

变量是指在程序运行过程中,其值可以发生改变的量。与数学中的变量一样,需要给每个变量指定一个名称以区别不同的变量。给变量命名必须符合标识符的命名规则,同时建议命名时遵循"见名知意"原则,可以增强程序的可读性。

在 Python 语言中没有专门的变量定义语句,而是使用赋值语句来定义变量,赋值语句的格式如下:

变量=表达式

变量的类型由表达式的值的类型决定,且在同一个程序中,可以先后给变量赋不同类型的值,变量的类型也不同。例如:

```
>>> x=2            #整数 2 赋给变量 x,此时变量 x 的类型是整型
>>> type(x)
<class 'int'>
>>> x=2.0          #浮点数 2 赋给变量 x,此时变量 x 的类型是浮点类型
>>> type(x)
<class 'float'>
```

2.2 Python 运算符与表达式

在计算机中,数据处理实际上是对数据按照一定的规则来进行运算的。例如,5+2,整数 5 和 2 是操作数,+是运算符,即用运算符把操作数连起来的式子就是表达式。

在 Python 语言中,常用的运算符有算术运算符、赋值运算符、关系运算符、逻辑运算符、成员测试运算符、位运算符等。

2.2.1 算术运算符

在 Python 语言中,算术运算符有+、-、*、/、%、//和**等,其具体的功能如表 2-1 所示。

表 2-1 算术运算符及其功能描述

运　算　符	功　能　描　述
＋	加法运算符,两个对象相加
－	负号或减法运算符,得到负数或一个数减去另一个数的值
＊	乘法运算符,两个数相乘

运 算 符	功 能 描 述
/	除法运算符,如 x/y 表示 x 除以 y
%	模运算符(又称为求余运算符),如 x%y 表示 x 除以 y 所得的余数
**	幂运算符,x**y 表示 x 的 y 次幂
//	整除运算符,如 x//y 表示向下取接近 x/y 的商的整数

【例 2-1】 写出下列程序的运行结果。

```
#liti2-1.py
x=12
y=5
print("x/y=",x/y)
print("x%y=",x%y)
print("x//y=",x//y)
print("y 的 3 次方=",y**3)
x=5.9
y=3.2
print("x%y=",x%y)          #浮点数可以进行求余运算
print("x//y=",x//y)        #浮点数可以进行整除运算
```

程序运行结果如下:

```
x/y= 2.4
x%y= 2
x//y= 2
y 的 3 次方= 125
x%y= 2.7
x//y= 1.0
```

【例 2-2】 编写程序:从键盘输入一个三位数的整数 x,输出该数的反序数 y。假如输入的是 352,则输出 253。

分析:先输入 x,再求出 x 的百位数 b,十位数 s,个位数 g,则反序数 y=g * 100+s * 10+b,最后输出。

程序代码如下:

```
#liti2-2.py
x=eval(input("请输入一个三位整数:"))
b=x//100                   #求百位数
s=x//10%10                 #求十位数
g=x%10                     #求个位数
y=g * 100+s * 10+b         #求反序数
print(x,"的反序数是:",y)
```

程序的运行结果如下：

```
请输入一个三位整数:654
654 的反序数是: 456
```

2.2.2 赋值运算符

1. 简单的赋值运算

在 Python 语言中,使用数学上的＝表示赋值运算符,赋值表达式的格式如下：

变量 = 表达式

在赋值表达式中,赋值号左边必须为变量。赋值表达式的功能是先计算赋值号右边的表达式的结果,然后将该结果赋给变量。例如,例 2-2 中的 y＝g＊100＋s＊10＋b 就是先计算 g＊100＋s＊10＋b 的结果,再把该结果赋给变量 y。

2. 增量赋值运算

在 Python 语言中,赋值运算符可以和其他二元运算符(需要有两个操作数的运算符)组合成增量赋值运算符,如表 2-2 所示。

表 2-2　增量赋值运算符及其功能描述

运算符	描　　述	示　　例
＋＝	加法赋值运算符	c ＋＝ a 等效于 c ＝ c ＋(a)
－＝	减法赋值运算符	c －＝ a 等效于 c ＝ c －(a)
＊＝	乘法赋值运算符	c ＊＝ a 等效于 c ＝ c ＊(a)
／＝	除法赋值运算符	c ／＝ a 等效于 c ＝ c ／(a)
％＝	取模赋值运算符	c ％＝ a 等效于 c ＝ c ％(a)
＊＊＝	幂赋值运算符	c ＊＊＝ a 等效于 c ＝ c ＊＊(a)
／／＝	取整除赋值运算符	c ／／＝ a 等效于 c ＝ c ／／(a)

如果增量赋值运算符的右边是一个表达式,要先计算表达式的结果再进行增量赋值运算。

【例 2-3】 写出下列程序的运行结果。

```
#liti2-3.py
x=20
y=15
m=2
n=3
m+=x+y                        #等效于 m=m+(x+y)
```

```
n * =x+y                    #等效于n=n*(x+y)
print("m=",m)
print("n=",n)
```

程序运行结果如下：

```
m= 37
n= 105
```

3. 链式赋值运算

在 Python 语言中，可以将一个表达式的结果同时赋给多个变量。其格式如下：

变量 1=变量 2=…=变量 n=表达式

该格式叫作链式赋值运算。该语句先计算右边表达式的结果，然后把该结果赋给变量 1，变量 2，…，变量 n。例如：

```
>>> x=y=z=4+6              #先计算4+6的结果为10，再把10赋给x,y,z
>>> print(x,y,z)
10 10 10
```

4. 多重赋值运算

在 Python 语言中，可以使用一个赋值号把多个表达式的结果分别赋给多个变量，其语法格式如下：

变量 1，变量 2，…，变量 n=表达式 1，表达式 2，…，表达式 n

上述格式中把表达式 1 的结果，表达式 2 的结果，…，表达式 n 的结果分别赋给变量 1，变量 2，…，变量 n。表达式的个数和变量的个数要相同。例如：

```
>>> a,b=10,20
>>> print(a,b)
10 20
>>> a,b=b,a
>>> print(a,b)
20 10
```

多重赋值运算又叫作序列解包（解包是将序列中的元素按顺序分解出来的操作），它实际上是先将赋值号右边的多个表达式的结果组成一个元组，然后将元组序列解包后的每一个元素分别依次赋给每个变量。除了元组可以序列解包，列表、集合、字典和字符串等可迭代对象均可以进行序列解包，如：

```
>>>x1,x2,x3,x4="Love"
>>>print(x1,x2,x3,x4)
L o v e
```

2.2.3　关系运算符

关系运算符又叫作比较运算符,是用来比较两个运算对象的大小关系的。在 Python 语言中,关系运算符有 6 个,如表 2-3 所示。

表 2-3　关系运算符及其功能描述

运　算　符	功　能　描　述	示例(若 a＝5,b＝10)
＝＝	等于,比较对象是否相等	a ＝＝ b 的结果为 False
!=	不等于,比较两个对象是否不相等	a != b 的结果为 True
＞	大于,比较 x 是否大于 y	a ＞ b 的结果为 False
＜	小于,比较 x 是否小于 y	a ＜ b 的结果为 True
＞＝	大于或等于,比较 x 是否大于或等于 y	a ＞＝ b 的结果为 False
＜＝	小于或等于,比较 x 是否小于或等于 y	a ＜＝ b 的结果为 True

用关系运算符把运算对象连接起来的式子叫作关系表达式,若关系表达式成立,其结果为 True,否则为 False。

在 Python 语言中,要表示数学公式 x∈[10,20],可以写成 10＜＝x＜＝20,这与其他计算机语言不同。例如:

```
>>> x=15
>>> 10<=x<=20
True
>>> x>10<20
True
>>> x>14<5
False
```

2.2.4　逻辑运算符

逻辑运算符可以将多个关系运算连接起来形成更复杂的条件判断,Python 语言中的逻辑运算符有 3 个,如表 2-4 所示。

表 2-4　逻辑运算符及其功能描述

运算符	逻辑表达式	功　能　描　述
and	x and y	逻辑"与",如果 x 为 False,x and y 的结果为 x 的值,否则结果为 y 的值
or	x or y	逻辑"或",如果 x 是 True,x or y 的结果为 x 的值,否则结果为 y 的值
not	not x	逻辑"非",如果 x 为 True,not x 的结果为 False;如果 x 为 False,not x 的结果为 True

在 Python 语言中,如果一个表达式在参与逻辑运算时,表达式的结果是 0 或者为空时都认为是 False,表达式的结果非 0 或者非空时认为是 True。

在 Python 语言中,对逻辑运算符 and 和 or 支持短路运算,当连接多个表达式时只计算必须要计算的值,且它们组成的逻辑表达式的结果不一定是 False 或 True,但逻辑非 not 运算的结果一定是 False 或 True。

【例 2-4】 阅读下列程序,写出运行结果。

```
#liti2-4.py
x=-1
y=20
a=x+1 and y+10    #x+1 为 0,即为 False,不需计算 y+10 的结果,表达式的结果为 0,把其赋给 a
b=y+10 and x+1    #y+10 为 30,即为 True,需计算 x+1 的结果,表达式的结果为 0,把其赋给 b
c=x+1 or y+10     #x+1 为 0,即为 False,需计算 y+10 的结果,表达式的结果为 30,把其赋给 c
d=y+10 or x+1     #y+10 为 30,即为 True,不需计算 x+1,表达式的结果为 30,把其赋给 d
e=not (x+1)       #x+1 为 0,即为 False,取反则为 True
f=not y
print(a,b,c,d,e,f)
```

程序运行结果如下:

```
0 0 30 30 True False
```

2.2.5 成员测试运算符

在 Python 语言中,成员测试运算符有两个,用于测试某个元素是否在或不在指定序列中,如表 2-5 所示。

表 2-5 成员测试运算符及其功能描述

运 算 符	功 能 描 述
in	如果在指定的序列中找到值则返回 True,否则返回 False
not in	如果在指定的序列中没有找到值则返回 True,否则返回 False

【例 2-5】 阅读下列程序,写出运行结果。

```
#liti2-5.py
str1="Python 3.7.0"
a='P' in str1         #测试元素'P'是否在字符串 str1 中
b='p' in str1         #测试元素'p'是否在字符串 str1 中
c='p' not in str1     #测试元素'p'是否不在字符串 str1 中
print(a,b,c)
list1=[5,3,2,4,5,6]
x=5 in list1          #测试元素 5 是否在列表 list1 中
y=7 not in list1      #测试元素 7 是否不在列表 list1 中
print(x,y)
```

程序运行结果如下:

```
True False True
True True
```

2.2.6 位运算符

位运算是指对数据的二进制数形式进行逐位计算,Python 语言中有 6 个位运算符,如表 2-6 所示。

表 2-6 位运算符及其功能描述

运 算 符	功 能 描 述
&	按位与运算符:参与运算的两个值,如果两个相应位都为 1,则该位的结果为 1,否则为 0
|	按位或运算符:只要对应的两个二进位有一个为 1 时,该位的结果就为 1
^	按位异或运算符:当两个对应的二进位相异时,结果为 1
~	按位取反运算符:对数据的每个二进制位取反,即把 1 变为 0,把 0 变为 1
<<	左移动运算符:运算数的各二进位全部左移若干位,由 << 右边的数字指定移动的位数,高位丢弃,低位补 0
>>	右移动运算符:运算数的各二进位全部右移若干位,由 >> 右边的数字指定移动的位数

【例 2-6】 阅读下列程序,写出运行结果。

```
#liti2-6.py
a=41
b=39
print(bin(a))            #函数 bin()的功能是把 a 转换成二进制数的字符串形式
print(bin(b))
print(bin(a&b))
print(bin(a|b))
print(bin(a^b))
print(bin(~a))
print(bin(a<<1))
print(bin(a>>1))
```

程序运行结果如下:

```
0b101001
0b100111
0b100001
0b101111
0b1110
-0b101010            #为什么有负号?可以查看相关文献资料。数据在计算机中的表示
0b1010010
0b10100
```

2.2.7 身份运算符

身份运算符用于比较两个对象是否对应同一存储单元,Python 语言的身份运算符如表 2-7 所示。

表 2-7 身份运算符及其功能描述

运 算 符	功 能 描 述	示 例
is	判断两个标识符是不是引用自一个对象	x is y,类似 id(x) == id(y),如果引用的是同一个对象则结果为 True,否则结果为 False
is not	判断两个标识符是不是引用自不同对象	x is not y,类似 id(a) != id(b)。如果引用的不是同一个对象则结果为 True,否则结果为 False

【例 2-7】 阅读下列程序,写出运行结果。

```
#liti2-7.py
x=y=2
print(x is y)
m,n=2.5,2
print(m is not n)
```

程序运行结果如下:

```
True
True
```

2.2.8 运算符的优先级和结合性

在一个表达式中,通常会包含多个运算符,涉及多个运算符的运算顺序,其由两个因素决定,一个是优先级,另一个是结合性。

对于两个具有不同优先级的相邻运算符,优先级高的运算符先算,再算优先级低的运算符。例如,在表达式 3+4*8 中,运算符 * 的优先级高于运算符+,所以先算 4*8,再算 3+32。

对于两个具有相同优先级的相邻运算符,其运算顺序由结合性决定,结合性包括左结合性和右结合性。左结合性是指从左算到右的运算顺序,右结合性是指从右算到左的运算顺序。例如,表达式 6-3+2,因运算符-和+的优先级相同,它们均为左结合性,所以先算 6-3,再算 3+2;而表达式 2**3**2,则是先算 3**2,结果为 9,再算 2**9,结果为 512,幂运算符的结合性为右结合性。Python 语言的运算符的优先级和结合性如表 2-8 所示。

表 2-8　运算符的优先级和结合性

运算符说明	Python 运算符	优 先 级	结 合 性
圆括号	( )	1	无
乘方(幂运算)	**	2	右
按位取反	~	3	右
符号运算符	+(正号)、-(负号)	4	右
乘除	*、/、//、%	5	左
加减	+、-	6	左
位移	>>、<<	7	左
按位与	&	8	右
按位异或	^	9	左
按位或	|	10	左
比较运算符	==、!=、>、>=、<、<=	11	左
is 运算符	is、is not	12	左
in 运算符	in、not in	13	左
逻辑非	not	14	右
逻辑与	and	15	左
逻辑或	or	16	左

在表达式中可以使用圆括号来改变运算符的运算顺序,适当加上括号能提高表达式的清晰性和可理解性。

比较运算符的结合性虽然是左结合性,但是计算形如 5>3>2 的表达式时,应当理解为 5>3 and 3>2,所以上述表达式结果为 True,而不能理解为先算 5>3,结果为 True,再算 True>2,结果为 False。

2.3　Python 常用内置函数

函数实际上是为解决某个问题而预先编写好的一段程序。调用函数就是要运行该段程序。在 Python 语言中,函数分为内置函数、标准库函数和第三方库函数。内置函数是指可以随着 Python 的解释器的运行自动装入的函数,可以随时直接调用。标准库函数则是要先使用 import 语句导入后才可以调用。第三方库函数则要先使用 pip 等命令下载、安装第三方库,在使用时也要使用 import 语句导入后才可以调用。附录 A 列出了Python 中的内置函数及其功能,在需要的时候可以查阅参考。

2.3.1 数学运算函数

1. abs()函数

函数的调用格式如下：

```
abs(x)
```

该函数的功能是求传入参数 x 的绝对值,如果参数 x 是复数,则该函数的功能是求复数 x 的模。例如:

```
>>> abs(-5.2)
5.2
>>> abs(5)
5
>>> abs(4+5j)                    #复数的模是指实部的平方加虚部的平方的平方根
6.4031242374328485
```

2. divmod()函数

函数的调用格式如下：

```
divmod(x,y)
```

该函数的功能是求传入的两个参数的整除的商(x//y)和余数(x%y),返回值是由商和余数组成的元组,例如:

```
>>> divmod(13,5)
(2, 3)
>>> divmod(-13,5)
(-3, 2)
>>> divmod(13,-5)
(-3, -2)
>>> divmod(9.5,3.4)
(2.0, 2.7)
```

3. pow()函数

函数的调用格式如下：

```
pow(x,y[,z])
```

该函数如果只有参数 x 和 y,其功能为返回 x 的 y 次幂;若有参数 z,其功能为返回 x 的 y 次幂与 z 的模(x**y%z)。例如:

```
>>> pow(2,5)
```

```
32
>>> pow(2,5,5)
2
```

4. round()函数

函数的调用格式如下：

```
round(x[,n])
```

该函数的功能是对参数 x 的小数点后的 n+1 位进行四舍五入,保留 n 位小数。n 的默认值为 0。若 n 为负数,则表示对参数 x 的小数点前|n|位进行四舍五入。例如：

```
>>> round(3.15264)          #保留 0 位小数
3
>>> round(3.15264,3)
3.153
>>> round(315.64,-2)        #对小数点前两位进行四舍五入
300.0
```

2.3.2 类型转换函数

1. bool()函数

函数的调用格式如下：

```
bool([x])
```

该函数的功能是根据参数 x 的逻辑值创建一个新的布尔值。在 Python 语言中,非零和非空都看成逻辑真,只有零和空值看成逻辑假。例如：

```
>>> bool()                  #空参数,看成逻辑假
False
>>> bool("")                #空字符,看成逻辑假
False
>>> bool(" ")               #具有一个空格字符的字符串,看成逻辑真
True
>>> bool(0)                 #0,看成逻辑假
False
>>> bool(3)                 #非零值,看成逻辑真
True
```

2. int()函数

函数的调用格式如下：

```
int(x[, base])
```

该函数的功能是根据参数 x 创建一个新的整数,参数 x 可以是数字或字符串。如果是数字,则不要带参数 base;如果是字符串,要带参数 base 指定字符串是几进制形式的字符串,默认表示 10。例如:

```
>>> int(7.19)            #把浮点数转换成整数
7
>>> int("719")          #把纯数字构成的字符串转换成整数
719
>>> int("0b100",2)      #把二进制形式构成的字符串转换成整数,参数 2 不能缺省
4
>>> int("0x10a",16)     #把十六进制形式构成的字符串转换成整数,参数 16 不能缺省
266
>>> int("0o100",8)      #把八进制形式构成的字符串转换成整数,参数 8 不能缺省
64
```

3. float() 函数

函数的调用格式如下:

```
float(x)
```

该函数的功能是根据参数 x 转换成浮点数,x 可以是整数或由数字组成的字符串。例如:

```
>>> float(8)            #把整数转换成浮点数
8.0
>>> float("7.19")       #把浮点数形式的字符串转换成浮点数
7.19
>>> float("719")        #把整数形式的字符串转换成浮点数
719.0
```

4. complex() 函数

函数的调用格式如下:

```
complex([real[, imag]])
```

该函数的功能是根据传入的参数创建一个新的复数。参数 real 可以是整数或浮点数或字符串,参数 imag 可以是整数或浮点数。例如:

```
>>> complex()           #没有参数,则返回一个实部为 0,虚部也为 0 的复数
0j
>>> complex(3)          #若只有一个参数,则把该参数看成复数的实部,虚部默认为 0
(3+0j)
>>> complex(5,7)        #创建一个实部为 5,虚部为 7 的复数
```

```
(5+7j)
>>> complex("3.5+4.2j")    #把复数形式的字符串转换成复数
(3.5+4.2j)
```

5. str( )函数

函数的调用格式如下：

```
str(x)
```

该函数的功能是根据传入的参数 x 创建一个新的字符串。例如：

```
>>> str(719)              #把整数转换成字符串
'719'
>>> str(7.19)             #把浮点数转换成字符串
'7.19'
>>> str(True)             #把布尔值转换成字符串
'True'
```

6. eval( )函数

函数的调用格式如下：

```
eval(str1)
```

该函数的功能是执行参数 str1 提供的字符串表达式，并返回该表达式的结果。
例如：

```
>>> eval("85")
85
>>> eval("8+5")
13
>>> a=15
>>> eval("a * 2")
30
```

2.3.3　基本输入/输出函数

input( )和 print( )函数是 Python 语言中两个基本的输入输出函数，下面详细介绍这
两个函数。

1. 基本的输入函数 input( )

input( )函数用来接收用户从键盘输入的数据，其语法格式如下：

```
input([prompt])
```

该函数的功能是以字符串的形式返回用户从键盘上输入的数据。参数 prompt 指的是输入的提示信息,可以省略。

例如:

```
>>> x=input("请输入一个数字")
请输入一个数字 85
>>> x
'85'
```

2. 基本的输出函数 print()

print()函数用来把输出数据按指定格式输出到输出设备或指定的文件中,其语法格式如下:

```
print( * objects, sep=' ', end='\n', file=sys.stdout, flush=False)
```

其中,各参数的含义如下。

objects:复数形式,表示可以一次输出多个对象。输出多个对象时,需要用“,”分隔。

sep:用来设置间隔多个对象的字符,默认值是一个空格。

end:用来设定以什么结尾。默认值是换行符 \n,可以换成其他字符串。

file:要写入的文件对象,默认为标准输出显示器。

flush:若该参数的值为 True,表示立即输出到 file 指定的位置,否则输出到缓存后再输出到 file 指定的位置。该参数默认值为 False。

【例 2-8】 写出下列程序的运行结果。

```
#liti2-8.py
print(1,2,3)    #输出 1,2,3,因 sep 参数采用默认值,所以用空格分隔,end 参数也是默认值,要换行
print(1,2,3,sep='@')                    #输出 1,2,3,因指定参数 sep 为'@',所以用@分隔
print(1,2,3,sep='#',end='OK')           #输出 1,2,3,用#分隔,且以 OK 结尾,不换行
print("XYZ")
```

程序运行结果如下:

```
1 2 3
1@2@3
1#2#3OKXYZ
```

与 C 语言的 printf()函数一样,print()函数也支持格式化输出,print()函数的字符串格式化字符如表 2-9 所示,辅助符号如表 2-10 所示。

表 2-9　print()函数的字符串格式化字符

符　号	描　　述
%c	格式化字符及其 ASCII 码
%s	格式化字符串

符 号	描 述
%d	格式化整数
%u	格式化无符号整型
%o	格式化无符号八进制数
%x	格式化无符号十六进制数(小写)
%X	格式化无符号十六进制数(大写)
%f	格式化浮点数字,可指定小数点后的精度
%e	用科学记数法格式化浮点数
%E	作用同%e,用科学记数法格式化浮点数
%g	%f和%e的简写
%G	%f 和 %E 的简写
%p	用十六进制数格式化变量的地址

表 2-10　print()函数的格式化操作符辅助符号

符 号	功 能
*	定义宽度或者小数点精度
—	用作左对齐
+	在正数前面显示加号(+)
<sp>	在正数前面显示空格
#	在八进制数前面显示零('0'),在十六进制前面显示'0x'或者'0X'(取决于用的是'x'还是'X')
0	显示的数字前面填充'0'而不是默认的空格
%	'%%'输出一个单一的'%'
(var)	映射变量(字典参数)
m.n	m 是显示的最小总宽度,n 是小数点后的位数(如果可用的话)

【例 2-9】 写出下列程序的运行结果。

```
#liti2-9.py
a=125
b=3.1415926
c="Hello,world!"
print("a=%d,a=%x,b=%f,b=%e,c=%s\n"%(a,a,b,b,c))
```

程序运行结果如下:

```
a=125,a=7d,b=3.141593,b=3.141593e+00,c=Hello,world!
```

【例 2-10】 写出下列程序的运行结果。

```
#liti2-10.py
a=125
b=3.1415926
c="Hello,world!"
print("01234567890123456789\na=%5d,a=%-5d,\nb=%.3f,b=%e,\nc=%s\n"%(a,a,b,b,c))
```

程序运行结果如下：

```
01234567890123456789
a=  125,a=125  ,
b=3.142,b=3.141593e+00,
c=Hello,world!
```

说明：%5d 表示以十进制整数输出，占 5 个宽度，右对齐，不足 5 位左补空；%-5d 表示以十进制整数输出，占 5 位，左对齐，不足 5 位右补空；%.3f 表示以浮点数输出，保留 3 位小数；'\n'是转义字符，表示换行，有关转义字符详见第 6 章。

【例 2-11】 阅读下列程序，写出运行结果，注意辅助格式控制符的用法。

```
#liti2-11.py
pi = 3.141592653
print("1234567890123")
print('%10.3f' % pi)          #字段宽为 10,精度为 3
print("pi = %.*f" % (3,pi))   #用 * 从后面的元组中读取字段宽度或精度
print('%010.3f' % pi)         #用 0 填充空白
print('%-10.3f' % pi)         #左对齐
print('%+f' % pi)             #显示正负号
```

print()函数除了可以使用格式化字符串和辅助符号来格式化输出，也可以使用字符串的 format()方法控制输出的格式，有关 format()的详细讲解详见第 6 章。

【例 2-12】 阅读下列程序，写出运行结果。

```
#liti2-12.py
a=125
b=314.15926
c="Hello,World!"
print("a={0},b={1},c={2}".format(a,b,c))
print("a={0:X},b={1:.3f},c={2}".format(a,b,c))
```

程序运行结果如下：

```
a=125,b=314.15926,c=Hello,World!
a=7D,b=314.159,c=Hello,World!
```

上述程序中，第一个 print()函数中由{}括起来的是输出项的序号，输出项是 format()中

的参数,第一个参数的序号是 0,{0}表示在此处要输出第一个参数,第二个参数的序号是
1,{1}表示在此处要输出第二个参数,以此类推。

在使用 format()方法控制输出时,也可以使用格式化字符和辅助字符,其功能是一
样的,只是不用%。如在第二个 print()函数中,{0:X}表示在此处以十六进制整数的形式
输出第一个参数,{1:.3f}表示在此处以浮点数的形式输出第二个参数,并保留 3 位小数。

2.3.4 最值、求和与排序函数

max()、min()、sum()、sorted()这 4 个内置函数分别用于计算列表、元组、集合或其
他可迭代对象中所有元素的最大值、最小值、所有元素之和,以及对这些元素排序。

1. max()函数

函数的调用格式如下:

```
max(iterable[,key=func])
```

该函数的功能是求传入参数 iterable 的最大值,该函数支持参数 key,key 参数用来
指定比较大小的依据或规则,一般用函数来指定。例如:

```
>>> max([3,5,7,1,6,4,8,3])           #求列表中的各元素的最大值
8
>>> max(['15.6','4.5','23.5'])       #求列表中的各元素的最大值
'4.5'
>>> max(['15.6','4.5','23.5'],key=eval)
                                     #求列表中的各元素的按函数 eval 转换后的最大值
'23.5'
```

2. min()函数

函数的调用格式如下:

```
min(iterable[,key=func])
```

该函数的功能是求传入参数 iterable 的最小值,该函数支持参数 key,key 参数用来
指定比较大小的依据或规则,一般用函数来指定。例如:

```
>>> min([3,5,7,1,6,4,8,3])           #求列表中的各元素的最小值
1
>>> min(['15.6','4.5','23.5'])       #求列表中的各元素的最小值
'15.6'
>>> min(['15.6','4.5','23.5'],key=eval)
                                     #求列表中的各元素的按函数 eval 转换后的最小值
'4.5'
```

3. sum()函数

函数的调用格式如下：

```
sum(iterable[, start])
```

该函数的功能是求传入参数 iterable 的各元素的和。例如：

```
>>> sum([3,5,2])                        #求列表中各元素的和
10
>>> sum([3,5,2],9)        #求列表中各元素的和,再与 9 相加的结果,注意第二个参数为数字
19
```

4. sorted()函数

函数的调用格式如下：

```
sorted(iterable[,key][, reverse])
```

该函数的功能是对列表、元组、字典、集合或其他可迭代对象进行排序并返回新列表。参数 iterable 是可迭代对象,key 是指排序关键字,默认值为 None,reverse 是指排序规则,默认值为 False,表示升序,若要降序则指定 reverse＝True。例如：

```
>>> sorted([3,5,4,8,6])
[3, 4, 5, 6, 8]
>>> sorted(["apple","pear","grape","watermelon","peach"])
['apple', 'grape', 'peach', 'pear', 'watermelon']
>>> sorted(["apple","pear","grape","watermelon","peach"],key=len)
                                #指定 key,按字符串长度排序
['pear', 'apple', 'grape', 'peach', 'watermelon']
>>> sorted(["apple","pear","grape","watermelon","peach"],key=len,reverse=
True)
['watermelon', 'apple', 'grape', 'peach', 'pear']
```

2.3.5 迭代器函数

在 Python 语言中,有一类函数的共同特点是返回一个"迭代器"对象,如 reversed、map、filter、zip、enumerate 等。当然,不同的函数返回的是不同类型的迭代器对象。把返回迭代器对象的函数称为迭代器函数。

"迭代器"从表面看,也是由一个个元素构成的,类似于列表、元组、字符串这样的序列对象,但关键的区别如下。

(1) 列表、字符串这样的序列对象,其内部的元素是真实存在的,但迭代器对象内部其实是没有元素的,是一种虚拟的存在,只有通过 next()函数访问迭代器时,它才会临时生成所需要的元素,并且每次只生成一个,这种存储结构节省内存。

（2）迭代器还有个特殊的性质，每个元素只能访问一次，一旦访问过就不能再访问。因此，如果某个迭代器的元素都按顺序访问了一遍，那这个迭代器就没有用了，除非重新创建一个。

（3）这些迭代器对象，除了用next()函数访问外，也可以进行遍历访问，还可以用类型转换函数转换成其他对象。

1. reversed()函数

函数的调用格式如下：

```
reversed(seq)
```

该函数的功能是返回一个对序列seq倒置的迭代器对象。参数序列seq可以是列表、元组、字符串或range对象等。例如：

```
>>> x=[1,3,5,7]
>>> y=reversed(x)                 #返回一个reversed迭代器对象,赋给y
>>> y                             #y是一个list_reverseiterator object对象
<list_reverseiterator object at 0x00000000030E81D0>
>>> next(y)                       #迭代器对象可以使用next()函数访问
7
>>> next(y)
5
>>> next(y)
3
>>> next(y)                       #已访问完了最后一个元素,再访问会报错
1
>>> next(y)                       #可迭代对象只能访问一次,否则会出现异常
Traceback (most recent call last):
  File "<pyshell#39>", line 1, in <module>
    next(y)
StopIteration
```

2. map()函数

函数的调用格式如下：

```
map(function, iterable, …)
```

该函数的功能是以参数序列中的每个元素调用 function()函数，返回包含每次 function()函数返回值的 map 对象的迭代器。参数 function 为函数名，iterable 为可迭代对象。例如：

```
>>> x=[1,-2,-3,5,-6]
>>> y=map(abs,x)        #返回序列x中的每个元素调用函数abs()的返回值组成的map对象
>>> list(y)             #把可迭代对象y转换成列表
```

```
[1, 2, 3, 5, 6]
```

3. filter()函数

函数的调用格式如下:

```
filter(function, iterable)
```

该函数的功能是将一个单参数的函数作用到一个序列上,返回该序列中使得该函数返回值为 True 的那些元素组成的 filter 对象,如果指定函数为 None,则返回序列中等价于 True 的元素。例如:

```
>>>x=filter(None,[1,0,'','abc',5])      #返回一个 filter 对象赋给 x
>>> list(x)
[1, 'abc', 5]
```

【例 2-13】 运行下列程序,理解 filter()函数,写出运行结果。

```
#liti2-13.py
#定义函数 is_even(n),判断 n 是否为偶数
def is_even(n):
    return n % 2 == 0
tmplist = filter(is_even, [1, 2, 3, 4, 5, 6, 7, 8, 9, 10])
newlist = list(tmplist)
print(newlist)
```

程序运行结果如下:

```
[2, 4, 6, 8, 10]
```

4. zip()函数

函数的调用格式如下:

```
zip([iterable, …])
```

该函数的功能是将多个可迭代对象中对应位置上的元素打包(打包是指将元素按排列顺序组成序列的操作)成一个个元组,然后返回一个由这些元组组成可迭代的 zip 对象,该对象中元组的个数取决于参数中元素最少的那个对象。例如:

```
>>> x="abcd"
>>> y=[1,2,3,4,5]
>>> z=zip(x,y)
>>> list(z)
[('a', 1), ('b', 2), ('c', 3), ('d', 4)]
```

5. enumerate()函数

函数的调用格式如下:

```
enumerate(seq, [start=0])
```

该函数的功能是用来枚举序列 seq 中的元素,返回可迭代的 enumerate 对象,其中每个元素都是包含序列中的元素的索引和元素值的元组。参数 start 指出索引的起始号,默认为 0。例如:

```
>>> x=enumerate('abcd')
>>> list(x)
[(0, 'a'), (1, 'b'), (2, 'c'), (3, 'd')]
>>> y=enumerate('abcd',2)
>>> list(y)
[(2, 'a'), (3, 'b'), (4, 'c'), (5, 'd')]
```

2.3.6 其他内置函数

1. range()函数

函数的调用格式如下:

```
range([start,] end [, step] )
```

该函数的功能是返回一个 range 对象,其中包含左闭右开区间[start,end)内以 step 为步长的整数,一般用来控制循环次数。start 默认为 0,step 默认为 1。例如:

```
>>> range(1,5)                      #返回一个 range 对象,其元素包括 1,2,3,4
range(1, 5)
>>> list(range(5))                  #把 range 对象转换成列表
[0, 1, 2, 3, 4]
>>> list(range(1,5,2))
[1, 3]
>>> list(range(9, 0, -2))
[9, 7, 5, 3, 1]
```

2. len()函数

函数的调用格式如下:

```
len(seq)
```

该函数的功能是返回对象(字符、列表、元组、集合等)的长度或元素个数。例如:

```
>>> len("Hello,world!")
12
>>> len([1,3,5,7])
4
>>> len((2,4,6))
```

```
3
>>> len({2,4,6})
3
```

3. type()函数

函数的调用格式如下：

```
type(object)
```

该函数的功能是返回对象 object 所属的类型。例如：

```
>>> type(3)
<class 'int'>
>>> type([2,4,5])
<class 'list'>
```

Python 中还有很多内置函数,这里只是介绍了常用的部分内置函数,如果读者要用到本章没有介绍的内置函数,可参阅附录 A 或后面章节的内容,如第 6 章有字符串内置函数的介绍。

习　　题

一、填空题

1. 已知 x = 5,那么执行语句 x −= 3 之后,x 的值为_____。

2. 已知 x = 3,y=10,那么执行语句 x *=y− 6 之后,x 的值为_____。

3. 表达式{3} in {3，2，1，6}的值为_____。

4. 表达式 3 in (3，2，1，6)的值为_____。

5. 表达式 int('103', 8) 的值为_____。

6. 表达式 int('1101',2) 的值为_____。

7. 表达式 int('123') 的值为_____。

8. 表达式 int('102', 16) 的值为_____。

9. 已知 k=15,那么表达式 k&1 == k%2 的值为_____。

10. 表达式 int(16**0.5) 的值为_____。

11. Python 内置函数_____用来返回序列中的最大元素。

12. 已知 x=8 和 y=7,执行语句 x, y = y, x 后 x 的值是_____。

13. 表达式 13<15>12 的值为_____。

14. 已知 x=3,y=4,表达式 x−3 or y+5 的值为_____。

15. 已知 x=3,y=4,表达式 x−3 and y+5 的值为_____。

16. 表达式 not 3 + 5 的值为_____。

17. 表达式 (not 3) + 5 的值为_____。

18. 表达式 6｜3 的值为_____。

19. 表达式 3 ** 2 的值为_____。

20. 表达式 4 * 2 的值为_____。

21. 表达式 abs(3＋4j) 的值为_____。

22. Python 中用于表示逻辑与、逻辑或、逻辑非运算的关键字分别是_____、_____ 和_____。

23. 表达式 3 / 5 的值为_____。

24. 已知 a，b = map(int，['21'，'11'])，那么表达式 a － b 的值为_____。

25. 已知 x = 2＋4j 和 y = 5＋3j，那么表达式 x＋y 的值为_____。

26. 表达式 15.5 // 4.5 的值为_____。

27. 命题"x 是大于或等于 10 的偶数"，写成 Python 表达式应为_____。

28. 表达式 list(range(10,22,3)) 的值为_____。

29. 表达式 len("Python") 的值为_____。

二、判断题

1. 执行 r = input('r = ') 语句，获得半径后，可通过 L = 2 * 3.14 * r 求出周长 L。
（　　）

2. Python 语法认为条件 X ＜ Y ＜z 是合法的。（　　）

3. Python 数据 3.14、'hello'、['a'，'b'，'c'] 的值都是不能改变的，所以它们都是常量。
（　　）

4. 运算符％不可以对浮点数进行求余数操作。（　　）

5. Python 中布尔型数据只有 True 和 False。（　　）

6. 表达式 int('13.4') 的值是 13。（　　）

7. input( ) 函数输入的数据类型默认为字符串型。（　　）

8. 9999**9999 这样的命令在 Python 中无法运行。（　　）

9. 0o12f 是合法的八进制数字。（　　）

10. 3＋4j 不是合法的 Python 表达式。（　　）

11. 在 Python 中，0xad 是合法的十六进制数字表示形式。（　　）

12. 3＋4j 是合法的 Python 数字类型。（　　）

13. 在 Python 中，0oa1 是合法的八进制数字表示形式。（　　）

14. 一个数字 5 也是合法的 Python 表达式。（　　）

15. 已知 x = 3，那么执行 x ＋= 6 语句前后 x 的内存地址是不变的。（　　）

三、程序阅读题（注意输出格式，如换行等）

1. 阅读下列程序，写出程序运行结果。

```
r=3
pi=3.14
k=2*pi*r
```

```
print("k=%5.2f"%k)
```

2. 阅读下列程序,写出程序运行结果。

```
print(2,3,sep='*',end='=')
print(6)
```

3. 阅读下列程序,写出程序运行结果。

```
x=eval(input())
print("x=%.2f"%x)
```

假设上述程序运行时输入 3.25+4.367,写出该输入下的程序运行结果。

4. 阅读下列程序,写出程序运行结果。

```
x=5
y=15
z=25
print("{1},{0},{2}".format(x,y,z))
```

5. 阅读下列程序,写出程序运行结果。

```
x=0
y=True
print(x>y and "A"<"B")
```

四、选择题

1. 有如下语句:

```
n=6
print(eval("n*'*'"))
```

执行后的输出是_____。

    A. ******   B. n*'*'

    C. 6*'*'   D. *'*'*'*'*'*'

2. 与 print('a=',3,'b=',4,'c=',5)语句输出结果一样的是_____。

    A. print('a= {0} b= {1} c= {2}.format(3,4,5)')

    B. print('a= b= c= {0} {1} {2}'.format(3,4,5))

    C. print('a= {0} b= {1} c= {2}'.format(3,4,5))

    D. print('a= {1} b= {2} c= {3}'.format(3,4,5))

3. 下面能正确求出 1+2+…+5 的和的是_____。

    A. sum([1, 5])   B. 1+2+3+4+5

    C. sum(range(5))   D. sum(1,2,3,4,5)

4. 对语句 min(34,"128",97,key=str) 叙述正确的是_____。

    A. 34,"128",97 中既有整数又有字符串,该语句是不能比较大小的

B. 该语句可以比较大小,结果是 34

C. 该语句可以比较大小,结果是 128

D. 该语句可以比较大小,结果是'128'

5. x 是整数,与关系表达式 x==0 等价的表达式是_____。

  A. x=0   B. not x   C. x   D. x!=1

6. 下列语句在 Python 中是非法的是_____。

  A. x=y=z=1 B. x=(y=z+1) C. x,y=y,x   D. x+=y

7. 已知 x=2,语句 x*=x+1 执行后,x 的值是_____。

  A. 3   B. 4   C. 5   D. 6

8. 为了给整型变量 x、y、z 赋初值 10,下面正确的 Python 语句是_____。

  A. xyz=10   B. x=10 y=10 z=10

  C. x=y=z=10   D. x=10,y=10,z=10

9. 语句 x=input()执行时,如果从键盘输入 12 并按 Enter 键,则 x 的值是_____。

  A. 12   B. 12.0   C. "12"   D. (12)

10. 语句 print(1, 2, 3, end=": ")的输出结果是_____。

  A. 1 2 3   B. 1 2 3 :   C. 1:2:3   D. 1,2,3

11. 表达式 16/4-2**5*8/4%5//2 的值为_____。

  A. 14   B. 4   C. 2.0   D. 2

12. 以下不合法的表达式是_____。

  A. x in [1,2,3,4,5]   B. 3<=x<=10

  C. 3<=x and x<=10   D. 3=a

13. 语句 eval("2+4/5")执行后的输出结果是_____。

  A. 2.8   B. 2   C. 2+4/5   D. "2+4/5"

14. 若字符串 s="atc",则 len(s)的值是_____。

  A. 7   B. 6   C. 3   D. 4

15. 假设 a=9,b=2,那么下列运算中错误的是_____。

  A. a+b 的值是 11   B. a//b 的值是 4

  C. a%b 的值是 1   D. a**b 的值是 11

16. 下列选项中,幂运算的符号为_____。

  A. *   B. ++   C. %   D. **

17. 假设 x=1,x*=3+5**2 的运算结果是_____。

  A. 27   B. 28   C. 语法错误 D. 0

18. 在 Python 中,变量 a 的平方的表达式是_____。

  A. a*2   B. a**2   C. a^2   D. a

19. 表示 x 与 y 整数商的表达式是_____。

  A. x/y   B. x%y   C. x//y   D. x**y

20. 表示 x 与 y 取余的表达式是_____。

  A. x/y   B. x%y   C. x//y   D. x**y

21. 已知语句 r＝eval(input("请输入一个有效的表达式："))，则运行情况错误的是_____。

    A. 如果输入 4＋17，通过 print(r)可以得到结果 21

    B. 如果输入 6 * 2.5＋10，通过 print(r)可以得到结果 25

    C. 如果输入 5 * /3，则会因其不是一个有效的表达式而报 SyntaxError

    D. 如果输入 3＋15，通过 print(r)可以得到结果 3＋15

22. 执行 Python 语句"name,age＝'富田',18"，下面说法正确的是_____。

    A. name 的值为'富田',age 的值为 18，两个变量的类型不能确定

    B. 程序报错，因为两个变量没有定义，不能直接赋值

    C. 定义两个变量,name 是字符串类型,值为'富田',age 是整型,值为 18

    D. 不能同时给两个变量赋值，程序报错

第3章

程序控制结构

学习目标：

- 学会用传统流程图和 N-S 流程图表示问题求解的算法。
- 学习并掌握选择结构的流程，能熟练应用单分支、双分支、多分支和嵌套分支的 if 语句编写程序。
- 学习并掌握循环结构的流程，能熟练使用 while 和 for 语句编写程序。
- 学习并掌握循环的退出机制，能熟练应用 break 和 continue 语句。
- 学习并掌握循环的嵌套，能熟练应用多重循环解决较复杂的问题。
- 学习并掌握 Python 中的异常处理，能熟练运用 try…except…语句解决常见的异常问题。

3.1 控制结构概述

3.1.1 处理模式

从实际中可发现，人类处理问题的方式具有某些固定的模式化特征。下面举个生活中的例子加以说明。

【例 3-1】 生活中的处理现象。

小明早上起床，洗漱完毕，吃些早点，然后准备去学校。走到门口，准备像往常一样穿上皮鞋，但想到今天有体育课，就穿了运动鞋去学校。放学回家，吃完晚饭，休息一会儿开始写作业。今天只有语文作业，但老师布置了 20 道相同的抄写题，小明没有办法，只有一道一道地做，直到全部做完，再去睡觉。

从上面的例子不难看出，小明在这一天中的行为方式具有一些明显特征。如"早上起床、洗漱、吃早点"和"放学回家、吃晚饭、休息、写作业"等一系列的活动是按部就班的，按顺序一步步地完成的。这是一种"顺序"特征。

"走到门口，准备像往常一样穿上皮鞋，但想到今天有体育课，就穿了运动鞋去学校"，小明在穿鞋的问题上做了个判断，根据当前情况决定穿什么鞋。如果没有体育课，他会穿皮鞋。这反映出一种"选择"特征。

"老师布置了 20 道相同的抄写题,小明没有办法,只有一道一道地做,直到全部做完",这里明显反映出"重复"和"循环"的特征。

生活中还可以举出很多类似的例子,虽然具体情况不同,但在处理流程上都表现出"顺序""选择"或"循环"的特征。可以这样说,任何问题都是按照某些特定的处理模式来进行处理的。人类按照这样的方式处理问题,计算机其实和人类处理问题的方式一样,但计算机要对这些处理方式进行具体、精确的描述,形成"算法",并让处理器按照算法执行,从而完成问题的处理。

3.1.2 算法的结构化表示

问题的处理一般表现为顺序、选择和循环 3 种模式,算法要采用相应的方法将各种处理模式表示出来,常用的表示方法有自然语言、流程图、伪代码等方式。

本节只介绍算法的流程图表示方式,因为流程图通俗易懂,能很好地反映算法的"结构性"。流程图有两种:一种是传统流程图;另一种是 N-S 流程图。下面分别介绍。

1. 传统流程图

传统流程图用一系列图形、流程线来描述算法。传统流程图的基本图形元素如图 3-1 所示。

起止　　　　判断　　　　处理　　　　输入输出　　　　流程

图 3-1　传统流程图的基本图形元素

应用上述图形元素,顺序、选择和循环表示的 3 种处理模式如图 3-2 所示。

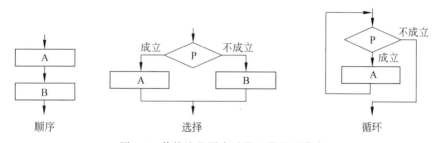

顺序　　　　　　　　　选择　　　　　　　　　循环

图 3-2　传统流程图表示的 3 种处理模式

【例 3-2】 将例 3-1 的处理流程用传统流程图表示。

根据前面的分析,例 3-1 所举的生活中的例子能较容易地用传统流程图表示,如图 3-3 所示。

从图 3-3 可以看到,用传统流程图表示的算法逻辑清楚、易懂,结构性较好。但缺点是,一旦算法复杂,则绘制比较麻烦,尤其是流程线若存在过多,会导致算法的结构清晰度变差。下面介绍一种结构性更好的流程图表示形式。

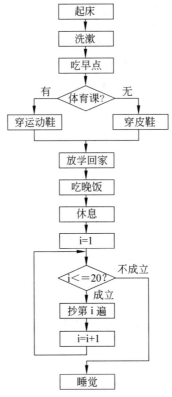

图 3-3　例 3-1 的传统流程图

2. N-S 流程图

1973 年,美国的计算机科学家 I.Nassi 和 B.Shneiderman 提出了一种新的流程图形式,在这种流程图中把流程线完全去掉了,全部算法写在一个矩形框内,在框内还可以包含其他框,即由一些基本的框组成一个较大的框。这种流程图称为 N-S 流程图(以两人名字的头一个字母组成),这种流程图能非常清晰地反映算法的结构性。图 3-4 用 N-S 流程图表示顺序、选择和循环结构。

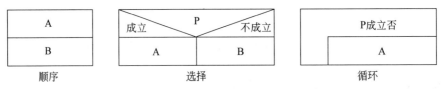

图 3-4　N-S 流程图表示的 3 种处理模式

【例 3-3】 将例 3-1 的处理流程用 N-S 流程图表示成如图 3-5 所示的形式。

从图 3-5 可以看出,相对于传统流程图,用 N-S 流程图表示的算法结构更清晰,更能体现算法的结构性质。

起床
洗漱
吃早点

图 3-5   例 3-1 的 N-S 流程图

3.1.3   算法的语言表示

流程图能形象地以"结构化"的方式展示算法,但遗憾的是,无论是传统流程图,还是N-S 流程图,它们表示的算法计算机都不能识别执行,因为计算机只能理解用计算机语言(程序设计语言)所表示的算法。流程图已经很好地以结构性的方式将算法表示出来,只要掌握了某种程序设计语言的语法,就能很方便地用该种语言将算法进行精确的表示。本书讲述的是 Python 语言,所以都是用 Python 语言来表示算法。在各种处理结构中,顺序结构是最简单、也是最常用的结构形式,前面章节中的大部分例子都是顺序结构的,下面从流程图到语言算法的实现角度再对顺序结构加以说明。

【例 3-4】   任意输入两个整数到变量 x、y 中,将 x、y 中的数据交换并输出。

经简单分析,可画出如图 3-6 所示的 N-S 流程图。

按照该流程图,利用 Python 语言实现的程序如下:

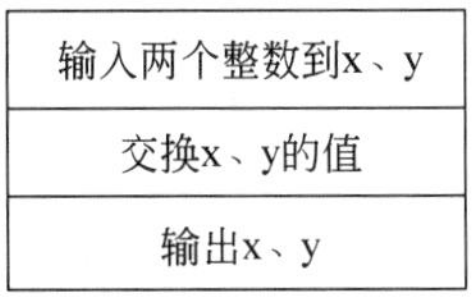

输入两个整数到x、y
交换x、y的值
输出x、y

图 3-6   例 3-4 的 N-S 流程图

```
#liti3-4-1.py
x,y = eval(input('任意输入两个整数(用逗号间隔):'))
x,y = y,x                    #交换 x、y 的值
print('x={0},y={1}'.format(x,y))
```

这种实现方式代码很精炼,但该例也可以用如下方式实现。

```
#liti3-4-2.py
x,y = eval(input('任意输入两个整数(用逗号间隔):'))
t = x                        #用变量 t 来交换 x、y 的值
x = y
```

```
y = t
print('x={0},y={1}'.format(x,y))
```

两种方法各有特点,读者可自行理解、比较,并上机练习加以体会。

从本节可以看出,算法无论是用流程图、编程语言还是其他的方式来表示,核心都是结构化的思想,即用各种流程控制结构来进行算法的设计和细化。具体地说,就是在编程前先对问题进行分析,得出问题的基本解决方案模型,再按结构化的思想对解决方案进行算法的组织和设计,直到给出算法的完整处理步骤,最后用编程语言实现该算法。

顺序结构是一种最简单的流程控制结构,本章后面的内容将依次对选择结构和循环结构进行详细介绍。

3.2 选 择 结 构

选择结构也称为分支结构,用于实现根据条件处理不同的问题。选择结构可以分为双分支、单分支、多分支以及嵌套的分支结构等类型。

3.2.1 双分支结构

双分支结构是一种最常见的分支结构,N-S 流程图如图 3-7 所示。

图 3-7 双分支结构的 N-S 流程图

对应的 Python 语句为

```
if <条件>:
    语句块 1
else:
    语句块 2
```

执行双分支语句时,当条件为 True 时执行语句块 1,条件为 False 时执行语句块 2;语句块 1 和语句块 2 只能执行一个,执行完某一个即结束了该分支结构的执行。注意,if 和 else 后面都要加上冒号,语句块 1 和语句块 2 两个分支都要有一致的缩进。

条件表达式是实现选择结构或循环结构不可缺少的部分,条件表达式可以用关系运算符、逻辑运算符、成员运算符、身份运算符等来实现,如 $1<x<10$、$a==b$、$x>y$ and $a!=b$、x in ls、a is b 等。注意,赋值运算符=不能出现在条件表达式中,不能和==运算符混淆。

【例 3-5】 输入成绩 grade,分两种情况考虑,低于 60 分输出"不合格",60 分以上输出"合格"。

根据问题描述,可以得出要用双分支的选择结构来表示处理步骤,对应的 Python 程序如下。

```
#liti3-5-1.py
grade = eval(input('输入成绩:'))
```

```
if grade<60:
    print('不合格')
else:
    print('合格')
```

程序运行结果如下:

```
输入成绩:80
合格
```

再次运行该程序:

```
输入成绩:50
不合格
```

在 Python 中,双分支结构还可以用一种更简洁的形式表示。Python 提供了一个三元条件运算符,其构造的表达式可以实现与双分支结构相似的效果。语法为

```
<表达式 1> if <条件> else <表达式 2>
```

当条件为真时,该三元表达式的值取表达式 1 的值,否则取表达式 2 的值。这种表达式很容易产生误解,认为就是选择语句。其实在此处的 if…else…不是用于表示选择结构语句,而是作为一种特殊的三元运算符,用于构造一种特殊的表达式。因此,例 3-5 也可以表示如下:

```
#liti3-5-2.py
grade = eval(input('输入成绩:'))
print('不合格' if grade<60 else '合格')
```

可以通过下面的例子进一步理解三元条件表达式:

```
>>> a = 2
>>> a if a!=0 else '非法'
2
>>> a = 0
>>> a if a!=0 else '非法'
'非法'
>>> x = eval(input('x='))
x=3
>>> y = eval(input('y='))
y=5
>>> x if x>y else y            #等价于 max(x,y)
5
```

3.2.2　单分支结构

单分支结构是一种特殊的选择结构,N-S 流程图如图 3-8 所示。

对应的 Python 语句为

```
if <条件>:
    语句块
```

图 3-8　单分支结构的 N-S 流程图

执行单分支语句时,当条件为 True 时执行语句块,条件为 False 时什么都不执行,直接结束该单分支语句。

【例 3-6】 输入成绩 grade,对成绩分如下 4 种情况考虑。若成绩为[0,60),输出"差";成绩为[60,70),输出"中";成绩为[70,80),输出"良";成绩为[80,100],输出"优"。

该例可用多种方法解决,此处用单分支结构解决,学了后面的多分支和分支嵌套后,对该例再分别用其他方法实现,并在不同方法间进行比较,总结不同结构的特点。该例用单分支结构实现如下:

```
#liti3-6.py
grade = eval(input('输入成绩:'))
if 0<=grade<60:
    print('差')
if 60<=grade<70:
    print('中')
if 70<=grade<80:
    print('良')
if 80<=grade<=100:
    print('优')
```

程序运行结果如下:

```
输入成绩:50
差
```

多次运行程序,输入位于不同区间的分数,从结果看,可验证该程序是正确的。但仔细分析,程序存在一个问题。如上面程序运行所示,输入成绩 50,输出"差"。因为成绩满足条件"0≤=grade<60",所以执行语句 print('差')。但输出"差"后,程序并没有结束,还会依次执行后面的 3 个单分支语句。这 3 个单分支语句的执行是没有必要的,因为当前"0≤=grade<60"的值为 True,则条件"60≤=grade<70""70≤=grade<80""80≤=grade<=100"的值肯定是 False。但为什么后面 3 个 if 语句也会执行呢?因为这 4 个单分支 if 语句是各自独立的、并列的语句,它们之间是一种顺序结构,无论自身条件是真还是假,对别的语句都不构成任何影响。即不论输入的是什么数,这 4 个 if 语句都会无条件执行。显然这是一种不好的现象,程序运行中做一些不必要的运算,不但浪费了处理器的时间,同时也降低了程序的运行速度。所以程序的好坏不能只从结果来看,还要从程序的结构是否合理、精巧来判断。下面的多分支结构能很好地解决这个问题。

3.2.3　多分支结构

多分支结构的语法格式如下:

```
if <条件 1>:
    语句块 1
elif <条件 2>:
    语句块 2
  ⋮
elif <条件 n-1>:
语句块 n-1
[else:
    语句块 n]
```

从多分支结构的语法可以看出,当多分支结构执行时,会从上到下对条件依次判断,一旦碰到成立的条件,则转去执行对应的分支语句块,然后结束整个多分支结构的执行,不会对后面的条件再进行多余的判断。else 子句是可选的,若 else 子句存在,则当前面的条件都不成立时,执行 else 下面的语句块。因此,从结构特点和执行效率来看,多分支结构是实现多种情况(3 个以上)处理的最佳方式。

【例 3-7】 对例 3-6 用多分支结构实现。

用多分支结构实现的程序代码如下:

```
#liti3-7-1.py
grade = eval(input('输入成绩:'))
if 0<=grade<60:
    print('差')
elif 60<=grade<70:
    print('中')
elif 70<=grade<80:
    print('良')
elif 80<=grade<=100:
    print('优')
```

上述程序以多分支的方式很好地解决了该问题,读者应将该例和例 3-6 的实现进行比较,仔细体会两种方式的不同。

该程序还可以进一步优化。因为多分支是一个完整的独立结构,其中的多个条件是按先后依次判断的,因此条件可以简化。例如,"60<=grade<70"可以改为"grade<70","70<=grade<80"可以改为"grade<80";最后一个 elif 分支可以用 else 取代,不需要再判断,因为若前面 3 个条件都不成立,则分数一定是在 80 以上的。因此,程序可修改如下:

```
#liti3-7-2.py
grade = eval(input('输入成绩:'))
if 0<=grade<60:
    print('差')
elif grade<70:
    print('中')
elif grade<80:
```

```
        print('良')
else:
        print('优')
```

程序代码简洁,提高了可读性,但经过测试,发现修改后的程序存在问题。

```
输入成绩:-5
中
输入成绩:110
优
```

修改后的程序代码虽然简洁了,但忽视了对边界数据的检测,导致程序不能有效处理小于 0 或大于 100 的数,从而出现了错误的结果。程序不正确,再怎么追求代码的简洁都是没有任何意义的!难道这个程序只能采用原来的写法,不能"鱼与熊掌兼得"吗?其实,只要先对数据的合法性进行判断,程序的正确性和简洁性是可以兼得的。下面要介绍的嵌套分支结构就能很好地解决这个问题。

3.2.4 嵌套分支结构

一个分支结构完全包含了另一个分支结构,就形成了分支结构的嵌套。嵌套分支结构的一般语法如下:

```
if <条件 1>:
    ⋮
    if <条件 2>:
        语句块 2
    [else:
        语句块 3]
    ⋮
else:
    ⋮
    if <条件 4>:
        语句块 4
    [else:
        语句块 5]
    ⋮
```

上述只是嵌套分支结构的一般情况,实际中的嵌套情况可以根据具体问题灵活变化,if 分支或 else 分支中不一定都要有嵌套,并且嵌套的层数没有限制,嵌套的结构里面还可以继续嵌套。

【例 3-8】 对例 3-7 用嵌套的分支结构实现既强健又简洁的程序。

在 3.2.3 节中,修改后的程序缺少对边界数据的检测,导致程序运行不稳定。解决的办法是先安排一个双分支结构对输入数据的合法性进行判断,若合法则在内部嵌套一个多分支结构对每种情况进行处理,否则输出数据非法的提示信息。相应程序如下:

```
#liti3-8-1.py
grade = eval(input('输入成绩:'))
if 0<=grade<=100:
    if grade<60:
        print('差')
    elif grade<70:
        print('中')
    elif grade<80:
        print('良')
    else:
        print('优')
else:
    print('成绩错误')
```

程序运行结果如下:

```
输入成绩:-5
成绩错误
输入成绩:110
成绩错误
输入成绩:88
优
```

上述程序用带有"0<=grade<=100"条件的选择结构对数据的合法性进行检测,若合法则在if分支中安排一个多分支结构继续处理。由于外部限定了合法数据的范围,内部嵌套的多分支结构的条件可以进一步简化为"grade<60""grade<70""grade<80"等。这样的解决方案,不但保证了程序的正确性,同时程序代码也不失简洁、结构清晰的特点。

解决该问题的思路稍做改变,还可以写出以下结构不同、但功能一样的程序:

```
#liti3-8-2.py
grade = eval(input('输入成绩:'))
if 0<=grade<=100:
    if grade<60:
        print('差')
    else:
        if grade<70:
            print('中')
        else:
            if grade<80:
                print('良')
            else:
                print('优')
else:
    print('成绩错误')
```

上面使用的是if语句的嵌套,下面采用的是多分支的if语句,结构更清晰、更容易理解。

```
#liti3-8-3.py
grade = eval(input('输入成绩:'))
if grade<0 or grade>100:
    print('成绩错误')
elif grade<60:
    print('差')
elif grade<70:
    print('中')
elif grade<80:
    print('良')
else:
    print('优')
```

分支结构是一种常用且重要的处理控制结构,可分为单分支、双分支、多分支、嵌套分支等多种类型。初学者应多采用一题多解的方式,因为该方式能使初学者快速、深入把握各种算法处理结构,并达到灵活运用的目的。

3.2.5 选择结构综合举例

【例 3-9】 任意输入 3 个整数 a、b、c,按从大到小降序排列。

先比较 a 和 b,保证 a≥b;再比较 a 和 c,保证 a≥c,此时 a 是三者中的最大数;最后比较 b 和 c,保证 b≥c。经过这 3 步处理,a、b、c 已降序排列。这 3 步对应到 3 个单分支结构,相应程序如下:

```
#liti3-9-1.py
a = int(input('a='))
b = int(input('b='))
c = int(input('c='))
if a<b:
    a,b = b,a
if a<c:
    a,c = c,a
if b<c:
    b,c = c,b
print("降序结果:",a,b,c)
```

程序运行结果如下:

```
a=3
b=8
c=5
降序结果：8 5 3
```

上述程序采用了 Python 语言特有的交换方式,代码比较简练。该程序还可以进一步简化。在 a、b、c 基础上创建列表[a, b, c],利用内置函数 sorted()对该列表进行降序排列,返回一个降序排列的列表,再对该降序列表进行多重赋值操作,将元素依次赋给变量 a、b、c 并输出。相应程序如下:

```
#liti3-9-2.py
a = int(input('a='))
b = int(input('b='))
c = int(input('c='))
a,b,c = sorted([a,b,c],reverse=True)
print('降序结果:',a,b,c)
```

可以看到,程序的 Python 味道越来越浓,代码也越来越精练。这是否已是该问题的终结版了? 回答是否定的,还有更简练的,程序如下:

```
#liti3-9-3.py
a,b,c = sorted(eval(input('输入 3 个整数(逗号间隔):')),reverse=True)
print('降序结果:',a,b,c)
```

程序运行结果如下:

输入 3 个整数(逗号间隔):5,8,3
降序结果: 8 5 3

此处只有两行代码。input()函数返回一个由逗号间隔的 3 个整数构成的字符串,如"3,8,5"。eval()函数相当于将字符串两端的引号去掉,得到表达式的原本意义。Python 中,表达式 3,8,5 表示一个元组,则 eval("3,8,5")得到元组(3, 8, 5)。再用 sorted()函数对该元组进行降序排列 sorted((3, 8, 5),reverse=True),得到列表[8, 5, 3]。最后将排序得到的列表进行多重赋值,将其中的元素依次赋给变量 a、b、c,得到所需结果。

【例 3-10】 输入年份,判断是否为闰年。符合以下两个条件中的任何一个都是闰年:①能被 400 整除;②能被 4 整除但不能被 100 整除。

分析角度不同,可以写出不同的程序。

方法一:使用多分支结构,程序代码如下:

```
#liti3-10-1.py
y = int(input('输入年份:'))
if (y%400==0):
    print('是闰年')
elif (y%4==0 and y%100!=0):
    print('是闰年')
else:
    print('不是闰年')
```

读者也可以将该问题用嵌套的分支结构实现,多分支结构和嵌套分支结构在某些情况下是等价的。

方法二：使用双分支结构，程序代码如下：

```
#liti3-10-2.py
y = int(input('输入年份:'))
if (y%4==0 and y%100!=0) or (y%400==0):
    print('是闰年')
else:
    print('不是闰年')
```

将两个条件用逻辑运算符 or 连接起来，构成一个完整的判断闰年的条件表达式，程序代码就简短了。

其实还有别的方法，例如通过内置模块 calendar 中的 isleap()函数来实现闰年的判断，程序更易编写，感兴趣的读者可以自行尝试。

【例 3-11】 输入三角形的 3 条边，判断其构成的是等边三角形、等腰三角形、直角三角形，还是普通三角形。

首先对输入的 3 边进行判断，能否构成三角形，能则再判断是 4 种三角形里面的哪一种，否则输出错误提示。相应程序如下：

```
#liti3-11-1.py
a,b,c = eval(input('输入 3 条边(逗号间隔):'))
if a+b>c and a+c>b and b+c>a:
    if a==b==c:
        print('等边三角形')
    elif a==b or a==c or b==c:
        print('等腰三角形')
    elif a**2+b**2==c**2 or a**2+c**2==b**2 or b**2+c**2==a**2:
        print('直角三角形')
    else:
        print('普通三角形')
else:
    print('不能构成三角形')
```

上述程序能全面、正确地解决该问题，但问题就是有些条件太长了，程序看上去不简洁。有没有办法将条件变短呢？其实只要对输入的 3 边先进行排序(升序)，后面的条件就可以大大简化，为此程序的第一条语句可以改为 a,b,c = sorted(eval(input('输入 3 条边(逗号间隔):')))。因为 a、b、c 升序排列了，则判断能否构成三角形只须判断 a+b>c 即可，且 a、b、c 升序排列后，a+c>b 和 b+c>a 是绝对成立的。类似地，判断等边三角形只须 a==c；判断等腰三角形只须 a==b or b==c；判断直角三角形只须 a**2+b**2==c**2。因此，修改后的程序如下：

```
#liti3-11-2.py
a,b,c = sorted(eval(input('输入 3 条边(逗号间隔):')))
if a+b>c:
```

```
if a==c:
    print('等边三角形')
elif a==b or b==c:
    print('等腰三角形')
elif a**2+b**2==c**2:
    print('直角三角形')
else:
    print('普通三角形')
else:
    print('不能构成三角形')
```

经过优化,程序变得简洁,可读性也更好了,这样的程序不也反映出一种美吗?

程序的确看起来清爽了很多,但这个程序是否已完美地解决了这个问题呢?仔细分析,还是能发现美中不足的地方。例如,若输入的 3 条边能构成一个等腰直角三角形,按照上面的程序却只能输出"等腰三角形"的判断,漏掉了"直角"这个重要特征,这显然不合适,输出"等腰直角三角形"的判断才是最适宜的。但当前这个程序做不到,如何改进呢?感兴趣的读者可以自行思考。

所以,编程不能只满足于一蹴而就,后期对程序的完善也非常重要,这一点初学者尤其要注意。只有对程序结构、算法的孜孜以求,才能进一步激发编程的兴趣,发现编程的魅力所在,并不断提高自身的程序设计水平。

3.3　循环控制结构

循环即往复回旋,指事物周而复始地运动或变化。在程序设计中,通过循环,可以使一组语句重复执行多次。例如,要计算 100 以内的偶数和,可以使用一个变量来存储偶数的和,假设使用变量 sum 来保存其和,在求和之前使 sum 的值为 0,即 sum＝0。假设使用变量 i 来遍历[2,100)的偶数,i 每遍历一个偶数,使语句 sum＝sum＋i 执行一次;当 i 遍历完[2,100)的偶数后,sum 中就保存了 100 以内的偶数和。在 Python 语言中通过 for 或 while 可以实现循环控制。

3.3.1　while 循环语句

在 Python 中,while 循环语句的语法格式如下:

```
while 循环条件:
    循环体语句
```

只要循环条件成立,while 语句中的语句序列就会一直执行,这个语句序列叫作 while 语句的循环体语句。

while 循环语句的执行过程如下。

（1）计算循环条件，若条件为真，则执行步骤（2）；否则结束循环。

（2）执行循环体语句，执行完后继续执行步骤（1）。

while 循环语句的执行过程可以用图 3-9 表示。

【例 3-12】 用 while 循环语句，编程求 100 以内（不包括 100）的偶数和。

分析：使用了 sum 来保存偶数和，使用了变量 i 来遍历 2～98 的偶数。变量 sum 和 i 在进入循环之前都要对其进行初始化，即在没有求和之前，应使 sum 的值为 0。100 以内最小的非零偶数为 2，因此 i=2，即表示 i 从最小的 2 开始遍历，一直要遍历到 98，所以循环的结束条件是 i<100。每循环一次累加一个偶数，并计算出下一次要累加的偶数。程序的算法流程图如图 3-10 所示，程序代码如下：

```
#liti3-12.py
sum=0
i=2
while i<100:
    sum+=i
    i=i+2
print("2+4+…+%d=%d"%(i-2,sum))
```

图 3-9　while 循环语句的执行过程

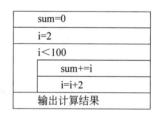

图 3-10　例 3-12 的算法流程图

程序运行结果如下：

```
2+4+…+98=2450
```

在本例中，请读者思考如下 3 个问题。

（1）while 后面的循环条件能否改为 i<=100？

（2）在 print 输出中，为什么用 i−2，而不是 i？

（3）在程序 liti3-12.py 中使用循环变量 i，从 2 遍历到 98，如果要让循环变量 i 从 98 开始遍历到 2，上述程序应如何修改？

【例 3-13】 小明现有 10000 元准备存入银行，进行理财。目前银行三年以上的定期年利率是 2.75%，假设利率不变，可以利滚利，问至少存多少年后小明的账户余额可以翻倍？

使用变量 rate、bal、year 来分别存储利率、账户余额和年份，在进入循环前给它们赋题目要求的初值，当账户余额小于目标值（20000）时，计算下一年份的余额，并累加年份，循环结束后输出所求的年份和账户余额。程序的算法流程图如图 3-11 所示，程序代码如下：

```
#liti3-13.py
rate=2.75
bal=10000
year=0
while bal<20000:
    year=year+1
    bal=bal+bal*rate/100
print("year=%d,bal=%.2f"%(year,bal))
```

图 3-11　例 3-13 的算法流程图

程序运行结果如下：

year=26,bal=20245.46

在本例中，请读者思考如下两个问题。

（1）程序中的循环条件能否改为 bal≥20000？如果改为 bal≥20000,while 的循环体语句执行了多少次？

（2）year 的初值为什么是 0,能否是 1？

总结上述两个例题，使用 while 循环语句设计程序，需要注意以下事项。

（1）在进入循环前要给循环控制变量赋初值，如例 3-12 中的 i 和例 3-13 中的 bal。一般来说，循环变量的初值是循环开始的值，循环条件是用循环变量与终值进行比较。

（2）在循环体内至少要有一条语句能够改变循环变量的值，使之趋向循环结束条件，否则，循环将永远不会结束，把永远不会结束的循环称为"死循环"。例如，把例 3-12 中的程序代码修改如下：

```
sum=0
i=2
while i<100:
    sum+=i
print("2+4+…+%d=%d"%(i-2,sum))
```

在 Python IDLE 环境下运行上述程序，可以看到光标一直在闪烁，结果出不来，就是因为上述程序有"死循环"。此时可按 Ctrl+C 组合键强行终止程序的运行，并修改程序。

（3）在格式上，循环条件后面一定要有冒号"："，循环体语句一定要进行缩进，循环结束后的第一条语句一定要与 while 对齐，否则程序运行时会出错。

3.3.2　for 循环语句

Python 中的 for 循环语句用于遍历可迭代对象中的每个元素，并根据当前访问的元素做数据处理，其语法格式如下：

```
for 变量 in 可迭代对象：
    循环体语句
```

for 循环语句的执行过程是依次取可迭代对象中的每个元素的值，如果有，取出赋给变量,执行循环体语句,否则循环结束。

for 循环语句的执行过程可用图 3-12 表示。

【例 3-14】 用 for 循环语句,编程求 100 以内(不包括 100)的偶数和。

和例 3-12 一样,使用变量 sum 来保存偶数和的值,在求和之前赋初值为 0,即 sum=0,再用循环变量 i 来遍历 2~100 的偶数(不包括 100),每循环遍历一次,累加一个偶数。程序的算法流程图如图 3-13 所示,程序代码如下:

```
#liti3-14.py
sum=0
for i in range(2,100,2):
    sum+=i
print("2+4+…+%d=%d"%(i,sum))
```

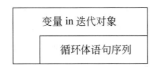

图 3-12   for 循环语句的执行过程

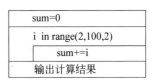

图 3-13   例 3-14 的算法流程图

程序运行结果如下:

```
2+4+…+98=2450
```

在使用 for 循环语句时,如果需要遍历一个数列中的所有数字,则可以用 range()函数生成一个可迭代对象。程序中用了 range(2,100,2),表示的就是从 2 开始,到 100 终止(不包含 100),步长为 2 的迭代对象。

【例 3-15】 已知华氏温度与摄氏温度之间的转换关系:$C=(5/9)*(F-32)$。其中,F 为华氏温度,C 为摄氏温度。编写程序,分别显示华氏温度 0,10,20,…,100 与摄氏温度的对照表。

该程序的算法非常简单,流程图省略,程序代码如下:

```
#liti3-15.py
print("华氏温度\t摄氏温度")
for F in range(0,101,10):
    C=5/9*(F-32)
    print("%d\t\t%0.2f"%(F,C))
```

程序运行结果如下:

华氏温度	摄氏温度
0	-17.78
10	-12.22
20	-6.67
30	-1.11
40	4.44
50	10.00

Python 语言程序设计基础教程

```
60    15.56
70    21.11
80    26.67
90    32.22
100   37.78
```

程序 print()函数使用了转义字符'\t',表示到下一制表位,一个制表位表示 8 字节宽度,常用于控制输出对齐,详见第 6 章。

【例 3-16】 已知 list1＝["Python","C++","Basic","Java"],用 for 循环实现,一行输出一个元素。

程序代码如下:

```
#liti3-16.py
list1=["Python","C++","Basic","Java"]
for ls in list1:              #遍历列表 list1 中的每个元素
    print(ls)
```

程序运行结果如下:

```
Python
C++
Basic
Java
```

使用 for 循环语句设计程序,需要注意以下事项。

(1) 可迭代对象可以是列表、元组、字符串、集合和字典等序列数据,也可以是 range 等可迭代函数。如果是字典,每次遍历时获取的是元素的键,通过键可以再获取元素的值,代码如下:

```
dict1={1:"Python",2:"C++",3:"Basic",4:"Java"}
for d in dict1:
    print(d,":",dict1[d])
```

程序运行结果如下:

```
1 : Python
2 : C++
3 : Basic
4 : Java
```

(2) 在格式上,for 后面一定要有冒号(:),循环体语句一定要进行缩进,循环结束后的第一条语句要与 for 对齐,否则程序运行时会出错。

3.3.3　break 语句

break 语句用于跳出 for 循环或 while 循环,转到循环后的第一条语句去执行。如果

break 用在多重循环中,则 break 语句只能跳出它所在的本层循环。

其语法格式如下:

```
break
```

【例 3-17】 从键盘输入一个正整数 n,判断 n 是否是素数。

素数是指只能被 1 和它本身整除的数。可以使用反证法,用变量 i 遍历 2~n−1,若 n 能被某个 i 整除,则说明 n 不是素数,提前结束循环,此时 i 一定小于 n,输出"不是素数",否则输出"是素数"。程序代码如下:

```python
#liti3-17.py
n=int(input("请输入一个正整数:"))
for i in range(2,n):
    if n%i==0:                 #如果 n 能被 i 整除
        break                  #说明 n 不是素数,跳出循环,此时 i 小于 n
if i<n-1:                      #当 i 遍历完 range(2,n)退出循环时,i 的值为 n-1
    print("%d不是素数!"%n)
else:
    print("%d是素数!"%n)
```

程序运行结果如下:

```
请输入一个整数:16
16 不是素数!
```

再运行一次程序:

```
请输入一个整数:37
37 是素数!
```

上述算法是让 n 去除以 2~n−1 的每个整数,如果都不能整除,说明 n 就是素数。该算法中当 n 是一个非常大的素数时,要执行 n−1 次循环,效率很低。为了提高效率,必须减少循环的次数。是否可以不除到 n−1,例如除到 n/2 或 $\sqrt{n}$ 即可判定 n 是否是素数,如果可以,读者自行修改程序。

3.3.4 continue 语句

continue 语句用于结束本次循环并开始下一次循环,对于多重循环情况,continue 语句作用于它所在的本层循环。

【例 3-18】 阅读下列程序代码。

程序代码如下:

```python
#liti3-18.py
sum=0
while True:
```

```
n=eval(input('请输入一个整数(输入 0 结束程序):'))
if n==0:
    break
if n%3!=0:
    continue
sum+=n
print("sum=%d"%sum)
```

运行该程序时,若依次输入 15、20、35、40、45、50 和 0,则最后输出 sum 等于多少呢?

在上面的程序中,循环条件设置为 True,通常称这种循环为"永真循环",即不可以通过条件不成立退出循环。对于这种"永真循环",在循环体中必然包含 break 语句退出循环,否则将导致死循环,程序无法正常退出。该程序中,如果输入的值为 0,则退出循环,如果输入的值不是 3 的倍数,则结束本次循环,进行下一次循环。因此该程序的运行结果为 60。

3.3.5　else 语句

在 Python 语言中,for 循环和 while 循环可以有 else 分支语句。当 for 循环已经遍历完可迭代对象中的所有元素或 while 循环的条件为 False 时,就会执行 else 分支中的语句。也是就说,在 for 循环或 while 循环中,只要不是执行到 break 语句而退出循环的,如果有 else 语句,就要执行 else 分支语句块。

带 else 分支的 for 循环的语法格式如下:

```
for 变量 in 可迭代对象:
    循环体语句
else:
    分支语句块
```

带 else 分支的 while 循环的语法格式如下:

```
while  循环条件:
    循环体语句
else:
    分支语句块
```

【例 3-19】　从键盘输入一个正整数,判断该数是否是素数。用带 else 分支的语句改写例 3-17 中的程序代码。

程序代码如下:

```
#liti3-19.py
n=int(input("请输入一个正整数:"))
for i in range(2,n):
    if n%i==0:
        print("%d不是素数!"%n)
```

```
        break
else:
    print("%d是素数!"%n)
```

程序运行结果如下：

```
请输入一个整数:16
16 不是素数！
```

再运行一次程序：

```
请输入一个整数:37
37 是素数！
```

上述程序代码中的 else 分支语句应与 for 对齐，不能与 if 对齐，否则就构成了双分支的选择结构了。

3.3.6 多重循环结构

在循环程序设计中，如果一个循环完全包含在另一个循环里面则称为循环嵌套，也称为多重循环。for 循环和 while 循环可以相互嵌套，利用循环嵌套，可以实现更复杂的程序设计。

【例 3-20】 编程，输出九九乘法表。

为了让读者容易理解，对该任务进行分解，先输出只有一个等式的乘法。

程序代码如下：

```
#liti3-20-1.py
i=1
j=1
print("%d*%d=%d"%(i,j,i*j))
```

上述程序运行后，输出结果为

```
1*1=1
```

如果在 print()函数的前面加上一个循环，就可以实现输出一行 9 个乘法等式，其代码修改如下：

```
#liti3-20-2.py
i=1
for j in range(1,10):
    print("%d*%d=%d"%(i,j,i*j),end='\t')
                                          #在每个制表位上输出一个等式,一行输出9个,不换行
print()                                   #输出完9个等式后换行
```

上述程序运行后，输出结果为

```
1*1=1  1*2=2  1*3=3  1*4=4  1*5=5  1*6=6  1*7=7  1*8=8  1*9=9
```

该程序运行后实现了九九乘法表中的第 1 行的 9 个乘法等式,如果在该程序中再加上一层循环来控制行数,其程序代码如下:

```
#liti3-20-3.py
for i in range(1,10):
    for j in range(1,10):
        print("%d*%d=%d"%(i,j,i*j),end='\t')
                                    #在每个制表位上输出一个等式,不换行
    print()                         #输出完 9 个等式后换行
```

在该程序中 for j in range(1,10)循环语句完全包含在 for i in range(1,10)的里面,根据位置关系,for i in range(1,10)循环称为外循环,用来控制九九乘法表中的行数,for j in range(1,10)称为内循环,用来控制 1 行中输出 9 个等式。外循环执行 1 次,内循环要执行 9 次。因此,内循环体执行的总次数等于内循环的循环次数乘以外循环的循环次数。

程序运行结果如下:

```
1*1=1   1*2=2    1*3=3    1*4=4    1*5=5    1*6=6    1*7=7    1*8=8    1*9=9
2*1=2   2*2=4    2*3=6    2*4=8    2*5=10   2*6=12   2*7=14   2*8=16   2*9=18
3*1=3   3*2=6    3*3=9    3*4=12   3*5=15   3*6=18   3*7=21   3*8=24   3*9=27
4*1=4   4*2=8    4*3=12   4*4=16   4*5=20   4*6=24   4*7=28   4*8=32   4*9=36
5*1=5   5*2=10   5*3=15   5*4=20   5*5=25   5*6=30   5*7=35   5*8=40   5*9=45
6*1=6   6*2=12   6*3=18   6*4=24   6*5=30   6*6=36   6*7=42   6*8=48   6*9=54
7*1=7   7*2=14   7*3=21   7*4=28   7*5=35   7*6=42   7*7=49   7*8=56   7*9=63
8*1=8   8*2=16   8*3=24   8*4=32   8*5=40   8*6=48   8*7=56   8*8=64   8*9=72
9*1=9   9*2=18   9*3=27   9*4=36   9*5=45   9*6=54   9*7=63   9*8=72   9*9=81
```

该九九乘法表是沿对角线对称的,如果只需要输出沿对角线以下的乘法等式,即要输出如下的九九乘法表,程序应如何修改,请读者自行完成。

```
1*1=1
2*1=2   2*2=4
3*1=3   3*2=6    3*3=9
4*1=4   4*2=8    4*3=12   4*4=16
5*1=5   5*2=10   5*3=15   5*4=20   5*5=25
6*1=6   6*2=12   6*3=18   6*4=24   6*5=30   6*6=36
7*1=7   7*2=14   7*3=21   7*4=28   7*5=35   7*6=42   7*7=49
8*1=8   8*2=16   8*3=24   8*4=32   8*5=40   8*6=48   8*7=56   8*8=64
9*1=9   9*2=18   9*3=27   9*4=36   9*5=45   9*6=54   9*7=63   9*8=72   9*9=81
```

【例 3-21】 编程,已知 primelist=[],求 100~200(包括 100,不包括 200)的所有素数,并把素数添加到列表 primelist 中,输出该列表及列表的和。

在例 3-19 中,已经知道了如何判断一个数是素数,现在要判断 100~200 所有数是否是素数,只要在判断素数的代码外面再加上一层循环即可。程序代码如下:

```
#liti3-21.py
```

```
primelist=[]
n=100
while n<200:
    for i in range(2,n):
        if n%i==0:
            break                    #跳出循环,转到 n=n+1 执行
        else:
            primelist.append(n)      #是素数,添加到列表
    n=n+1
print(primelist)
print("sum=%d"%sum(primelist))
```

该程序中外循环是 while 循环,内循环是 for 循环,一定要注意缩进的格式,弄清层次关系,否则容易出错。程序中还使用了列表的操作方法,详见 4.2 节。

程序运行结果如下:

```
[101, 103, 107, 109, 113, 127, 131, 137, 139, 149, 151, 157, 163, 167, 173, 179, 181,
191, 193, 197, 199]
sum=3167
```

3.3.7 循环结构综合举例

利用循环结构来解决实际问题,常采用两种方法,一种是迭代法,另一种是穷举法。

1. 迭代法

迭代法也称为辗转法,是一种不断用变量的原值递推新值的过程,类似数列中的通项。

迭代算法是用计算机解决问题的一种基本方法,它利用计算机运算速度快、适合做重复性操作的特点,让计算机对一组语句进行重复执行,在每次执行这组语句时,都从变量的原值推出它的一个新值。

利用迭代算法解决问题,需要做好以下 3 方面的工作:

(1) 确定迭代变量;

(2) 建立迭代关系式;

(3) 对迭代过程进行控制。

迭代过程的控制通常可以分为如下两种情况:

(1) 一种是所需的迭代次数是确定的值,可以计算出来;

(2) 另一种是所需的迭代次数无法确定。

【例 3-22】 小明最近心情不太好,离高考还有一年零一个星期的时间,可他的成绩总是在 450 分左右徘徊。小明的理想是进一所"双一流"的高校学习,可小明所在省份的高考成绩要在 640 分左右才能录取到"双一流"高校。小明感觉理想与现实距离有点大,所以心情好不起来。这一天,他来到书店,想买套学习辅导资料为自己的理想再搏一搏,

Python 语言程序设计基础教程

他看到书店墙上的几个公式：

① $(1+0.01)^{365}=37.78$ 每天进步一点点，一年以后，你将进步很大；

② $(1+0)^{365}=1$ 不思进取，原地踏步，一年以后，你还是原来的你；

③ $(1-0.01)^{365}=0.026$ 每天退步一点点，一年以后，你会被人远远抛在后面。

小明似乎明白了什么，心情突然好起来了，信心也强起来了。他想，自己哪怕每天进步的不是 0.01，而是 0.001，自己离理想也近了 0.001。于是他买好资料，回家开始发奋读书。

请编写程序帮小明算一算，以目前小明 450 分的成绩，每天比前一天进步 0.001，多少天后，小明的成绩能够达到 640 分？小明能实现自己的理想吗？

分析：假设使用变量 score 表示分数，其初始值为 450，每天比前一天进步 0.001，可以写出迭代关系式：score＝score * (1+0.001)，迭代次数也就是题目要求的天数，不能直接计算出来。根据题意，迭代次数可以使用 score 进行控制，只要 score≤640，就要一直迭代下去。程序代码如下：

```
#liti3-22.py
score=450
r=0.001
day=0
while score<=640:
    day=day+1
    score=score * (1+r)
print("%d days late,score=%.1f"%(day,score))
```

程序运行结果如下：

```
353 days late,score=640.4
```

结果表明，在理想状态下，经过 353 天的努力，小明可以达到 640 分的成绩，完全有可能考进理想大学。这也同时说明，人要有自信、有恒心、有毅力，只要功夫深，铁棒磨成针！

2. 枚举法

枚举法，又称为穷举法，是利用计算机运算速度快、精确度高的特点，对要解决问题的所有可能情况，一个不漏地进行检验，从中找出符合要求的答案，因此枚举法是通过牺牲时间来换取答案的、全面性的没有办法的办法。

采用枚举算法解题的基本思路如下：

（1）确定枚举对象、枚举范围和判定条件；

（2）枚举可能的解，验证是否是问题的解。

【例 3-23】 中国古代算书《张丘建算经》中有一道著名的百钱买百鸡问题：公鸡每只值 5 文钱，母鸡每只值 3 文钱，而 3 只小鸡值 1 文钱。用 100 文钱买 100 只鸡，问：这 100 只鸡中，公鸡、母鸡和小鸡各有多少只？

分析：先抽取它的数学模型，设公鸡有 i 只，母鸡有 j 只，小鸡有 k 只。可以列出：

$$\begin{cases} i+j+k=100 \\ 5*i+3*j+k/3=100 \text{（也可以写成 } 15*i+9*j+k=300） \end{cases}$$

3个变量只能列出两个方程式,这其实是一个求不定方程式整数解的问题。从题目中可以发现还隐含了如下的条件,即 $1 \leqslant i < 20, 1 \leqslant j < 33, 1 \leqslant k \leqslant 98$。因此可以通过计算机在 i、j、k 的取值范围内尝试穷举法。这里的枚举对象就是变量 i、j、k;枚举范围就是 $1 \leqslant i < 20, 1 \leqslant j < 33, 1 \leqslant k \leqslant 98$;判断条件就是上述的两个方程式成立。利用循环一个组合一个组合地去穷举,看是否能满足条件。程序代码如下:

```
#liti3-23.py
print("Cock\tHen\tChicken")
for i in range(1,20):
    for j in range(1,33):
        k=100-i-j
        if 15*i+9*j+k==300:
            print("%d\t%d\t%d"%(i,j,k))
```

程序运行结果如下:

```
Cock   Hen   Chicken
4      18    78
8      11    81
12     4     84
```

3.4 异常处理结构

异常是指程序在运行过程中出现的错误而产生的信号。一般情况下,出现了异常,程序将停止运行,程序崩溃,并抛出异常信息,告诉用户出错的原因。异常处理就是为了保证程序的稳定性和容错性,在可能发生异常的程序段加上异常处理结构,捕获异常并对其进行处理,从而使得程序不会因为出现异常而意外停止程序的运行。

3.4.1 异常的分类

程序的异常主要有两种,一种是语法错误,另一种是逻辑错误。语法错误在程序编写完后,只要一运行就可以发现并修改好,一般不要进行异常处理。逻辑错误是指虽然编写的程序符合编程语言的语法要求,但要执行的数据操作不被系统或当前环境所支持,如下标越界、除零错误等。表 3-1 列出了 Python 语言中常见的异常。

表 3-1 常见异常

异 常 名 称	描　　述
AttributeError	当访问一个属性失败时引发该异常
ImportError	当导入一个模块失败时引发该异常

异 常 名 称	描　　　述
IndexError	当访问序列数据的下标越界时引发该异常
KeyError	当访问一个映射对象(如字典)中不存在的键时引发该异常
MemoryError	当一个操作使内存耗尽时引发该异常
NameError	当引用一个不存在的标识符时引发该异常
OverflowError	当算术运算结果超出表示范围时引发该异常
RuntimeError	当产生其他所有类别以外的错误时引发该异常
StopIteration	当迭代器没有下一个可获取的元素时引发该异常
TabError	当使用不一致的缩进方式时引发该异常
TypeError	当传给操作或函数的对象类型不符合要求时引发该异常
UnboundLocalError	引用未赋值的局部变量时引发该异常
ValueError	当内置操作或函数接收到的参数具有正确类型、但具有不正确的值时引发该异常
ZeroDivisionError	当除法或求模运算的第 2 个操作数为 0 时引发该异常
FileNotFoundError	当要访问的文件或目录不存在时引发该异常
FileExistsError	当要创建的文件或目录已存在时引发该异常

3.4.2　try…except…语句

Python 语言提供了 try…except…语句来捕获异常并做异常处理,其语法格式如下:

```
try:
    <可能引发异常的程序代码>
except [<异常名称 11>[,<异常名称 12>[,<异常名称 13>[,…]]]]:
    <处理异常的代码 1>
[except [<异常名称 21>[,<异常名称 22>[,<异常名称 33>[,…]]]]:
    <处理异常的代码 2>
…]
```

该语句的功能是首先执行"可能引发异常的程序代码",如果没有发生异常,则结束异常处理结构,转到其后的语句去运行。若在执行该段代码时触发了异常,则用触发异常产生的异常名称依次与 except 后面提供的异常名称进行比对,若为同一名称,则运行其后的"处理异常的代码"。若与 except 后的异常名称都不相同,则还是会抛出异常。

【例 3-24】　多次运行下列程序,观察程序运行结果。

```
#liti 3-24.py
x,y=eval(input("输入两个整数(such as 5,3):"))
```

```
try:
    if x>y:
        z=x/y
    else:
        z=y/X
    print("z={0:.3f}".format(z))
except ZeroDivisionError:
    print("产生除零异常,退出程序!")
print("The End!")
```

第一次运行程序：

```
输入两个整数(such as 5,3):5,3
z=1.667
The End!
```

分析：当运行上述程序时,在出现输入提示信息后输入 5,3,即把 5 赋给了 x,把 3 赋给了 y,再运行 try 子句,即可能引发异常的程序代码。此时 x>y 为 True,执行语句 z=x/y;然后运行 print("z={0:.3f}".format(z))语句,输出 z=1.667。try…except…语句执行完毕,再执行其后的语句,输出"The End!"。该次运行程序正常,没有产生异常。

第二次运行程序：

```
输入两个整数(such as 5,3):5,0
产生除零异常,退出程序!
The End!
```

分析：当运行上述程序时,在出现输入提示信息后输入 5,0,即把 5 赋给了 x,把 0 赋给了 y,再运行 try 子句,即可能引发异常的程序代码。此时 x>y 为 True,执行语句 z=x/y;变量 y 的值为 0,0 不能作除数,会产生异常,而该异常的名称与 except 子句指定的异常名称相同,则执行该 except 子句后面的语句 print("产生除零异常,退出程序!"),输出"产生除零异常,退出程序!"。try…except…语句执行完毕,再执行其后的语句输出"The End!"。该次运行程序不正常,产生了异常,但通过 except 子句捕获到了异常,并进行了输出提示。

第三次运行程序：

```
输入两个整数(such as 5,3):3,5
Traceback (most recent call last):
  File "D:/myPython/liti3-24.py", line 7, in <module>
    z=y/X
NameError: name 'X' is not defined
```

分析：当运行上述程序时,在出现输入提示信息后输入 3,5,即把 3 赋给了 x,把 5 赋给了 y,再运行 try 子句,即可能引发异常的程序代码。此时 x>y 为 False,执行语句 z=y/X,注意此处 X 是大写,在 Python 语言中标识符是区分字母的大、小写的,因此会抛出异常,告诉用户变量 X 没有定义。为什么程序中有异常处理代码,还会抛出异常呢？这是因为抛出异常的异常名称与 except 后面的异常名称不一致,也即 except 没有捕获到异常,所以也会抛出异常。此时可以增加一个 except 子句,见例 3-25。

【例 3-25】 多次运行下列程序,观察程序运行结果。

```
#liti 3-25.py 观察程序运行结果
x,y=eval(input("输入两个整数(such as 5,3):"))
try:
    if x>y:
        z=x/y
    else:
        z=y/X
    print("z={0:.3f}".format(z))
except ZeroDivisionError:
    print("产生除零异常,退出程序!")
except NameError:
    print("变量没有定义异常,退出程序!")
print("The End!")
```

请读者运行该程序 3 次,分别输入例 3-24 的 3 组数据,观察程序的运行结果,理解程序。

except 后面可以只有一个异常名称,也可以有多个异常名称,还可以没有异常名称。若有一个异常名称,表示捕获到该异常并做相应的处理;若有多个异常名称,多个异常名称要用括号括起来,表示成元组的形式。该情况表示多个异常共用一组处理代码,若没有指定异常名称,则表示所有的异常共用一组处理代码,见例 3-26 和例 3-27。

【例 3-26】 多次运行下列程序,观察程序运行结果。

```
#liti 3-26观察程序运行结果
x,y=eval(input("输入两个整数(such as 5,3):"))
try:
    if x>y:
        z=x/y
    else:
        z=y/X
    print("z={0:.3f}".format(z))
except (ZeroDivisionError,NameError):
    print("产生异常,退出程序!")
print("The End!")
```

请读者运行该程序 3 次,分别输入例 3-24 的 3 组数据,观察程序的运行结果,理解程序。

【例 3-27】 多次运行下列程序,观察程序运行结果。

```
#liti3-27.py
x,y=eval(input("输入两个整数(such as 5,3):"))
try:
```

```
        if x>y:
            z=x/y
        else:
            z=y/X
        print("z={0:.3f}".format(z))
    except:
        print("产生异常,退出程序!")
print("The End!")
```

分析：该例与前面的例子的主要区别在于 except 后面没有任何异常名称,此时表示只要 try 后面的代码发生了异常,都会执行 except 子句。请读者运行该程序 3 次,分别输入 3 组数据,观察程序的运行结果,理解程序。

3.4.3　try…except…else…语句

try…except…else…语句的语法格式如下：

```
try:
    <可能引发异常的程序代码>
except [<异常名称 11>[,<异常名称 12>[,<异常名称 13>[,…]]]]:
    <处理异常的代码 1>
[except  [<异常名称 21>[,<异常名称 22>[,<异常名称 33>[,…]]]]:
    <处理异常的代码 2>
…]
else:
    <没有触发异常执行的代码>
```

else 子句是 try…except…语句的一个可选项,如果 try 子句执行时没有触发异常,则在 try 子句执行完后执行 else 子句。如果触发了异常,则不会执行 else 子句。

【例 3-28】　运行下列程序,根据不同的输入,观察其运行结果。

```
#liti3-28.py
while(True):
    try:
        x=eval(input("请先输入一个整数:"))
        list1=eval(input("请输入由 5 个非零整数组成的列表:"))
        list2=[]
        for i in range(5):
            y=x//list1[i]
            list2.append(y)
        print(list2)
    except TypeError:
        print("触发异常,输入的数不是数字类型,请重新输入!")
    except IndexError:
        print("触发异常,输入的列表不足 5 个数,请重新输入!")
```

```
        except ZeroDivisionError:
            print("触发异常,输入的列表中有元素为零,请重新输入!")
        else:
            print("程序运行正常,生成的列表是:",list2)
            break
```

该程序的功能是循环测试 try 子句中的代码是否触发异常,若触发异常,且被 except 捕获到,则输出相应的异常提示,并重新输入数据测试,直到没有产生异常,执行 else 子句,输出生成的列表,退出循环,结束检测。请读者自行运行上述程序。

3.4.4　try…except…else…finally…语句

try…except…else…finally…语句的语法格式如下:

```
try:
    <可能引发异常的程序代码>
except [<异常名称 11>[,<异常名称 12>[,<异常名称 13>[,…]]]]:
    <处理异常的代码 1>
[except   [<异常名称 21>[,<异常名称 22>[,<异常名称 33>[,…]]]]:
        <处理异常的代码 2>
…]
[else:
    <没有触发异常执行的代码>]
finally:
    <不管是否触发异常,都要执行的代码>
```

在该结构的语句中,无论 try 子句中代码是否触发异常,也不管触发的异常是否被 except 所捕获,都要执行 finally 子句,且 finally 子句必须放在整个结构的最后。

【例 3-29】　运行下列程序,根据不同的输入,观察其运行结果。

```
#liti3-29.py
test=True
while(test):
    try:
        x=eval(input("请先输入一个整数:"))
        list1=eval(input("请输入由 5 个非零整数组成的列表:"))
        list2=[]
        for i in range(5):
            y=x//list1[i]
            list2.append(y)
        print(list2)
    except TypeError:
        print("触发异常,输入的数不是数字类型!")
    except IndexError:
        print("触发异常,输入的列表不足 5 个数!")
```

```
        except ZeroDivisionError:
            print("触发异常,输入的列表中有元素为零!")
        else:
            print("程序运行正常,生成的列表是:",list2)
        finally:
            ok=input("是否重新测试(Y/N)？")
            if ok.upper()=='Y':
                test=True
            else:
                test=False
```

该程序的功能是循环测试 try 子句中的代码是否触发异常,若触发异常,且被 except 捕获到,则输出相应的异常提示。但不管 try 子句是否触发异常,都要执行 finally 子句,询问用户是否重新测试,若输入 Y 或 y,则重新测试,否则退出循环,结束程序。请读者自行运行上述程序,输入各种数据,检测程序。

习　　题

一、单选题

1. 下列表达式的值为 False 的是_____。

    A. '123'<'13'　　　　　　　　　　　　B. 'abc'<'abcd'

    C. " "<' '　　　　　　　　　　　　　　D. 'Good'>'good'

2. 执行下列语句的输出结果是_____。

```
x = 'False'
if not x:
    print(True)
else:
    print(False)
```

    A. True　　　　　　　B. False　　　　　　　C. 没有输出　　　　　D. 语法错误

3. 以下代码的输出结果是_____。

```
if None:
    print("Hello")
```

    A. False　　　　　　　B. Hello　　　　　　　C. 没有输出　　　　　D. 语法错误

4. 以下代码的输出结果是_____。

```
while 8 == 8:
    print('8')
```

    A. 输出一个 8　　　　　　　　　　　　B. 输出 8 个 8

C. 无限次输出 8,直到程序关闭　　　　D. 语法错误

5. 下列说法正确的是_____。

　　A. 所有 for 循环都可以由 while 循环改写

　　B. while 循环只能实现循环次数未知的循环结构

　　C. 在多重循环中,内循环中的 break 语句可以跳出所有循环

　　D. 只有 for 循环才有 else 语句

6. Python 语言中,构建无限循环结构,常使用_____关键字。

　　A. do…while　　　　　　　　　　B. while

　　C. for　　　　　　　　　　　　　D. else

7. 对于分段函数:

$$y = \begin{cases} 1 & (x>0) \\ 0 & (x=0) \\ -1 & (x<0) \end{cases}$$

下面代码错误的是_____。

　　A. y＝0
　　　　　if x＞0:
　　　　　　　y＝1
　　　　　else:
　　　　　　　if x＜0:
　　　　　　　　　y＝-1

　　B. if x＜0:
　　　　　　　y＝-1
　　　　　elif x＝＝0:
　　　　　　　y＝0
　　　　　else:
　　　　　　　y＝1

　　C. if x＞＝0:
　　　　　　　if x＝＝0:
　　　　　　　　　y＝0
　　　　　　　else:
　　　　　　　　　y＝1
　　　　　else:
　　　　　　　y＝-1

　　D. y＝1
　　　　　if x!＝0:
　　　　　　　if x＜0:
　　　　　　　　　y＝-1
　　　　　　　else:
　　　　　　　　　y＝0

8. 对 if…elif…elif…else 多分支结构,以下叙述正确的是_____。

　　A. 只能执行其中的一个分支　　　　B. 有可能一个分支都不执行

　　C. 根据条件,有可能会执行多个分支　D. elif 也可以写成 else if 的形式

9. 用来跳出本层 for 或 while 循环的语句是_____。

　　A. break　　　　　　　　　　　　B. continue

　　C. else　　　　　　　　　　　　　D. goto

10. 运行下列语句产生的结果是_____。

```
x=2;y=2.0
if x=y:
    print('相等')
else:
```

```
print('不相等')
```

  A. 相等   B. 不相等

  C. 有语法错误   D. 整数与实数根本不能比较

11. 以下 for 语句中，_____不能完成 1～10 的累加功能。

  A. for d in range(0,11)：   B. for d in range(1,11)：

    sum＋＝d   sum＋＝d

  C. for d in range(10,0,－1)：   D. for d in range(10,9,8,7,6,5,4,3,2,1)：

    sum＋＝d   sum＋＝d

12. 设有如下程序段：

```
k=10
while k:
    k=k-1
    print(k)
```

则下面语句描述正确的是_____。

  A. while 循环执行 10 次   B. 循环是无限循环

  C. 循环体语句一次也不执行   D. 循环体语句执行一次

13. 假设 E 为整数，以下 while 语句中的表达式 not E 等价于_____。

```
while not E:
        pass
```

  A. E＝＝0   B. E!＝1   C. E!＝0   D. E＝＝1

14. 下列程序的功能是_____。

```
sum=0
for i in range(100):
    if(i%10):
        continue
    sum=sum+i
print(sum)
```

  A. 计算 1 到 100 的和   B. 计算不是 10 的倍数的和

  C. 计算 10 的倍数的和   D. 计算 1 到 10 的和

15. 下列 for 循环执行后，输出结果的最后一行是_____。

```
for i in range(1,3):
    for j in range(2,5):
            print(i * j)
```

  A. 2   B. 6   C. 8   D. 15

16. 下列说法中正确的是_____。

  A. break 用在 for 语句中，而 continue 用在 while 语句中

B. break 用在 while 语句中,而 continue 用在 for 语句中

C. continue 能结束循环,而 break 只能结束本次循环

D. break 能结束循环,而 continue 只能结束本次循环

17. 运行下面的程序,其输出结果为_____。

```
a=[1,2,3,4,5]
try:
    print(a[5])
except IndexError:
    print("索引下标出界")
```

A. 5　　　　　　　　　　　　　B. 索引下标出界

C. 4　　　　　　　　　　　　　D. 没有输出,抛出异常信息

18. 运行下面的程序后,输出的最后一行信息是_____。

```
ls=[2,5,4,5,0,10]
try:
    for i in range(10):
        print(10/ls[i])
except IndexError:
    print("下标越界访问")
except ZeroDivisionError:
    print("除零错误")
else:
    print("程序正常执行")
```

A. 1　　　　　B. 下标越界访问　　　C. 除零错误　　　　D. 程序正常执行

二、填空题

1. 在传统流程图中,菱形框代表_____。

2. 在多分支结构中,除了第一个判断使用 if 关键字,其他的判断使用_____关键字。

3. for 循环适用于遍历_____中的元素。

4. Python 语言支持_____和_____两种循环结构。

5. 循环语句"for I in range(−2,20,4)"的循环次数是_____。

6. 可以结束一个循环的关键字是_____。

7. 对于带有 else 子句的 for 循环和 while 循环,当循环因循环条件不成立而自然结束时_____(填入"会"或者"不会")执行 else 中的代码。

8. 在循环语句中,_____语句的作用是提前进入下一次循环。

9. 在循环语句中,序列的遍历使用_____语句。

三、判断题

1. 对于带有 else 子句的循环语句,如果是因为循环条件表达式不成立而自然结束循

环,则执行 else 子句中的代码。 （　　）

2. 带有 else 子句的循环如果因为执行了 break 语句而退出,则会执行 else 子句中的代码。 （　　）

3. 如果仅仅是用于控制循环次数,那么使用 for i in range(20)和 for i in range(20,40)的作用是等价的。 （　　）

4. 在循环中,continue 语句的作用是跳出当前循环。 （　　）

5. 在编写多层循环时,为了提高运行效率,应尽量减少内循环中不必要的计算。 （　　）

6. 程序中异常处理结构在大多数情况下是没必要的。 （　　）

7. 在 try…except…else 结构中,如果 try 块的语句引发了异常则会执行 else 块中的代码。 （　　）

8. 异常处理结构中的 finally 块中代码仍然有可能出错,从而再次引发异常。 （　　）

9. 带有 else 子句的异常处理结构,如果不发生异常则执行 else 子句中的代码。 （　　）

10. 异常处理结构不是万能的,处理异常的代码也有引发异常的可能。 （　　）

11. 在异常处理结构中,不论是否发生异常,finally 子句中的代码总是会执行。 （　　）

四、程序阅读题

1. 下面程序的功能是求两个数字的最小公倍数,请在画线处将程序填写完整。

```
x=eval(input("输入第一个数字"))
y=eval(input("输入第二个数字"))
if  x<y:
        _____(1)_____                 #交换 x,y
for i in range(x,x*y+1):
    if i%x==0 and i%y==0:
        print(x,"和",y,"的最小公倍数为",i)
            _____(2)_____
```

2. 自幂数是指一个 n 位数,它的每个位上的数字的 n 次幂之和等于它本身。（例如,当 n 为 3 时,有 $1^3+5^3+3^3=153$,153 即是 n 为 3 时的一个自幂数）。当 n=4 时,4 位的自幂数称为四叶玫瑰数。下面程序的功能是求所有的四叶玫瑰数,并输出,要求在一行输出,每个四叶玫瑰数之间用分号分隔。阅读程序,在画线处填空,补充完整程序,使程序能实现上述功能。

```
for n in range(1000,10000):
    a=n//1000
    b=n//100%10
    c=n//10%10
    d=____(1)____                          #第一空
```

```
        if a**4+b**4+c**4+d**4 ___(2)___ n:          #第二空
            ___(3)___                                 #第三空
```

3. 素数又称为质数，是指只能被 1 和它本身整除的数。下面程序的功能是计算并输出小于 100 的所有素数，要求每行输出 10 个。阅读程序，在画线处进行选择填空，补充完整程序，使程序能实现上述功能。

```
___(1)___                                           #第一空
for x in range(2,100):
    for i in range(2, x):
        if ___(2)___ :                              #第二空
            break
    else:
        print('{0:<4}'.format(x),end='')
        ___(3)___                                   #第三空
        if  n%10==0:
            print()
```

A. n＝1   B. n＝0   C. x＝0   D. i＝0
A. i％x＝＝0   B. i％x＝0   C. x％i＝0   D. x％i＝＝0
A. i＝i+1   B. n＝n+1   C. i++   D. n++

4. 下面程序的功能是求 200 以内能被 9 整除的最大整数，请在画线处将程序填写完整。

```
n＝200
while n>=0:
    if ( 1 ):                                       #第一空
        print(n)
        ( 2 )                                        #第二空
    n=n-1
```

五、编程题

1. 任意产生 4 个位于 [1,100] 的随机整数，将它们降序输出。注意：不能用 Python 自带的排序函数和求最值函数。

2. 对于下面的分段函数，用多种方法编程实现（至少 3 种）。

$$y=\begin{cases}1 & (x>0)\\0 & (x=0)\\-1 & (x<0)\end{cases}$$

3. 已知某公司员工的保底薪水为 2500 元，某月所接工程的利润 profit 与利润提成的关系如下（计量单位：元）：

profit≤1000   没有提成
1000＜profit≤2000   提成 10%

2000＜profit≤5000	提成 15％
5000＜profit≤10000	提成 20％
10000＜profit	提成 25％

要求输入某员工某月的工程利润,输出该员工的实领薪水(paidwage)。要求使用 if…elif…else 语句编程,保留一位小数。

4. 从键盘上输入两个整数 m 和 n,编程实现求 m 和 n 的最小公倍数。

5. 从键盘上输入两个整数 a 和 b,求 a 和 b(包括)之间的所有奇数的和。

6. 求 1!＋2!＋…＋10! 阶乘的和,用多种方法实现。

7. 编程输出以下的倒三角形,要求用循环实现。

```
555555555
4444444
33333
222
1
```

提示:可以使用字符串的 center()方法,也可以采用其他方法。

8.《孙子算经》中有一题:"今有物不知其数,三三数之剩二;五五数之剩三;七七数之剩二。问物几何?"。本意是求该物品的数量至少是多少个,用多种方法实现。

9. 一个球从 100 米高处自由落下,每次落地后反跳回原高度的一半;再落下,求它在第 10 次落地时,共经过多少米? 第 10 次反弹多高?

10. 利用格里高利公式求圆周率 π。格里高利公式为

$$\pi/4 = 1 - 1/3 + 1/5 - 1/7 + \cdots$$

直到最后一项的值为最接近且大于或等于 10^{-6} 的数为止。

11. 编程计算并输出小于 10000 的最大的 5 个素数,且要求按从大到小的顺序输出。

第 4 章

组合数据类型

学习目标：

- 学习并掌握组合数据类型的基本概念。
- 学习并掌握列表类型的概念，学会列表的创建、访问、更新操作。
- 学习并掌握元组类型的概念，学会元组的创建、访问，理解元组与列表的异同。
- 学习并掌握集合类型的概念，学会集合的创建、访问、更新操作。
- 学习并掌握字典类型的概念，学会字典的创建、访问、更新操作。
- 能够运用列表、元组、集合和字典解决实际问题。

4.1 组合数据类型概述

在处理多个有关联的数据的时候，仅仅使用基本数据类型是不够的。例如，要处理 30 个同学的成绩，如果仅用基本数据类型则要定义 30 个变量，这显然既麻烦，效率又低。Python 语言提供了处理复杂情况的数据类型，称为组合数据类型。

组合数据类型能够将多个基本数据类型或组合数据类型的数据组织起来，作用是能够更清晰地反映数据之间的关系，也能更加方便地管理和操作数据。Python 中组合数据类型有 3 类：序列类型、映射类型和集合类型。

序列类型是一个元素向量，元素之间存在先后关系，通过索引号（又称为下标）访问。Python 中的序列类型主要有字符串(str)、列表类型(list)和元组类型(tuple)等。

映射类型是一种键值对，一个键只能对应一个值，但是多个键可以对应相同的值，通过键可以访问值，键的取值只能是不可变的数据类型。字典类型(dict)是 Python 中唯一的映射类型。

集合类型是通过数学中的集合概念引进的，是一种无序不重复的元素集。构成集合的元素只能是不可变的数据类型，例如整型、字符串、元组等，而列表、字典等是可变数据类型，不能作为集合中的数据元素。

4.2 列表类型

列表是 Python 语言中提供的一种内置序列类型。列表是由方括号括起来的零个或多个元素组成,元素与元素之间由逗号分隔。列表中的元素类型不固定,既可以是基本数据类型的数据也可以是组合数据类型的数据。例如,列表[1,2,3]是由 3 个元素组成,每个元素的类型均为整型;而列表[1,'a',2.3,[2,5]]是由 4 个元素组成,第一个元素是整数 1,第二个元素是字符串'a',第三个元素是浮点数 2.3,第四个元素是列表[2,5]。

如果一个列表中所有的元素又都是列表,则称该列表为二维列表。例如,列表[[1,3,5,7],[2,4,6,8],[7,8,9,10]]就是一个二维列表,该列表有 3 个元素组成,每一个元素又都是由 4 个元素组成的列表。

列表是一种有序的可变数据类型。例如列表[1,2,3]和列表[2,1,3],虽然都是由元素 1,2,3 组成,但它们的顺序不一样,表示为不同的列表。

4.2.1 列表的创建

在 Python 语言中,创建列表是通过赋值语句将一个列表赋给一个变量来实现的。没有元素,只有一个[]的列表为空列表。

```
>>> list1=[1,2,3]                                #将列表[1,2,3]赋给变量 list1
>>> list1
[1, 2, 3]

>>> list2=[]                                     #将空列表赋给变量 list2
>>> list2
[]

>>> list3=[1,2.3,'a',(2,3),{3,5}]    #将列表[1,2.3,'a',(2,3),{3,5}]赋给变量 list3
>>> list3
[1, 2.3, 'a', (2, 3), {3, 5}]

>>> list10=[[1,3,5,7],[2,4,6,8],[3,6,9,12]]    #创建二维列表 list10
>>> list10
[[1, 3, 5, 7], [2, 4, 6, 8], [3, 6, 9, 12]]
```

在 Python 语言中,可以使用内置函数 list()将其他对象转换成列表数据。例如:

```
>>> list4=list("Python")                         #将字符串"Python"转换成列表
>>> list4
['P', 'y', 't', 'h', 'o', 'n']
```

```
>>> list5=list((3,4,6))                              #将元组(3,4,6)转换成列表
>>> list5
[3, 4, 6]

>>> list7=list({5,7,9})                              #将集合{5,7,9}转换成列表
>>> list7
[9, 5, 7]

>>> list8=list({'a':123,'b':456,'c':2})
                                  #将字典{'a':123,'b':456,'c':2}各元素的键转换成列表
>>> list8
['a', 'b', 'c']
```

在 Python 语言中,可以使用列表推导式来创建列表。列表推导式是 Python 构建列表的一种快捷方式,使用简洁的代码就创建出一个列表。列表推导式的语法格式如下:

```
[表达式 for 变量 in 可迭代对象] 或者 [表达式 for 变量 in 可迭代对象 if 条件]
```

在 Python 语言中可迭代对象主要有列表、元组、集合、字典、字符串和 range() 对象等。

例如:

```
>>> list1=[2,5,8,3,16,22,35,17]
>>> list2=[i for i in list1 if i%5==0]  #把列表 list1 中能被 5 整除的数生成一个列表
>>> list2
[5, 35]
```

又例如利用列表推导式生成 1~11(不包括 11)的所有整数的平方:

```
>>>list3=[i**2 for i in range (1,11)]
>>> list3
[1, 4, 9, 16, 25, 36, 49, 64, 81, 100]
```

4.2.2 列表的访问

列表是一种有序的数据类型,既可以整体访问,也可以通过索引访问其中的元素。索引访问的语法格式如下:

```
object[index]
```

object 是列表名,index 是索引号(也称为下标)。索引有两种,一种为正向索引(从左到右):第一个元素的索引号为 0,第二个元素的索引号为 1,以此类推;另一种为反向索引(从右到左):即倒数第一个元素的索引号为 -1,倒数第二个元素的索引号为 -2,以此类推。以 list1=[1,2,3,5,7,9]为例,索引号的取值如表 4-1 所示。

表 4-1 Python 中索引号（下标）的取值

正向索引 （从左到右）	0	1	2	3	4	5
列表 list1	1	2	3	5	7	9
反向索引 （从右到左）	−6	−5	−4	−3	−2	−1
起点						终点

通过索引访问列表元素时，索引号不能越界，否则触发异常，程序报 IndexError：list index out of range。一个共有 n 个元素的列表，正向索引的索引号范围为 0～n−1，反向索引的索引号范围为−1～−n。例如：

```
>>> list1=[1,3,5,7,9,11]          #创建了具有 6 个元素的列表
>>> list1                         #整体访问列表 list1
[1, 3, 5, 7, 9, 11]
>>> list1[2]                      #访问列表 list1 中索引号为 2 的元素
5
>>> list1[0]                      #访问列表 list1 中索引号为 0 的元素
1
>>> list1[8]                      #试图访问列表 list1 中索引号为 8 的元素,触发异常
Traceback (most recent call last):
  File "<pyshell#24>", line 1, in <module>
    list1[8]
IndexError: list index out of range
>>> list1[-6]                     #访问列表 list1 中索引号为-6 的元素
1
>>> list1[-7]                     #试图访问列表 list1 中索引号为-7 的元素,触发异常
Traceback (most recent call last):
  File "<pyshell#26>", line 1, in <module>
    list1[-7]
IndexError: list index out of range
```

在 Python 语言中，可以使用遍历的方式访问列表中的每一个元素，例如：

```
>>> list8=list(range(20,41,2))
>>> for i in list8:
        print(i,end=';')
20;22;24;26;28;30;32;34;36;38;40;
```

二维列表的访问与一维列表的访问类似，也是通过列表名[索引号]的方式访问，如果要访问二维列表中元素里面的元素，则要使用两个下标访问，其语法格式为

```
object[index1][index2]
```

其中 index1 为行下标，index2 为列下标。例如：

```
>>> lista=[[1,3,5,7],[2,4,6,8],[3,6,9,12]]      #创建二维列表 lista
>>> lista[0]                                     #通过一个下标访问索引号为 0 的元素
[1, 3, 5, 7]
>>> lista[0][2]                                  #访问行下标为 0,列下标为 2 的元素
5
```

4.2.3 列表的切片

在 Python 语言中,对于有序的数据类型,都可以通过切片操作,抽取其中的部分值,列表也不例外。

列表切片表达式的基本语法格式如下:

```
object[start_index:end_index:step]
```

object 为列表对象名,参数 start_index 表示切片的起始索引号,end_index 表示切片的终止索引位置(但不包括该位置),step 表示步长。上述切片表达式的功能是切取 object 中从索引号 start_index 开始到索引号 end_index 前一个元素为止(即不包括索引号为 end_index 的元素),步长为 step 的部分元素组成的列表。例如:

```
>>> list1=[1,2,3,4,5,6,7,8]      #创建值为[1,2,3,4,5,6,7,8]的列表 list1
>>> list1[2:6:2]                 #表示抽取索引号为 2,4 的元素组成的列表
[3, 5]
```

参数 step 为步长,当 step 为正数时,表示正向切片,当 step 为负数时,表示反向切片,若 step=1,此时可以省略不写,第二个":"也可以省略不写。例如:

```
>>> list1[1:6:3]                 #正向切片
[2, 5]
>>> list1[6:1:-3]                #反向切片
[7, 4]
>>> list1[6:1:3]                 #正向切片,但范围为空
[]
>>> list1[2:6]                   #参数 step 省略,表示步长为 1
[3, 4, 5, 6]
```

参数 start_index:表示起始索引(包含该索引对应值);该参数省略时,表示从对象"端点"开始取值,至于是从"起点"还是从"终点"开始,则由 step 参数的正负决定,step 为正从"起点"开始(正向切片),为负从"终点"开始(反向切片)。例如:

```
>>> list1[:4:1]    #正向切片,参数 start_index 省略,表示从索引号 0(起点)开始切片
[1, 2, 3, 4]
>>> list1[:4:-1]   #反向切片,参数 start_index 省略,表示从索引号-1(终点)开始切片
[8, 7, 6]
```

参数 end_index:表示终止索引(不包含该索引对应值);该参数省略时,表示一直取

到数据"终点",至于是到"起点"还是到"终点",同样由 step 参数的正负决定,step 为正时直到"终点",为负时直到"起点"。例如:

```
>>> list1[3::2]                    #正向切片,参数 end_index 省略,表示一直取到数据终点
[4, 6, 8]
>>> list1[3::-2]                   #反向切片,参数 end_index 省略,表示一直取到数据起点
[4, 2]
```

【例 4-1】 已知列表 list1=[1,3,5,7,9,2,4,6,8,10],请写出能实现下列功能的切片表达式。

(1) 输出列表 list1 中的偶数元素:

```
>>> list1=[1,3,5,7,9,2,4,6,8,10]
>>> list1[5:]
[2, 4, 6, 8, 10]
```

(2) 输出列表 list1 中索引号为偶数的元素:

```
>>> list1[::2]
[1, 5, 9, 4, 8]
```

(3) 逆序输出列表 list1 中的所有元素:

```
>>> list1[::-1]
[10, 8, 6, 4, 2, 9, 7, 5, 3, 1]
```

一般来说,如果切片表达式出现在赋值号的右边,是指抽取切片表达式中指定的数据参与其他运算,如果切片表达式出现在赋值号的左边,则是指对列表进行修改、删除和插入等操作。例如:

```
>>> list1=[1,2,3,4,5,6,7,8,9]      #创建列表对象 list1
>>> list2=list1[::2]               #把 list1 的切片赋给 list2
>>> list2
[1, 3, 5, 7, 9]
>>> list3=list1[2:5]               #把 list1 的切片赋给 list3
>>> list3
[3, 4, 5]
```

切片在赋值号左边,且右边列表中的元素个数与左边切片中的元素个数相等,则修改。例如:

```
>>> list1=[1,2,3,4,5,6,7,8,9]
>>> list1[2:5]=[12,13,14]          #替换 list1 中索引号为 2,3,4 的元素
>>> list1
[1, 2, 12, 13, 14, 6, 7, 8, 9]
>>> list1[1::2]=[5,5,5,5]          #替换 list1 中索引号为奇数的元素
>>> list1
[1, 5, 12, 5, 14, 5, 7, 5, 9]
```

Python 语言程序设计基础教程

```
>>> list1[1]=15                    #用右边的 15 替换列表 list1 中索引号为 1 的元素
>>> list1
[1, 15, 12, 5, 14, 5, 7, 5, 9]
>>> list1[3]=['a','b']             #用值['a','b']替换列表 list1 中索引号为 3 的元素
>>> list1
[1, 15, 12, ['a', 'b'], 14, 5, 7, 5, 9]
```

切片在赋值号左边,且右边列表中的元素个数大于左边切片中的元素个数,则元素个数范围相等的修改,多出的元素插入。例如:

```
>>> list1=[1,3,5]                  #创建列表对象
>>> list1[1:]=[2,3,4]              #右边列表中有 3 个元素,左边切片有两个元素,前两个修
                                   #改,多出的插入
>>> list1
[1, 2, 3, 4]

>>> list1[:0]=[2,4]                #右边列表中有 2 个元素,左边切片为 0 个元素,则表示在
                                   #list1 的最前面插入元素 2,4
>>> list1
[2, 4, 1, 2, 3, 4]

>>> list1[3:3]=[7,8]               #在 list1 的索引号为 3 的位置插入 7,8
>>> list1
[2, 4, 1, 7, 8, 2, 3, 4]

>>> list1[-1:]=[11,12]             #修改 list1[-1],并在其后插入元素 12
>>> list1
[2, 4, 1, 7, 8, 2, 3, 11, 12]
```

切片在赋值号左边,且右边列表中的元素个数小于左边切片中的元素个数,则修改且删除。例如:

```
>>> list1=[2,4,6,8,10]             #创建列表对象
>>> list1[:3]=[1,2]                #用右边列表中的两个元素替换左边切片中的 3 个元素,即
                                   #删除了一个元素
>>> list1
[1, 2, 8, 10]

>>> list1[:3]=[]                   #删除前 3 个元素
>>> list1
[10]
```

4.2.4　列表的操作

列表是一种可变的数据类型,对列表的操作主要体现在修改、添加、删除等操作上。

1. 用于列表对象的运算符

可用于列表对象的运算符主要有 4 个,如表 4-2 所示。

表 4-2　列表对象的运算符及功能

运算符	功　　能	示　　例	示例的结果
＋	首尾拼接两个列表对象	[1,3,5]＋[2,4,6,8]	[1, 3, 5, 2, 4, 6, 8]
＊	对列表重复 n 次	[1,3,5] ＊ 3	[1, 3, 5, 1, 3, 5, 1, 3, 5]
in	判断元素是否在列表中	3 in [1,3,5]	True
not in	判断元素是否不在列表中	3 not in [1,3,5]	False

2. 列表的操作函数

常用列表的操作函数主要有 5 个,如表 4-3 所示。

表 4-3　列表的操作函数

函数名	功　　能	示　　例	示例的结果
len(List)	求列表 List 的长度,即元素的个数	len([1,3,5])	3
max(List)	求列表 List 中最大的元素	max([11,13,5,7,8])	13
min(List)	求列表 List 中最小的元素	min([11,13,5,7,8])	5
sum(List)	求列表 List 中元素的和	sum([1,3,5,6])	15
list(seq)	把其他序列类型的数据转换成列表	list("Python")	['P', 'y', 't', 'h', 'o', 'n']

3. 列表的操作方法

列表中常用的操作方法主要有 11 个,如表 4-4 所示。

表 4-4　列表的常用操作方法

方　　法	功　　能
List.append(obj)	在列表 List 末尾添加新的对象
List.count(obj)	统计某个元素在列表 List 中出现的次数
List.extend(seq)	在列表 List 末尾一次性追加另一个序列中的多个值(用新序列 seq 扩展原来的列表 List)
List.index(obj)	从列表 List 中找出与 obj 的第一个匹配项的索引位置
List.insert(index, obj)	将对象插入列表 List
List.pop([index＝－1])	移除列表 List 中的一个元素(默认是最后一个元素),并且返回该元素的值
List.remove(obj)	移除列表 List 中与 obj 的第一个匹配项

Python 语言程序设计基础教程

方　　法	功　　能
List.reverse()	反向列表 List 中的元素
List.sort(key=None, reverse=False)	对原列表 List 进行排序
List.clear()	清空列表 List
List.copy()	复制列表 List

下面通过一些例子,对上述表中的方法进行演示说明。

```
>>> list1=[1,2,1,1,2,4,5,3,2]    #创建列表对象 list1
>>> list1.append(8)              #在列表 list1 的末尾追加元素 8
>>> list1
[1, 2, 1, 1, 2, 4, 5, 3, 2, 8]
>>> list1.count(2)               #统计列表 list1 中元素 2 出现的次数
3
>>> list1.extend([4,8,9])        #在列表尾部拼接列表[4,8,9]
>>> list1
[1, 2, 1, 1, 2, 4, 5, 3, 2, 8, 4, 8, 9]
>>> list1.index(2)               #检索元素 2 第一次在列表 list1 中出现的位置(索引号)
1
>>> list1.insert(3,11)           #在列表 list1 中索引号为 3 的位置插入元素 11
>>> list1
[1, 2, 1, 11, 1, 2, 4, 5, 3, 2, 8, 4, 8, 9]
>>> list1.pop()                  #弹出列表中最后一个元素
9
>>> list1
[1, 2, 1, 11, 1, 2, 4, 5, 3, 2, 8, 4, 8]
>>> list1.pop(3)                 #弹出列表中索引号为 3 的元素
11
>>> list1
[1, 2, 1, 1, 2, 4, 5, 3, 2, 8, 4, 8]
>>> list1.remove(2)              #移除 list1 中第一个值为 2 的元素
>>> list1
[1, 1, 1, 2, 4, 5, 3, 2, 8, 4, 8]
>>> list1.reverse()              #对列表 list1 进行倒置
>>> list1
[8, 4, 8, 2, 3, 5, 4, 2, 1, 1, 1]
>>> list1.sort(reverse=True)     #对列表 list1 中的元素进行降序排列
>>> list1
[8, 8, 5, 4, 4, 3, 2, 2, 1, 1, 1]
>>> list2=list1.copy()           #把列表 list1 复制一份赋给一个变量 list2
>>> list2
```

```
[8, 8, 5, 4, 4, 3, 2, 2, 1, 1, 1]
>>> list2.clear()              #把列表 list2 中的所有元素清除,只留一个空列表
>>> list2
[]
```

在 Python 语言中,clear()方法把列表中的元素都清除了,但列表还在。如果要删除列表,可以使用 del 语句。例如:

```
>>> list1=[1,2,3,4,5,6,7,8,9]  #创建列表对象 list1
>>> del list1[5]               #删除列表 list1 中索引号为 5 的元素
>>> list1
[1, 2, 3, 4, 5, 7, 8, 9]
>>> del list1[2:4]             #删除列表 list1 中索引号为 2,3 的元素
>>> list1
[1, 2, 5, 7, 8, 9]
>>> del list1                  #删除列表 list1
>>> list1                      #列表被删除了,报异常错误
Traceback (most recent call last):
  File "<pyshell#20>", line 1, in <module>
    list1
NameError: name 'list1' is not defined
```

【例 4-2】 已知一个班级有 n 名同学(具体人数由键盘输入),期中考试考了"Python 程序设计基础"。要求编写程序,逐个输入这 n 名同学的成绩(整数),计算并输出该门课程的平均分(浮点数,保留两位小数)和高于平均分的人数,最后把该门课程的分数从低到高输出。

分析:要存储 n 名同学的考试分数,可以使用列表。首先置一空列表,使用循环输入 n 个学生的成绩,每输入一个成绩,就把该成绩添加到列表中去。循环结束,n 个同学的成绩就保存到列表中了。然后使用内置函数 sum 对列表进行求和,再求平均分。再用遍历的方法把每个同学的成绩与平均分比较,统计出高于平均分的人数。最后使用 sort()方法排序,输出。

```
#liti4-2.py
n=int(input("请输入班级学生人数:"))
score=[]
for i in range(n):
    cj=int(input("请输入第"+str(i+1)+"个学生的成绩:"))
    score.append(cj)
aver=sum(score)/n
print("平均分={0:.2f}".format(aver))
count=0
for i in range(n):
    if score[i]>aver:
        count=count+1
```

```
print("高于平均分的人数={0}".format(count))
print("学生分数从低到高如下:")
score.sort()
print(score)
```

程序运行结果如下:

```
请输入班级学生人数:10
请输入第 1 个学生的成绩:98
请输入第 2 个学生的成绩:78
请输入第 3 个学生的成绩:68
请输入第 4 个学生的成绩:54
请输入第 5 个学生的成绩:75
请输入第 6 个学生的成绩:68
请输入第 7 个学生的成绩:84
请输入第 8 个学生的成绩:65
请输入第 9 个学生的成绩:68
请输入第 10 个学生的成绩:88
平均分=74.60
高于平均分的人数=5
学生分数从低到高如下:
[54, 65, 68, 68, 68, 75, 78, 84, 88, 98]
```

4.3 元 组 类 型

在 Python 语言中,元组与列表类似,也是 Python 语言中提供的一种内置序列类型。元组是由圆括号括起来的零个或多个元素组成,元素与元素之间用逗号分隔。元组中的元素类型不固定,既可以是基本数据类型的数据也可以是组合数据类型的数据。例如,元组(3,2,5)是由 3 个元素组成,每个元素的类型均为整型;而元组(5,'k',7.3,[8,5])是由 4 个元素组成,第一个元素是整数 5,第二个元素是字符串'k',第三个元素是浮点数 7.3,第四个元素是列表[8,5]。

元组与列表不同的是,元组是一种有序的不可变数据类型;而列表是有序的可变数据类型,即元组中的元素是不能修改、删除、插入和追加的,只能通过索引和切片访问。

4.3.1 元组的创建

在 Python 语言中,创建元组也是通过赋值语句将一个元组赋给一个变量来实现的。没有元素,只有一个()的为空元组,只有一个元素的元组,必须要在元素后面加上逗号。例如:

```
>>> tup2=(1,3,5,6,1)                    #将元组(1,3,5,6,1)赋给 tup2
```

```
>>> tup2
(1, 3, 5, 6, 1)

>>> tup3=(2,'a',8.6,[1,3,5])          #将元组(2,'a',8.6,[1,3,5])赋给tup3
>>> tup3
(2, 'a', 8.6, [1, 3, 5])

>>> tup4=(5,)                         #将只有一个元素的元组赋给tup4,逗号不能省略
>>> tup4
(5,)

>>> tup5=()                           #将空元组赋给tup5
>>> tup5
()
```

在 Python 语言中,可以使用内置函数 tuple 将其他对象转换成元组,例如:

```
>>> tup6=tuple([1,3,5,7])             #将列表转换成元组并赋给tup6
>>> tup6
(1, 3, 5, 7)

>>> tup7=tuple("Python")             #将字符串转换成元组并赋给tup7
>>> tup7
('P', 'y', 't', 'h', 'o', 'n')

>>> tup8=tuple({1,3,4})             #将集合转换成元组并赋给tup8
>>> tup8
(1, 3, 4)
```

与列表推导式不同,元组中的推导式叫作生成器推导式,其语法格式如下:

(表达式 for 变量 in 可迭代对象) 或者 (表达式 for 变量 in 可迭代对象 if 条件)

例如:

```
>>> tup9=(i**2 for i in range(5))
>>> tup9
<generator object <genexpr> at 0x0000000002EB9408>
```

生成器推导式的结果是一个生成器对象,而不是元组,这与列表推导式有很大不同,列表推导式的结果是列表。使用生成器对象的元素时,可以将生成器对象转换成列表或元组。例如:

```
>>> tup9=(i**2 for i in range(5))     #创建生成器推导式,把其结果赋给tup9
>>> tup10=tuple(tup9)                 #将生成器对象tup9转换成元组,赋给tup10
>>> tup10
(0, 1, 4, 9, 16)
```

```
>>> list1=list(tup9)              #再次把生成器对象 tup9 转换成列表,赋给 list1
>>> list1
[]                                #此时,list1 为空,因为生成器对象已经使用过了
```

生成器对象只能使用一次,使用完后就被释放,如需再次使用,则要重新产生生成器对象。生成器对象除了可以转换成列表或元组来访问外,也可以直接使用 next 函数,该函数一次只能访问一个元素。或使用遍历来依次访问其中的元素。例如:

```
>>> tup9=(i**2 for i in range(5))
>>> for i in tup9:
        print(i,end=';')

0;1;4;9;16;
>>> tup9=(i**2 for i in range(5))
>>> for i in range(5):
        print(next(tup9),end=';')

0;1;4;9;16;
```

4.3.2 元组的访问和切片

与列表一样,元组也是通过下标索引号来访问单个元组元素,通过切片访问一组元素。例如:

```
>>> tup1=(1,3,2,4,3,6)
>>> tup1[3]
4
>>> tup1[2:4]
(2, 4)
>>> tup1[::2]
(1, 2, 3)
```

元组是不可变的组合数据类型,不能通过赋值语句修改元组中的元素值,否则将触发异常,例如:

```
>>> tup1[1]=8                     #试图通过修改元组中索引号为 1 的元素的值,触发异常
Traceback (most recent call last):
  File "<pyshell#21>", line 1, in <module>
    tup1[1]=8
TypeError: 'tuple' object does not support item assignment
>>> tup1[2:4]=(12,14)             #试图通过切片修改元组中索引号为 2,3 的元素的值,触发异常
Traceback (most recent call last):
  File "<pyshell#22>", line 1, in <module>
    tup1[2:4]=(12,14)
TypeError: 'tuple' object does not support item assignment
```

4.3.3 元组的操作

1. 用于元组对象的运算符

可用于元组对象的运算符主要有 4 个,如表 4-5 所示。

表 4-5 元组对象的运算符及功能

运算符	功　能	示　例	示例的结果
+	首尾拼接两个元组对象	(1,2)+(5,6)	(1, 2, 5, 6)
*	对元组重复 n 次	(1,4,8)＊3	(1, 4, 8, 1, 4, 8, 1, 4, 8)
in	判断元素是否在元组中	3 in(1,3,5)	True
not in	判断元素是否不在元组中	3 not in (1,3,5)	False

2. 元组的操作函数

元组与列表一样,常用的操作函数主要有 5 个,如表 4-6 所示。

表 4-6　元组的操作函数

函 数 名	功　能	示　例	示例的结果
len(Tuple)	求元组 Tuple 的长度,即元素的个数	len((1,3,5))	3
max(Tuple)	求元组 Tuple 中最大的元素	max((11,13,5,7,8))	13
min(Tuple)	求元组 Tuple 中最小的元素	min((11,13,5,7,8))	5
sum(Tuple)	求元组 Tuple 中元素的和	sum((1,3,5,6))	15
tuple(seq)	把其他序列类型的数据转换成元组	tuple("Python")	('P', 'y', 't', 'h', 'o', 'n')

3. 元组的操作方法

元组是不可变的数据类型,所以列表中有关更新、排序、复制的操作方法,在元组中都没有。元组中常用的操作方法主要有两个,如表 4-7 所示。

表 4-7　元组的常用操作方法

序号	方　法	功　能
1	Tuple.count(obj)	统计某个元素在元组 Tuple 中出现的次数
2	Tuple.index(obj)	从元组 Tuple 中找出与 obj 的第一个匹配项的索引位置

【例 4-3】 已知元组(31,45,21,37,98,65,43,48,69,90,77,35),编写程序,对该元组中的数据进行降序排列,并仍以元组的形式输出。

分析:元组是不可变的数据类型,不能进行排序,可以把元组转换成列表,然后对列

表排序,再把排序后的列表转换成元组输出。程序代码如下:

```
#liti4-3.py
tup1=(31,45,21,37,98,65,43,48,69,90,77,35)
list1=list(tup1)
list1.sort(reverse=True)
tup2=tuple(list1)
print(tup2)
```

程序运行结果如下:

```
(98, 90, 77, 69, 65, 48, 45, 43, 37, 35, 31, 21)
```

4.4 集 合 类 型

集合是一种无序的、可变的组合数据类型,与数学上的集合概念是相同的。在 Python 语言中,集合用花括号把元素括起来,元素与元素之间用逗号分隔,且集合中的元素是唯一的,即不存在重复的元素。集合中的元素必须是不可变的数据类型,即可变的数据类型如列表、集合和字典等类型的数据不能作为集合中的元素。集合是一种无序的数据类型,所以集合不可以通过索引访问其中的元素,也不可以进行切片操作。

4.4.1 集合的创建

在 Python 语言中,集合对象的创建是使用赋值语句进行的,如果要创建一个空集合,必须使用 set()函数。例如:

```
>>> set1={1,2,3}              #将集合{1,2,3}赋给 set1
>>> set1
{1, 2, 3}

>>> set2={1,3,"Python"}       #将集合{1,3,"Python"}赋给 set2
>>> set2
{1, 3, 'Python'}

>>> set3={}                   #把{}赋给 set3
>>> type(set3)                #测试 set3 的类型,set3 为字典类型,即{}表示空字典
<class 'dict'>

>>> set3=set()               #空集合表示为 set(),把空集合赋给 set3
>>> set3
set()
```

```
>>> set4={1,3,(4,5)}                #把集合{1,3,(4,5)}赋给set4
>>> set4
{(4, 5), 1, 3}

>>> set5={2,4,[7,8]}                #列表是可变数据类型,不能作为集合的元素,触发异常
Traceback (most recent call last):
  File "<pyshell#13>", line 1, in <module>
    set5={2,4,[7,8]}
TypeError: unhashable type: 'list'

>>> set6={1,2,3,{5,6}}              #集合是可变数据类型,不能作为集合的元素,触发异常
Traceback (most recent call last):
  File "<pyshell#14>", line 1, in <module>
    set6={1,2,3,{5,6}}
TypeError: unhashable type: 'set'
```

可以使用 set()函数,把其他类型转换成集合,例如:

```
>>> set7=set([1,2,3,4,2,1])         #用转换函数 set(),把列表转换成集合
>>> set7                            #集合中不存在重复的元素
{1, 2, 3, 4}
```

在 Python 语言中,可以使用集合推导式来创建集合。集合推导式的语法格式如下:

{表达式 for 变量 in 可迭代对象} 或者 {表达式 for 变量 in 可迭代对象 if 条件}

例如:

```
>>> set8={i for i in range(1,20,3)}
>>> set8
{1, 4, 7, 10, 13, 16, 19}
```

4.4.2 集合的访问

集合是一种无序的组合数据类型,所以集合不能通过索引和切片访问其中的元素,但可以通过遍历来访问集合中的每一个元素。例如:

```
>>> set1={3,5,1,8}
>>> for i in set1:
        print(i,end=';')

8;1;3;5;
```

4.4.3 集合的操作

1. 用于集合对象的运算符

可用于集合对象的运算符主要有 12 个,如表 4-8 所示。

表 4-8　集合对象的运算符及功能

运　算　符	功　　能	示　　例	示例的结果
in	判断元素是否在集合中	3 in{1,3,5}	True
not in	判断元素是否不在集合中	3 not in {2,4,6}	True
==	判断两个集合是否相等	{1,3,5} == {5,1,3}	True
!=	判断两个集合是否不相等	{1,3,5} != {3,1,5}	False
set1<set2	判断 set1 是否是 set2 的真子集	{1,3} < {1,3,5} {1,3,5} < {1,3,5}	True False
set1<=set2	判断 set1 是否是 set2 的子集	{1,3} <= {1,3,5} {1,3,5}<={1,3,5}	True True
set1>set2	判断 set1 是否完全包含 set2	{1,3,7} > {1,3} {1,3,5} > {1,3,5}	True False
set1>=set2	判断 set1 是否包含 set2	{1,3,7} >= {1,3} {1,3,5} >= {1,5,3}	True True
set1 & set2	求 set1 和 set2 的交集	{1,3,7} & {1,3,9}	{1, 3}
set1│ set2	求 set1 和 set2 的并集	{1,3,7} │ {1,3,9}	{1, 3, 7, 9}
set1-set2	求属于 set1,但不属于 set2 的元素	{1,3,7} — {1,3,9}	{7}
set1^set2	求 set1 和 set2 的对称差	{1,3,7} ^ {1,3,9}	{9, 7}

2. 集合的操作函数

集合与列表、元组一样,常用的操作函数主要有 5 个,如表 4-9 所示。

表 4-9　集合的操作函数

函　数　名	功　　能	示　　例	示例的结果
len(Set)	求集合 Set 的长度,即元素的个数	len({1,3,5})	3
max(Set)	求集合 Set 中最大的元素	max({11,13,5,7,8})	13
min(Set)	求集合 Set 中最小的元素	min({11,13,5,7,8})	5
sum(Set)	求集合 Set 中元素的和	sum({1,3,5,6})	15
set(seq)	把其他序列类型的数据转换成集合	set("Python")	{'h', 'o', 'P', 'n', 't', 'y'}

3. 集合的操作方法

集合是一种可变的组合数据类型,Python 语言提供了一些方法用于添加、删除、复制集合。常见的集合操作方法主要有 7 个,如表 4-10 所示。

表 4-10　集合的常用操作方法

序　号	方　法	功　能
1	Set.add(x)	给集合 Set 添加一个元素 x
2	Set.update(x)	给集合 Set 添加一个 x，x 为可迭代对象
3	Set.remove(x)	在集合 Set 中移除元素 x，若 x 不存在，触发异常
4	Set.discard(x)	在集合 Set 中删除指定的元素，若 x 不存在，不报错
5	Set.pop()	随机移除 Set 中的一个元素
6	Set.clear()	移除集合 Set 中的所有元素
7	Set.copy()	复制集合 Set

下面给出一些操作示例：

```
>>> set1={1,3,5,7}              #创建集合 set1
>>> set1.add(9)                 #给集合添加元素 9
>>> set1
{1, 3, 5, 7, 9}
>>> set1.update({2,4})          #给集合添加集合{2,4}中的元素
>>> set1
{1, 2, 3, 4, 5, 7, 9}
>>> set1.remove(10)             #试图移除不存在的元素 10，触发异常
Traceback (most recent call last):
  File "<pyshell#31>", line 1, in <module>
    set1.remove(10)
KeyError: 10
>>> set1.discard(10)            #试图移除不存在的元素 10，不报错
>>> set1
{1, 2, 3, 4, 5, 7, 9}
>>> set1.pop()                  #随机移除元素
1
>>> set1
{2, 3, 4, 5, 7, 9}
>>> set2=set1.copy()            #复制集合 set1 赋给 set2
>>> set2
{2, 3, 4, 5, 7, 9}
>>> set2.clear()                #清除集合 set2 中的所有元素
>>> set2                        #清除后集合 set2 变为空集合
set()
```

Python 语言程序设计基础教程

4.5 字典类型

与集合类似,字典(dictionary)也是无序可变的组合数据类型。但与集合不同的是,字典是一种映射型的组合数据类型,字典中的每个元素由键值对组成。在一个字典中,一个键只能对应一个值,但是多个键可以对应相同的值。在字典中,每个元素的键的取值是唯一的,且必须是不可变的数据类型,即列表、集合和字典等可变类型的数据不能作为键的取值;每个元素值的取值则可以是任何数据类型的数据,没有任何限制。

4.5.1 字典的创建

字典将所有的元素放在一对花括号中,并且元素与元素之间使用逗号作为分隔,每个元素由键值对组成,键与值之间用冒号分隔。创建字典可以通过赋值语句进行,例如:

```
>>> dict1={'Id':210101,'Name':'赵小明','Score':[85,79,80,67,79,92],'Sex':
'M','Age':19}
>>> dict1
{'Id': 210101, 'Name': '赵小明', 'Score': [85, 79, 80, 67, 79, 92], 'Sex': 'M',
'Age': 19}
>>> dict2={}
>>> dict2
{}
>>> dict3={(1,2):50,[3,4]:60} #列表不能作为字典中元素键的取值
Traceback (most recent call last):
  File "<pyshell#48>", line 1, in <module>
    dict3={(1,2):50,[3,4]:60}
TypeError: unhashable type: 'list'
```

可以使用 dict() 函数,把键值对形式的列表或元组转换成字典,也可以在 dict() 函数中使用关键字参数(参照第 5 章)的形式创建字典。例如:

```
>>> dict4=dict([['Id',210102],['Name','孙中文'],['Age',20]])
                                              #把列表转换成字典
>>> dict4
{'Id': 210102, 'Name': '孙中文', 'Age': 20}
>>> dict5=dict(([['Id',210102],['Name','孙中文'],['Age',20]]) #把元组转换成字典
>>> dict5
{'Id': 210102, 'Name': '孙中文', 'Age': 20}
>>> dict6=dict(Id=2210103,Name='毛启明',Age=19)          #使用关键字参数创建字典
>>> dict6
{'Id': 2210103, 'Name': '毛启明', 'Age': 19}
>>> keys=['Id','Name','Age']
```

```
>>> values=[210104,'胡大贤',21]
>>> dict7=dict(zip(keys,values))        #使用已有的数据,通过 zip 函数打包成键值对形
                                        #式的元组创建字典
>>> dict7
{'Id': 210104, 'Name': '胡大贤', 'Age': 21}
```

也可以使用字典的 fromkeys() 方法对字典进行初始化。formkeys() 方法的语法格式如下:

```
dictName.fromkeys(seq[,value])
```

其中,dictName 是一个已创建的字典对象;seq 是一个包含了字典所有键名的序列;value 是一个可选参数,其给出了各元素的初始值,默认情况下所有元素的值都被赋为 None。例如:

```
>>> dict8={}.fromkeys(['sno','name','major'])
>>> dict8
{'sno': None, 'name': None, 'major': None}
>>> dict9={}.fromkeys(('sno','name','major'),'Unknown')
>>> dict9
{'sno': 'Unknown', 'name': 'Unknown', 'major': 'Unknown'}
```

在 Python 语言中,还可以使用字典推导式来创建字典,其语法格式如下:

```
{键:值 for 变量 in 可迭代对象} 或者 {键:值 for 变量 in 可迭代对象 if 条件}
```

例如:

```
>>> dict10={i:i**2 for i in range(5)}
>>> dict10
{0: 0, 1: 1, 2: 4, 3: 9, 4: 16}
```

4.5.2　字典的访问

虽然字典是一种无序的数据类型,不能通过索引来访问,但字典的键值对是一种映射关系,可以根据"键"来访问"值"。所以访问字典中键值对的值可以通过方括号并指定键的方式进行访问。如果"键"不存在,则触发异常。例如:

```
>>> dict1={'Id':210101,'Name':'赵小明','Score':[85,79,80,67,79,92],'Sex':
'M','Age':19}
>>> dict1['Name']                       #通过键'Name',访问其对应的值
'赵小明'
>>> dict1['Age']
19
>>> dict1['Class']                      #键'Class'不存在,触发异常
Traceback (most recent call last):
```

```
    File "<pyshell#3>", line 1, in <module>
        dict1['Class']
KeyError: 'Class'
```

字典对象提供了一个 get()方法,该方法通过键访问其对应的值。其调用格式为

```
dictName.get(keyName[,value])
```

其功能为当字典 dictName 中键 keyName 存在时,返回该键对应的值,而键不存在也不会出错,返回指定值 value,value 的默认值为 None。例如:

```
>>> dict5=dict((('Id',210102),('Name','孙中文'),('Age',20)))
>>> dict5
{'Id': 210102, 'Name': '孙中文', 'Age': 20}
>>> dict5.get('Id')
210102
>>> dict5.get('Class','该键不存在')
'该键不存在'
```

与列表、元组、集合类似,可以通过遍历来访问,但是字典默认遍历的是键,而不是元素,当然也可以使用字典对象的 keys()方法来指明遍历字典的键。如果需要遍历字典的元素必须使用字典对象的 items()方法,如果需要遍历字典的“值”,则必须使用字典对象的 values()方法。例如:

```
>>> dict1={'Id':210101,'Name':'赵小明','Score':[85,79,80,67,79,92],'Sex':
'M','Age':19}
>>> for d in dict1:                        #默认情况下,遍历字典的键
        print(d,end=';')
Id;Name;Score;Sex;Age;
>>> for d in dict1.keys():                 #指明遍历字典的键
        print(d,end=';')
Id;Name;Score;Sex;Age;
>>> for d in dict1.items():                #遍历字典的元素
        print(d)
('Id', 210101)
('Name', '赵小明')
('Score', [85, 79, 80, 67, 79, 92])
('Sex', 'M')
('Age', 19)
>>> for d in dict1.values():               #遍历字典的元素中的值
        print(d)
210101
赵小明
[85, 79, 80, 67, 79, 92]
M
19
```

4.5.3 字典的操作

1. 字典的运算符及操作函数

字典的运算符及操作函数如表 4-11 所示。

表 4-11 字典的运算符及操作函数

运算符/函数	功 能 含 义
in	包含,判断某个键值对、键或值是否在字典中
not in	不包含,判断某个键值对、键或值是否不在字典中
dict1[k]=v	修改,添加。若 k 是字典 dict1 中的键,则用 v 替换键 k 所对应的值,否则在字典中添加由 k：v 组成的键值对元素
len(dict1)	求字典 dict1 中元素的个数
max(dict1)	求字典 dict1 中键的最大值,要求所有键的数据类型相同
min(dict1)	求字典 dict1 中键的最小值,要求所有键的数据类型相同
sum(dict1)	求字典 dict1 中所有键的和,要求所有键的数据类型为数字类型
dict(list|tuple)	把具有键值对形式的列表或元组转换成字典

例如：

```
>>> dict1= {1: 'C++', 2: 'Python', 3: 'Java'}   #创建字典对象 dict1
>>> (1,'C++') in dict1.items()        #判断(1,'C++')是否是 dict1 中的键值对
True
>>> 4 in dict1.keys()                 #判断 4 是否是字典 dict1 中的键的取值
False
>>> 'python' in dict1.values()        #判断'python'是否是字典 dict1 中的值的取值
False
>>> (1,'C++') not in dict1.items()    #判断(1,'C++')是否不是 dict1 中的键值对
False
>>> 4 not in dict1.keys()             #判断 4 是否不是字典 dict1 中的键的取值
True
>>> 'python' not in dict1.values()    #判断'python'是否是字典 dict1 中的值的取值
True
>>> dict1[4]='Visual Basic'           #4 不是 dict1 中的键,则在字典中添加 4: 'Visual
                                      #Basic'元素
>>> dict1[1]='C'                      #1 是 dict1 中的键,用'C'替换原来的值
>>> dict1
{1: 'C', 2: 'Python', 3: 'Java', 4: 'Visual Basic'}
>>> len(dict1)                        #求字典 dict1 的元素的个数
4
>>> max(dict1)                        #求字典 dict1 的键的最大值
```

```
4
>>> min(dict1)                        #求字典 dict1 的键的最小值
1
>>> sum(dict1)                        #求字典 dict1 中所有键的和
10
>>> dict2=dict([['a',97],['b',98],['c',99]])        #把列表转换成字典
>>> dict2
{'a': 97, 'b': 98, 'c': 99}
>>> sum(dict2.values())               #求字典 dict2 中所有值的和
294
```

2. 字典的操作方法

字典中的常用方法主要用来创建字典、清空字典、插入元素、复制字典、删除元素以及获取字典的元素、键和值等操作。字典的常用操作方法如表 4-12 所示。

表 4-12　字典的常用操作方法

方　　法	功　能　描　述
Dict.clear()	清空字典 Dict 内所有的元素
Dict.copy()	复制字典 Dict
Dict.fromkeys(seq,val)	创建一个新字典,以序列 seq 中元素作字典的键,val 为字典所有键对应的初始值
Dict.get(key, default＝None)	返回指定键的值,如果键不在字典 Dict 中返回 default 设置的默认值
Dict.items()	以列表形式返回一个含字典 Dict 的元素视图对象
Dict.keys()	以列表形式返回一个只含字典 Dict 中键的视图对象
Dict.values()	以列表形式返回一个只含字典 Dict 中值的视图对象
Dict.setdefault(key, default＝None)	和 get() 类似,但如果键不存在于字典 Dict 中,将会添加键并将值设为 default
Dict.update(dict2)	把字典 dict2 的键值对更新到 Dict 里
Dict.pop(key[,default])	删除字典 Dict 给定键 key 所对应的值,返回值为被删除的值。key 值必须给出。否则,返回 default 值
Dict.popitem()	随机返回并删除字典 Dict 中的最后一对键和值

例如:

```
>>> dict1={'Id':210101,'Name':'赵小明','Score':[85,79,80,67,79,92],'Sex':
'M','Age':19}
>>> dict2=dict1.copy()                #复制一份 dict1 并赋给 dict2
>>> dict2
{'Id': 210101, 'Name': '赵小明', 'Score': [85, 79, 80, 67, 79, 92], 'Sex': 'M',
'Age': 19}
>>> dict2.clear()                     #清空 dict2
```

```
>>> dict2
{}
>>> dict2.fromkeys([1,2,3],'Python')        #创建一个新字典
{1: 'Python', 2: 'Python', 3: 'Python'}
>>> dict1.get('Name')                       #获取 dict1 中键为'Name'的值
'赵小明'
>>> dict1.items()
dict_items([('Id', 210101), ('Name', '赵小明'), ('Score', [85, 79, 80, 67, 79,
92]), ('Sex', 'M'), ('Age', 19)])
>>> dict1.keys()
dict_keys(['Id', 'Name', 'Score', 'Sex', 'Age'])
>>> dict1.values()
dict_values([210101, '赵小明', [85, 79, 80, 67, 79, 92], 'M', 19])
>>> dict1.setdefault('Class','计算机 1 班')  #键'Class'不在字典中,则添加'Class':
                                            #'计算机 1 班'
'计算机 1 班'
>>> dict1
{'Id': 210101, 'Name': '赵小明', 'Score': [85, 79, 80, 67, 79, 92], 'Sex': 'M', '
Age': 19, 'Class': '计算机 1 班'}
>>> dict1.pop('Class')                      #删除键为'Class'的元素
'计算机 1 班'
>>> dict1
{'Id': 210101, 'Name': '赵小明', 'Score': [85, 79, 80, 67, 79, 92], 'Sex': 'M', '
Age': 19}
>>> dict1.popitem()                         #随机删除一个元素
('Age', 19)
>>> dict1
{'Id': 210101, 'Name': '赵小明', 'Score': [85, 79, 80, 67, 79, 92], 'Sex': 'M'}
>>> dict1.pop('Score')                      #删除键为'Score'的元素
[85, 79, 80, 67, 79, 92]
>>> dict1
{'Id': 210101, 'Name': '赵小明', 'Sex': 'M'}
>>> dict4={1:'C++',2:'Python',3:'Java'}     #创建字典对象 dict4
>>> dict4
{1: 'C++', 2: 'Python', 3: 'Java'}
>>> dict1.update(dict4)                      #把字典 dict4 合并到 dict1 中
>>> dict1
{'Id': 210101, 'Name': '赵小明', 'Sex': 'M', 1: 'C++', 2: 'Python', 3: 'Java'}
```

【例 4-4】 从键盘上输入一段英文,统计 26 个字母出现的频率(注意,若是大写字母,按小写统计),最后按字母顺序输出。

分析:要统计 26 个字母出现的频率,可以使用字典,字典中的元素的键对应的是字母,值就是该字母的频率。遍历该段英文,修改相应键的值,若字母不在字典中,则在字典中添加元素。

```
#liti4-4.py
dict1={}
text=input("请输入一段英文文字:")
for ch in text:                         #遍历输入的英文
    if ch.isalpha():                    #如果是字母字符,则统计
        ch=ch.lower()                   #不管字母是大写还是小写,统一转换成小写
        dict1[ch]=dict1.get(ch,0)+1     #累加,修改相应字母的键值,若字母不在字典
                                        #中,则添加元素

for i in sorted(dict1):                 #根据键排序,并输出
    print ((i,dict1[i]))
```

程序运行结果如下:

请输入一段英文文字:Now I don't need your wings to fly, no, I don't need a hand to hold in mine this time. You held me down but I broke free. Now I don't need a hero to survive, cause I already saved my life.
('a', 7)
('b', 2)
('c', 1)
('d', 12)
('e', 19)
('f', 3)
('g', 1)
('h', 5)
('i', 12)
('k', 1)
('l', 5)
('m', 4)
('n', 14)
('o', 15)
('r', 6)
('s', 5)
('t', 9)
('u', 5)
('v', 3)
('w', 4)
('y', 5)

如果要根据字典元素的值排序并输出,上述程序应如何修改? 请读者思考?

习　　题

一、填空题

1. 序列类型是一个元素向量,元素之间存在先后关系,通过索引号访问。Python 中

的序列类型主要有_____、_____和_____等。

2. 映射类型是一种键值对,一个键只能对应一个值。Python 中唯一的映射类型是_____。

3. 集合类型是通过数学中的集合概念引进的,是一种_____元素集。

4. 由方括号括起来的零个或多个元素组成,元素与元素之间由逗号分隔的是_____。

5. 组合数据类型能够将多个基本数据类型或组合数据类型的数据组织起来。Python 中组合数据类型有 3 类:_____、_____和_____。

6. 由圆括号括起来的零个或多个元素组成,元素与元素之间由逗号分隔的是_____。

7. 在 Python 语言中,_____由花括号把元素括起来,元素与元素之间也用逗号分隔,且其中的元素是唯一的,即不存在重复的元素。

8. 假设变量为 k,表示 100 以内能被 5 整除余 2 的列表推导式是_____。

9. 假设变量为 k,表示 1~10 的每一个数的平方的生成器推导式是_____。

10. 假设变量为 k,表示 20 以内能被 3 整除的数组成的集合推导式是_____。

11. 假设变量为 k,表示键为 10 以内的奇数,其值为该数的立方组成的字典推导式是_____。

12. list(map(str, [1, 2, 3])) 的执行结果为_____。

13. 假设列表对象 aList 的值为[3, 4, 5, 6, 7, 9, 11, 13, 15, 17],那么切片 aList[3:7] 得到的值是_____。

14. 任意长度的 Python 列表、元组和字符串中倒数第二个元素的下标为_____。

15. _____命令既可以删除列表中的一个元素,也可以删除整个列表。

16. 切片操作 list(range(6))[::2] 的执行结果为_____。

17. 使用切片操作在列表对象 x 的开始处增加一个元素 3 的代码为_____。

18. 已知列表对象 x = ['11', '2', '3'],则表达式 max(x, key=len) 的值为_____。

19. 字典对象的_____方法返回字典的"值"列表;字典对象的_____方法返回字典中的"键值对"列表;字典对象的_____方法返回字典的"键"列表。

20. 已知 x = [3, 5, 7],那么表达式 x[10:] 的值为_____。

21. 表达式 list(zip([1,2], [3,4])) 的值为_____。

22. 表达式 [x for x in [1,2,3,4,5] if x<3] 的值为_____。

23. 已知 x = list(range(10)),则表达式 x[-4:] 的值为_____。

24. 已知 x = [3, 5, 7],那么执行语句 x[1:] = [2] 之后,x 的值为_____。

25. 已知 x = [1, 2, 3, 2, 3],执行语句 x.remove(2) 之后,x 的值为_____。

26. 已知 x = {1:2, 2:3},那么表达式 x.get(3, 4) 的值为_____。

27. 表达式 {1, 2, 3} | {2, 3, 4} 的值为_____。

28. 表达式 {1, 2, 3} & {3, 4, 5} 的值为_____。

29. 表达式 {1, 2, 3} - {3, 4, 5} 的值为_____。

30. 表达式 [i for i in range(10) if i>8] 的值为_____。

31. 已知 x = {1：2, 2：3, 3：4}, 那么表达式 sum(x.values()) 的值为_____。

32. 表达式 (1,) + (2,) 的值为_____。

33. 已知字典 x = {i：str(i+3) for i in range(3)}, 那么表达式 sum(x) 的值为_____。

二、判断题

1. 只能对列表进行切片操作, 不能对元组和字符串进行切片操作。 (   )

2. 迭代器不要求事先就拥有所有元素, 因此可以节省内存空间。 (   )

3. 迭代器适合遍历一些数量巨大甚至无限的元素序列。 (   )

4. 有两个列表：a = [1,2,3], b = [2,3,1], 虽然两者中的元素顺序有所不同, 但由于都是相同的 3 个数, 所以 a 等于 b。 (   )

5. 设有列表 ls = [1, 3, 5], 执行 ls.append([7,9]) 操作后, 该列表变为[1, 3, 5, 7, 9]。 (   )

6. 有两个集合：a = {1,2,3}, b = {2,3,1}, 虽然两者中的元素顺序有所不同, 但由于都是相同的 3 个数, 所以 a 等于 b。 (   )

7. 列表、元组和字典是可变序列。 (   )

8. Python 中集合的元素是不允许重复的。 (   )

9. 列表、元组、字符串是 Python 的有序序列。 (   )

10. 集合中的元素可以是列表、集合和字典等可变数据类型。 (   )

11. 字典中元素的键的取值可以是列表、集合和字典等可变数据类型。 (   )

12. []是空列表, ()是空元组, {}是空集合。 (   )

13. 已知 set1=set(), 向集合中添加元素 5, 可以使用 set1.append(5)语句。 (   )

三、选择题

1. 以下不能创建字典的语句是_____。

A. dict1 = {} 　　　　　　　　 B. dict2 = { 3：5 }

C. dict3 = {[1,2,3]："uestc"} 　　 D. dict4 = {(1,2,3)："uestc"}

2. ls = ["abc","dd",[3,4]] 则要获取第三个元素中的第一个值 3, 使用表达式_____。

A. ls[3] 　　　　 B. ls[3,1] 　　　　 C. ls[3][1] 　　　　 D. ls[2][0]

3. 利用索引获取字典的值, 以下代码的运行结果是_____。

```
d={"大海":"蓝色", "天空":"灰色", "大地":"黑色"}
print(d["大地"], d.get("大地", "黄色"))
```

A. 黑色 黄色 　　 B. 黑色 黑色 　　 C. 黑色 蓝色 　　 D. 黑色 灰色

4. 统计字符串、列表、元组等序列对象的元素个数的函数是_____。

A. total 　　　　 B. count 　　　　 C. len 　　　　 D. calc

5. 序列类型是一个_____。

A. 元素向量　　　　B. 元素集合　　　　C. "键值"对的组合　D. 上述都对

6. _____是一个可以修改元素的序列类型。

A. 字符串　　　　　B. 元组　　　　　　C. 列表　　　　　　D. 字典

7. 列表推导式[i＊10＋j for i in range(1,4) for j in range(1,4) if i!＝j]创建的列表是_____。

A. [123，132，231，213，312，321]

B. [134，123，241，213，341，312，423，431]

C. [11，12，13，22，21，23，33，31，32]

D. [12，13，21，23，31，32]

8. 有列表 x＝[1,2,3],关于操作 x[len(x):]＝['a','b'],以下叙述正确的是_____。

A. 报下标越界错误　　　　　　　　B. 报数据类型不一致错误

C. 列表 x 变为[1，2，3，'a'，'b']　　D. 列表 x 变为[a，b，1，2，3]

9. 有列表 x＝[1，2，3，2，3],对于操作 x.remove(3),以下叙述正确的是_____。

A. 等价于 del x[3]　　　　　　　　B. 等价于 x.pop(3)

C. 等价于 x[2：3]＝[]　　　　　　　D. 等价于 x.clear(2)

10. 设有列表 ls ＝ ['a', 'b', 'c', 'd', 'e'],则与操作 ls.extend(['f','g']) 等价的是_____。

A. ls.insert(5,['f','g'])　　　　　　B. ls[5：]＝['f','g']

C. ls.insert(5,'f','g')　　　　　　　D. ls.append(['f','g'])

11. 设有元组 x＝(1,2,3),执行 x[:1]操作后,以下叙述正确的是_____。

A. 元组不支持切片操作　　　　　　B. 该操作得到一个整数 2

C. 该操作得到一个列表[1]　　　　　D. 该操作得到一个元组(1,)

12. tuple(enumerate([0,1,2,3]))得到的是_____。

A. ((0，0)，(1，1)，(2，2)，(3，3))

B. [(0，0)，(1，1)，(2，2)，(3，3)]

C. ((1，1)，(1，2)，(2，3)，(3，3))

D. [[1，0]，[2，1[，[3，2]，[4，3]]

13. 设有集合 s＝{1,2,3},以下操作会报错的是_____。

A. s.discard(5)　　　　　　　　　B. s ｜ set([4,5])

C. s.add([4,5])　　　　　　　　　D. s.update([4,5])

14. 有如下一段程序:

```
d={'Python':1,'C++':2,'Java':3}
for k in d:
    print("%s:%d"%(k,d[k]))
```

则上述程序执行后的输出结果为_____。

A. Python

C++

Java

B. 1：Python

　　2：C++

　　3：Java

C. Python：1

　　C++：2

　　Java：3

D. 以上都不对

15. 下列属于可变类型的是_____。

　　A. 列表　　　　　　B. 元组　　　　　　C. 字符串　　　　　　D. 数字

16. 以下都是不可变数据类型的是_____。

　　A. int、str、tuple、set　　　　　　　　B. int、dict、tuple、set

　　C. int、str、tuple、bool　　　　　　　　D. float、str、tuple、dict

四、编程题

1. 定义一个列表,并将列表中头尾两个元素对调并输出。

2. 30 个人准备过河,现只有一条船,船只能坐 15 人,另 15 人只能等待下一条船的到来。于是 30 个人排成一队,排队的位置即为他们的编号。从 1 开始报数,数到 9 的人出队上船。如此循环,直到队中只剩下 15 人为止,问都有哪些编号的人上船了呢? 请分别采用列表和字典存储数据来求解。

3. 编写程序,输入一个至少有 10 个元素的列表,再从键盘上输入一个整数 n,要求 n 小于列表的长度,然后把列表中前 n 个元素移到列表的后面。例如:

　　输入的列表为[1,2,3,4,5,6,7,8];

　　输入的 n＝4;

　　移动后的列表为[5,6,7,8,1,2,3,4]。

第**5**章

函　　数

学习目标：

- 学会使用用户自定义的函数实现代码的重用和抽象。
- 学会合理选择参数传递的方式，满足实际问题的求解需要。
- 学会使用 Python 语言特有的嵌套定义，掌握不同作用域变量的使用方法。

5.1　函数的定义与调用

　　函数是将一段代码单独取出命名，按名称多次使用这段代码的一种机制。取出代码并命名的过程称为函数定义，按定义的名称使用函数代码的过程称为函数调用。Python 中已经预先定义好了一批函数，这些函数分别放在内置库、标准库或第三方库模块中，称为预定义函数。另一方面，设计者可以根据设计任务的需要，利用 Python 的函数定义机制定义自己需要的函数，称为自定义函数。

　　使用函数进行程序设计的方法称为模块化设计方法，适合较复杂问题的求解。复杂的问题直接编程比较困难，可以将问题分解成功能相对简单的子问题，如果子问题仍然比较复杂可以继续分解，直到子问题足够简单，然后直接编程求解。子问题的求解代码会被编成函数存放在模块库中，库中的函数就像积木块或零件，可以被组装起来，去解决功能更复杂的问题。函数代码会不断被重复使用，其中的错误容易被发现并去除，代码的质量较高，所以，使用函数求解问题成本低、可靠性好。

　　模块化的程序设计方法的重点是构建适合重复使用的函数，如何分解问题是关键。分解问题时需要从功能出发，分析子问题是否具有相对独立的功能。下面看一个示例。

　　组合数 $C_m^n = \dfrac{m!}{n!\ (m-n)!}$，求 C_m^n 可以转换为 3 个求阶乘 $m!$、$n!$ 和 $(m-n)!$ 的子问题来完成。计算 k 阶乘的公式为 $k! = 1 \times 2 \times 3 \times \cdots \times k$，这个公式以前已经介绍过计算方法，如果将 m,n,m−n 的值分别赋值给 k 就可以利用同样的代码分别求出这 3 个阶乘，然后，使用乘除运算可以求出组合数 C_m^n。由于子问题功能是相对独立的，求阶乘的子问题编成函数后，可以重复使用 3 次。如果将问题分解成分子和分母两个子问题，则无法重用。这是因为，这种子问题的分解严重依赖于原问题的具体求解步骤，离开了原问题，子问题就没有存在的意义。将求阶乘代码设计成函数可以保证代码的重用性,即设计一次可以多次使用。求阶乘问题不只是用于组合数计算,其他问题中也经常遇到,为此,Python 在 math 标准库模块中,将它设计为了预定义函数 factorial。

5.1.1 函数的定义

自定义一个求阶乘的函数需要使用函数的定义机制。

Python 定义函数的语法规则如下:

```
def <函数名>([形式参数列表]):
    <函数体>
```

<函数体>是完成相对独立功能的代码段,<函数名>是调用代码段时使用的名称,名称需要符合标识符的取名规则。圆括号内是形式参数表,符号[]表示形参列表可以省略,这样定义的函数是无参的。多个形参间以逗号分隔,每个形参都是一个变量,用来引入函数体要加工的数据值。形参变量的值在调用函数时提供,称为实际参数,实参在调用函数时会赋值给对应位置的形参变量,这个过程称为参数传递。def 保留字和冒号不能省略,函数体的每行代码需要缩进相同的位置,函数体执行时如果遇到 return 语句或相同缩进位置的最后一行,函数会结束。函数结束时,会计算 return 后的表达式的值返回给调用者作为函数结果,执行无值的 return 语句或函数体的最后一行时,会返回 None 值作为函数结果。

【例 5-1】 自定义阶乘函数,求组合数 C_m^n。

首先编写一个求阶乘的函数:

```
#liti5-1-1.py
def factor(k):
    f=1                            #第二行
    for i in range(1,k+1):
        f=f * i
    return f
factor(6)
```

程序运行结果如下:

```
720
```

factor 是自定义的求阶乘的函数名,第 2 行开始到 return f 是函数体。函数体用来求 k 的阶乘并保存到变量 f 中,return f 语句会将变量 f 的值作为函数结果返回给调用者,形参 k 的值是由函数调用者调用函数时以实参形式传递而来的。

factor(6)这一行是程序的主控部分,相比于函数体没有向右缩进。6 是实参,执行函数体前会传递给形参 k。720 是函数执行的结果,会返回给主控部分并显示。

下面是求组合数 C_m^n 的程序,函数定义部分相同,主控部分修改如下:

```
#liti5-1-2.py
def factor(k):
    f=1
    for i in range(1,k+1):
        f=f*i
    return f
m=int(input("请输入 m 的值:"))
n=int(input("请输入 n 的值:"))
c=factor(m)//(factor(n) * factor(m-n))
print("C({},{})={}".format(n,m,c))
```

程序运行结果如下:

```
请输入 m 的值:5
请输入 n 的值:3
C(3,5)=10
```

首先执行程序中的函数定义命令 def,生成函数对象 factor,但不会执行 factor 函数体。接着执行函数体后的主控部分,在倒数第 2 行的赋值操作中,factor(m)、factor(n)和 factor(m-n)分别以实参 m、n、m-n 调用函数 factor,调用的顺序是按赋值操作右边表达式运算的执行顺序进行,得到的结果赋值给变量 c。最后调用 print 函数显示 c,显示的格式是由带 format()方法的格式字符串"C({},{})={}"设置,串中的花括号称为槽(slot),用来设置 format()方法中对应位置实参值的显示位置和格式,显示时,format 的实参 n、m、c 的值会按顺序出现到格式串的 3 个槽的位置上。

5.1.2　函数的调用与返回

已定义好的函数的整个执行过程分为函数调用和返回两个阶段。已定义好的函数可以被多次调用,每次调用都会返回不同的函数结果。函数的调用格式如下:

<函数名>([<实际参数列表>])

<实际参数列表>的成员个数由函数定义时的形式参数的个数决定,要保证每个形参变量都能得到实际参数值。实际参数的形式可以是表达式、常量或变量,参数传递时会将实际参数计算后赋值给对应位置的形参变量。

表达式中的函数调用可以看作是表达式的一步运算,函数返回值作为运算结果会继续参与表达式的下一步运算。函数调用作为实际参数去调用函数,称为函数的复合运算,例如,print(factor(6)),先调用 factor(6)函数,得到的结果作为实参值去调用 print 函数。

函数调用的结果称为函数的返回值,由函数体中的 return 语句提供,return 语句的格式如下:

return [<结果表达式>]

return 语句会结束函数调用,将<结果表达式>的值作为函数的返回值。返回值可以是简单的值,如数值、字符串、逻辑值等,也可以是组合类型的值,如元组、列表等,还可以是 Python 对象,如函数对象、类型对象、类对象等。

例如:

return max 返回的是函数对象 max。

return int 返回的是类型对象 int。

return 3,4,5 返回的是元组(3,4,5)。

return 返回的是空对象 None,返回 None 值表示没有返回值。

函数体可以包含多个 return 语句,将它们处于不同的执行路径上,当执行到其中一个 return 语句时,函数调用就会结束,并返回该 return 语句的<结果表达式>的值。

【例 5-2】 编写函数求一元二次方程 $ax^2+bx+c=0$ 的解。

一元二次方程的解有 3 种情况:两个不相等的实数解,一个实数解和无实数解。通过判断 $\Delta=b^2-4ac$ 的值是大于零、等于零还是小于零,来决定是哪种情况。编写该函数时,系数 a、b、c 作为函数的形式参数,让调用者提供系数值,函数名定义为 rootofqe。

```
#liti5-2.py
def rootofqe(a,b,c):
    d=b*b-4*a*c
    if d>0:
        return (-b+d**0.5)/(2*a),(-b-d**0.5)/(2*a)    #返回两个不相等的实数解
    elif d==0:
        return -b/(2*a)                                #返回一个实数解
    else:
        return None                                    #返回 None,表示无实数解
a=int(input("请输入 a 的值:"))
b=int(input("请输入 b 的值:"))
c=int(input("请输入 c 的值:"))
print(rootofqe(a,b,c))
```

程序运行结果如下:

请输入 a 的值:2
请输入 b 的值:5
请输入 c 的值:3
(-1.0, -1.5)

提供不同的实参,再次运行程序的结果如下:

请输入 a 的值:1
请输入 b 的值:4
请输入 c 的值:4
-2.0

提供无实数解的实参,第三次运行程序的结果如下:

请输入 a 的值:2
请输入 b 的值:4
请输入 c 的值:4
None

程序的主控部分调用函数 rootofqe 并显示结果,主控部分之前是 rootofqe 函数的定义部分,这种先后顺序是必须的,**任何函数必须先定义后调用**,否则会因找不到函数而调用出错。

rootofqe 的函数体中出现了 3 个 return 语句,提供了 3 种不同情况下的函数结果。当变量 d 大于零、等于零、小于零时,会选择不同的执行路径到达相应的 return 语句,分别提供两个不相等的实数解、一个实数解、无实数解 3 种情况下的求解结果。

当为 d 小于零的情况时,执行的路径是最后的"else:"后面的 return 语句,返回值是 None,表示无实数解。如果 return 后面不写 None 值,或者去除"else:"后这条执行路径,函数也能处理无实数解的情况,并返回 None 值。

5.1.3 函数嵌套调用和递归调用

1. 函数嵌套调用

在一个函数的函数体中调用函数称为函数的嵌套调用,嵌套调用可以有多层,如图 5-1 所示。

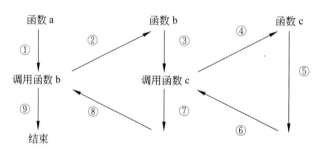

图 5-1 两层函数嵌套调用的过程

图 5-1 的函数嵌套调用分为两层:函数 a 调用了函数 b,函数 b 调用了函数 c,执行顺序如图中数字所示。函数 a 调用函数 b 时,必须等待函数 b 调用结束,才能从调用位置继续执行,函数 a 暂停执行的位置称为断点(breakpoint),函数 a 暂停期间,运行状态会一直保持不变。当函数 b 调用函数 c 时,也必须保持状态等待,直到函数 c 调用结束后返回断点继续执行。当函数 a 调用结束时,会回到主控部分继续执行,整个过程呈现的是一种多层的、先入后出的函数调用。

【例 5-3】 函数的嵌套调用过程。

```
#liti5-3.py
def c():
    print("In c")
```

```
def b():
    for j in range(3):
        print("In B j=",j)
        c()
def a():
    for i in range(2):
        print("In A i=",i)
        b()
a()
```

程序运行结果如下：

```
In A i= 0
In B j= 0
In c
In B j= 1
In c
In B j= 2
In c
In A i= 1
In B j= 0
In c
In B j= 1
In c
In B j= 2
In c
```

函数 a 循环调用了两次函数 b，函数 b 循环调用了 3 次函数 c，函数 a 每次调用函数 b 时，函数 b 都需要调用 3 次函数 c 才能返回。整个程序执行过程中，函数 c 总共被调用了 6 次。每次调用函数 b 或函数 c 时，作为调用者的函数 a 和函数 b 中的变量 i、j 的值会在暂停执行期间保持不变，等到被调用函数 b 或函数 c 返回时，函数 a 和函数 b 会使用变量 i、j 的值继续执行。

函数中的变量不会总能保持值不变，每次函数 b 被调用时，其内部的变量 j 都会重新创建，调用结束时变量 j 会自动删除，这个过程称为变量 j 的生存期，变量处在生存期之外时，值会丢失。而且，不同函数中的变量会有不同的生存期，变量 i 的生存期就是在函数 a 被调用期间。函数中的变量还有一个特性，即使处于生存期中，在定义它的函数之外不能被引用，例如，函数 b 不能引用函数 a 中的变量 i，变量的这种引用范围的限制称为变量的作用域。Python 中的变量有不同的生存期和作用域，在 5.3 节中会详细介绍。

【例 5-4】 编写求组合数 C_m^n 的函数。

组合数 C_m^n 的计算依赖于阶乘函数 factor，而组合数的计算程序自身也适合编写为函数，以便作为可重用的部件来使用。组合数函数定义两个形式参数 m、n，函数名为 combin。

```
#liti5-4.py
```

```
def factor(k):
    f=1
    for i in range(1,k+1):
        f=f*i
    return f
def combin(m,n):
    c=factor(m)//(factor(n) * factor(m-n))
    return c
m=int(input("请输入 m 的值:"))
n=int(input("请输入 n 的值:"))
print("C({},{})={}".format(n,m,combin(m,n)))
```

程序运行结果如下:

```
请输入 m 的值:6
请输入 n 的值:4
C(4,6)=15
```

例 5-4 使用了函数嵌套调用的方法。程序中的主控部分调用函数 combin 前,已经先后定义了函数 factor 和函数 combin。调用函数 combin 时会分 3 次嵌套调用函数 factor,得到 3 个阶乘值后,再继续执行函数 combin。通过计算得到组合数后,函数 combin 结束并将结果返回到主控程序继续执行,程序按格式显示结果后结束。

函数必须先定义后调用,将例 5-4 中的函数 factor 和函数 combin 的定义位置互换,不会影响程序的执行,如果将函数 factor 或函数 combin 的定义放在主控程序之后,则程序会因找不到函数而调用出错。

2. 函数递归调用

一个函数在函数体中嵌套调用该函数自身的过程称为递归调用。无条件的递归调用时,函数会不断嵌套调用自己而无法结束。因此,递归函数要为嵌套调用的语句设置一个条件,当条件满足则递归调用,当条件不满足则函数不再嵌套调用,直接结束并返回上一层。这样,多层嵌套的递归调用就能逐层结束并返回,调用过程才能正常结束。

【例 5-5】 编写计算 $S = \sum\limits_{i=1}^{n} i$ 的函数。

```
#liti5-5.py
def sum(n):
    if n==1:
        return 1
    else:
        return sum(n-1)+n
print("1+2+…+{}={}".format(6,sum(6)))
```

程序运行结果如下:

```
1+2+…+6=21
```

sum(6)的计算过程如图 5-2 所示。

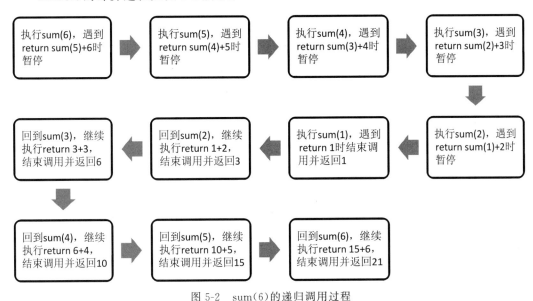

图 5-2　sum(6)的递归调用过程

函数 sum 的递归是有条件限制的,当 n 等于 1 时不递归,直接返回结果 1。主控部分调用了 sum(6)得到返回的值 21,也就是 1+2+3+4+5+6 的结果,然后按格式显示结果后结束程序。

【例 5-6】　编写计算 S=n! 的函数。

n!表示求 n 的阶乘,阶乘有一种递归性质:

$$n! = \begin{cases} (n-1)! \times n & n>1 \\ 1 & n=1 \end{cases}$$

可以根据该性质直接定义求阶乘的递归函数。

```
#liti5-6.py
def fact(n):
    if n==1:
        return 1
    else:
        return fact(n-1) * n
print("{}!={}".format(6,fact(6)))
```

程序运行结果如下:

```
6!=720
```

使用数学的递归式可以较为清晰地概括递归函数的作用,有助于理解递归函数的含义,方便使用递归函数解决实际问题。递归函数都可以表示为一个数学递归式,例如,例 5-5 的递归函数的数学递归式如下。

$$\sum_{i=1}^{n} i = \begin{cases} n + \sum_{i=1}^{n-1} i & n \neq 1 \\ 1 & n = 1 \end{cases}$$

有这个数学式可以更好地理解程序的计算方法：1 到 n 的和可以用 1 到 n−1 的和加 n 得到。

当有一个有条件限制的数学递归式时，也可以直接转换为递归函数。

【例 5-7】 编写求组合数 C_m^n 的递归函数。

在组合数的性质中，有一种可描述为数学递归式：

$$C_m^n = \begin{cases} C_{m-1}^{n-1} + C_{m-1}^n & m > n \text{ 且 } n > 0 \\ 1 & m = n \text{ 或 } n = 0 \end{cases}$$

可以根据这种数学递归式快速转换为等价的递归函数程序以计算组合数：

```python
#liti5-7.py
def combin(m,n):
    if m==n or n==0:
        return 1
    else:
        return combin(m-1,n-1)+combin(m-1,n)
m=int(input("请输入 m 的值:"))
n=int(input("请输入 n 的值:"))
print("C({},{})={}".format(n,m,combin(m,n)))
```

程序运行结果如下：

```
请输入 m 的值:7
请输入 n 的值:3
C(3,7)=35
```

5.1.4　函数的闭包空间与装饰器

1. 闭包空间

函数体中包含另一个函数的定义称为**函数的嵌套定义**，内层嵌套定义的函数在外层函数调用时被定义，只能在外层函数中使用，不能在外层函数之外使用。外层函数可以将内层函数名作为返回值，调用外层函数时可以获得并调用内层函数，内层函数被调用时，外层函数处于一种为内层函数服务的工作状态，外层函数定义的变量都处于生存期，可以供内层函数使用，就像是航天员需要穿着航天服来保障其正常工作，这种外层函数提供的工作空间称为内层函数的**闭包空间**，简称为闭包。每次调用外层函数不仅会返回一个内层函数，还会提供执行内层函数所需要的一个专属闭包，主控程序调用内层函数都会在这个闭包空间中运行。

【例 5-8】 构建函数 b 的闭包空间并执行函数 b。

```
#liti5-8.py
def a():
    def b():
        return i
    i=0
    return b
c=a()
print(c())
```

程序的运行结果如下：

```
0
```

在例 5-8 中,外层函数 a 嵌套定义了一个内层函数 b,并且将函数名 b 作为返回值。注意,这里不是调用函数 b,b 后面不能加一对圆括号。主控程序调用外层函数 a,得到的结果是内层函数 b,赋值给变量 c 后,使 c 成为函数变量,调用外层函数 a 还构建了内层函数 b 运行所需的闭包空间,内层函数 b 返回的变量 i 的值就是来自闭包空间。这样,主控程序调用函数 c 实际上就是调用内层函数 b,内层函数 b 的运行结果是外层闭包空间中变量 i 的值 0,最后程序显示结果 0 并结束。

变量 i 是外层函数 a 中定义的,可以在内层嵌套的函数 b 中使用。当主控程序调用函数 a 时,会返回内层函数 b 并构建闭包空间,这时,变量 i 也被定义并存在于闭包之中。只要函数变量 c 存在,闭包空间就会存在,变量 i 也就一直存在,可以随时被内层函数 b 所使用。

内层嵌套的函数不能对外层函数定义的变量进行修改,函数 b 可以使用外层的变量 i 的值,但不能对 i 赋值。Python 规定,赋值就是对变量的定义。如果函数 b 对变量 i 赋值,会重新产生一个函数 b 中的变量 i,外层函数 a 中的变量 i 仍然存在,与内层函数 b 定义的变量 i 同名,但并不是同一个变量。这时,函数 b 使用的是本地的变量 i,不再允许使用外层的变量 i。要避免函数 b 因为赋值而重新定义一个变量 i,可以在函数 b 中声明变量 i 的作用域为 nonlocal,这样,函数 b 即使赋值变量 i,也只是修改外层的变量。

2. 装饰器

装饰器(decorator)是一种修改已有函数的方法,使用的是函数的闭包技术,也称为修饰器。外层函数通过形参引入要修改的函数,在内层函数中利用黑盒的方式调用该函数,对函数返回的结果再加工后作为内层函数的结果返回,通过闭包技术将内层函数提供给外界使用,原先作为形参引入的函数被替代不再使用,这时,内层函数可以看成是对形参函数的一种修改或装饰。

【例 5-9】 编写计算方差的函数,再通过装饰改造成标准差函数。

方差的计算公式是 $D = \dfrac{1}{n} \sum\limits_{i=1}^{n} (x_i - \bar{x})^2$,$\bar{x}$ 是平均值,标准差是方差 D 的平方根。

```
#liti5-9-1.py
def d(x):
    m=sum(x)/len(x)                          #m用于存放平均值
    s=0                                      #s用于存放方差
    for a in x:
        s+=(a-m)**2
    return s
def decor(f):
    def g(*args,**kargs):                    #函数g是装饰函数f的结果
        return f(*args,**kargs)**0.5         #函数g是对函数f的结果求平方根
    return g
s=decor(d)                                   #对方差函数d进行装饰,得到标准差函数赋值给s
print(s([1,2,3,4]))
```

程序的运行结果如下:

2.23606797749979

函数 d 是计算方差的函数,形参 x 是可迭代数列。函数 decor 是装饰器函数,将形参函数 f 通过装饰得到替代 f 的内层函数 g,内层函数 g 的作用是对形参函数 f 的调用结果计算平方根后返回,如果形参函数 f 是求方差则内层函数 g 就是求标准差。主控程序使用装饰器函数 decor 将方差函数 d 作为实参,得到装饰后的标准差函数 g,赋值给函数变量 s,这时函数变量 s 就是标准差函数 g,程序通过函数 s 计算得到标准差后显示。

调用内层函数 g 的所有实参都要用来调用形参函数 f,而函数 f 需要的实参情况是无法知道的。函数 g 使用了可变长形参来接收所有的位置实参和关键字实参,内层函数 g 后面的两个形参 *args 和**kargs 就是可变长形参,函数 g 的所有位置实参会打包成元组赋值给 args,函数 g 的所有关键字实参会打包成字典赋值给 kargs。调用函数 f 时,将两种可变长形参变量通过 *args 和**kargs 的拆包操作还原成位置实参和关键字实参,用来调用函数 f。

下面看程序的运行过程。主控程序调用函数 s 时提供的实参是一个数字列表[1,2,3,4],作为位置实参打包为元组后,参数传递给函数 g 的可变长形参 args,即 args 的值为([1,2,3,4],),函数 s 没有关键字实参,可变长形参 kargs 得到的是空字典。*args 和**kargs 的拆包操作会把([1,2,3,4],)元组拆解成[1,2,3,4],然后将[1,2,3,4]作为实参去调用函数 f,也就是调用方差函数 d,得到方差后再计算标准差作为调用函数 s 的结果返回,主控程序显示结果并结束。

例 5-9 中,装饰函数 decor 将方差函数 d 改造后赋值给函数变量 s。如果 decor 的结果是直接赋值给函数名 d,即 d=decor(d),函数 d 就从方差函数替换为标准差函数。Python 中,@装饰运算符就是用于这种函数替换,请看下面的程序示例。

```
#liti5-9-2.py
def decor(f):
    def g(*args,**kargs):
        return f(*args,**kargs)**0.5
```

```
    return g
@decor
def d(x):
    m=sum(x)/len(x)
    s=0
    for a in x:
        s+=(a-m)**2
    return s
print(d([1,2,3,4,5,6,7]))
```

程序运行结果如下:

5.291502622129181

decor 函数的定义需要调整到@decor 操作之前,符合先定义后使用的原则。@decor
必须写在函数 d 定义的上一行,函数 d 在定义的同时被 decor 替换为标准差函数。最后,
主控程序调用函数 d 并显示标准差结果。

5.2 参 数 传 递

函数的调用过程有 3 步:首先将实参求值后赋值给对应位置的形参变量,然后暂停
调用者的执行转去执行函数中的代码,最后将得到的结果返回给调用者,并从断点恢复调
用者的执行。函数调用的第一步就是参数传递,必须保证函数的每个形参变量都能获得
值,否则无法完成后面的步骤。

实参值传递到函数中是否会被修改? 这是需要考虑的问题。Python 中的数据有可
变数据和不可变数据之分,数值、字符串、元组等类型的数据是不可变数据,列表、字典、集
合等类型的数据是可变数据。当一个变量赋值了一个不可变数据,修改变量的数据值只
会让变量重新引用修改后的数据,而不是在原有不可变数据上修改。例如,执行 x=3,x
=x+1 两条赋值语句,会让变量 x 引用的数据从 3 变为 4,不可变数据 3 和 4 存放在不同
的内存中,赋值操作只是改变了变量 x 保存的内存地址。当一个变量引用了一个可变数
据,修改变量的数据是在原地进行的,不会改变变量保存的地址。例如,执行 x=[3,4],
x.reverse()两条语句,会让变量 x 引用的数据从[3,4]变为[4,3],x 中保存的列表数据的
地址没有改变,列表数据是在原内存中就地修改的。例如,执行 x=[3],y=x,y[0]=4
三条语句,y=x 赋值语句让变量 x 和变量 y 引用同一个列表,修改 y 引用的列表,x 引用
的列表也会发生改变。再例如,执行 x=[3],y=[3],y[0]=4 三条语句,则 x 和 y 引用的
不是同一个列表,对 y 的列表的修改不会影响到 x 的列表。下面是使用 id 函数进行验证
的示例。

```
>>>x=3;id(x)                    #id 函数返回变量 x 引用的数据地址
8791348139104
>>>x=x+1;id(x)                  #变量 x 引用的不可变数据的地址发生了改变
```

```
8791348139136
>>>x=[3,4];id(x)                    #id 函数返回变量 x 引用的可变数据的地址
46473480
>>>x.reverse();x;id(x)              #变量 x 引用的列表的数据被修改了,但列表的地址没有改变
[4, 3]
46473480
>>>x=[3];y=x;id(x);id(y)           #变量 x 和变量 y 引用的是同一个列表
51460232
51460232
>>>y[0]=4;x                        #修改 y 的列表数据,x 的列表数据也跟着发生了改变
[4]
>>>x=[3];y=[3];id(x);id(y)        #变量 x 和 y 引用的是不同的列表
51460808
51460616
>>>y[0]=4;x                        #修改 y 的列表数据,x 的列表数据没有改变
[3]
```

所以,在进行参数传递时,赋值给形参变量的实参是一个不可变数据时,调用函数不会改变实参,赋值给形参变量的实参是一个可变数据时,调用函数时对可变数据进行了修改,实参也会跟着改变。如果调用函数时,形参重新赋值了新的可变数据,实参则不会被改变。

【例 5-10】 函数可变实参和不可变实参调用方法的不同。

```
#liti5-10.py
def a(s):
    s=s+1
def b(s):
    s=[3]
    s[0]=4
def c(s):
    s[0]=4
x=3
a(x)                    #不可变数据作为实参,函数 a 不会修改实参
print(x)
x=[3]
b(x)                    #可变数据作为实参,但函数 b 中形参重新被赋值,则实参不会被修改
print(x)
c(x)                    #可变数据作为实参,函数 c 修改了实参
print(x)
```

程序的运行结果如下:

```
3
[3]
[4]
```

Python 语言程序设计基础教程

分析程序时,如果实参数据在函数调用时不会发生修改,则称该函数是引用透明的,这时函数是无副作用的。例 5-10 中,函数 a 和函数 b 的调用是无副作用的,而函数 c 的调用是有副作用的。

5.2.1 函数形参

函数定义时有 3 种形态的形参,一种是位置形参,一种是默认值形参,还有一种是可变长形参。可变长形参会在后面单独介绍。位置形参写在默认值形参的左边,多个位置形参之间以逗号分隔,默认值形参的变量名后会以等号提供一个默认值,默认值可以是单值也可以是组合类型数据。

函数调用时,实参与位置形参必须数量一致、顺序上一一对应。默认值形参可以不提供实参,如果没有提供实参,默认值形参变量会直接使用默认值,如果提供了实参则按照位置形参的方式处理。使用示例如下:

```
>>>def f(a,b,c=3,d=4):              #两个位置形参,两个默认值形参
    return a+b+c+d
>>>print(f(10,20,30,40))            #不使用默认值的调用
100
>>>print(f(10,20,30))               #形参 d 使用默认值
64
>>>print(f(10))                     #形参 b 没有提供实参
TypeError: f() missing 1 required positional argument: 'b'
>>>print(f(10,20,30,40,50))         #实参数不能超过形参数
TypeError: f() takes from 2 to 4 positional arguments but 5 were given
```

函数 f 有 4 个形参,功能是计算 4 个形参的和并返回结果。函数 f 的形参中有两个位置形参 a 和 b,两个默认值形参 c 和 d,调用函数 f 时至少必须提供两个实参,最多只能提供 4 个实参,如果实参少了或多了,调用函数会报 TypeError。没有提供实参的默认值形参变量,会自动使用默认值作为实参,例如,第二个调用操作 print(f(10,20,30)),只提供了 3 个实参给形参 a、b、c,排列最后的默认值形参变量 d 没有提供实参,这时系统会将默认值 4 作为 d 的实参,使函数可以正常执行。

如果默认值形参提供的默认值是可变数据,调用函数时可能会产生副作用。这是因为默认值形参在函数中修改了默认值数据时,下一次函数调用时,提供给默认值形参的将会是修改后的默认值。

【例 5-11】 函数的可变默认值对调用的影响。

```
#liti5-11.py
def f(a,b=[]):
    b.extend (a)
    return b
print(f([1,2]))
print(f([1,2]))
```

```
print(f([1,2],[3,4]))
print(f([1,2]))
```

程序的运行结果如下：

```
[1, 2]
[1, 2, 1, 2]
[3, 4, 1, 2]
[1, 2, 1, 2, 1, 2]
```

函数 f 的第二个形参 b 是默认值形参,其默认值是可变的空列表,函数体中对 b 的可变列表进行了修改,将位置形参 a 的列表追加到 b 的列表之后。第一次调用函数 f 时,形参 b 没有提供实参,使用的是默认值的空列表,执行函数后 b 的列表修改为[1,2],这时 b 的默认值已经发生了改变,会保持到下一次调用。第二次调用函数 f 时,形参 b 使用的是修改后的默认值[1,2],执行函数后的返回结果为[1,2,1,2],默认值也同时变为了[1,2,1,2]。第三次调用函数 f 时,形参 b 提供了实参,没有使用默认值,函数的执行不影响默认值。第四次调用函数 f 时,形参 b 使用了默认值,这时的默认值是上次修改了的[1,2,1,2],执行函数后返回的结果为[1,2,1,2,1,2]。

例 5-11 的函数引用是不透明的,要避免不透明性的干扰有两种方法。①在函数体中不直接修改形参引用的列表。例如,形参 b 的使用方法修改为 b＝b＋a,加法运算会产生一个新的列表赋值给 b,这样就不会修改 b 引用的默认值列表。②在函数定义时不使用可变数据作为默认值,以避免对默认值的副作用操作。例如,可以将形参 b 的默认值改变为空元组（）。

5.2.2　函数实参

函数调用时提供给形参的数据称为实参,Python 有两种提供实参的方式,分别是位置实参和关键字实参。位置实参按排列的顺序,分别提供给对应位置的形参变量。例如,前面对函数 f 的调用 f(10,20,30,40),圆括号中的 10,20,30,40 就是 4 个位置实参,它们会按排列位置的先后顺序给形参 a,b,c,d 提供数值。关键字实参是在实参的左边加上形参名和等号,按形参名字提供值,提供时不需要考虑排列位置。例如,对函数 f 的调用可以改为 f(b＝20,a＝10,d＝40,c＝30),这 4 个参数都是关键字实参,分别将值 10 到 40 提供给 4 个形参变量,4 个实参的排列顺序可以随意。关键字实参的阅读性较好,带上形参名进行参数传递不容易出错、方便检查。

两种实参可以混合使用,要求位置实参必须写在关键字实参之前,先按位置提供实参再按名字提供实参。每个形参只能被提供一次实参值,关键字实参不能提供给已有值的形参,关键字实参中不能为不存在的形参名提供实参。使用示例如下:

```
>>>def f(a,b,c=3,d=4):
       return a+b+c+d
>>>print(f(10,20,d=30))          #2个位置实参,1个关键字实参
63
```

```
>>>print(f(10,b=20,30))                  #位置实参 30 不能写在关键字实参的后面
SyntaxError: positional argument follows keyword argument
>>>print(f(10,20,b=30))            #形参 b 分别以位置实参和关键字实参的方式提供了两次值
TypeError: f() got multiple values for argument 'b'
>>>print(f(10,20,c=30,d=40,e=50))    #关键字实参中的形参名 e 在函数定义中没有
TypeError: f() got an unexpected keyword argument 'e'
```

示例中有 4 次调用函数 f 的操作,第一次调用函数 f 的操作 f(10,20,d=30),只提供了形参 a,b,d 的实参,但形参 c 带默认值 3,所有形参都有值,符合要求可以正常调用。第二次调用函数的操作 f(10,b=20,30),位置实参 30 写在了关键字实参 b=20 之后,不符合实参语法要求,程序会报 SyntaxError。第三次调用函数的操作 f(10,20,b=30),形参 b 先提供了位置实参 20 后又提供了关键字实参 30,一次调用中一个形参不能两次提供实参值,所以,程序会报 TypeError。第四次调用函数的操作 f(10,20,c=30,d=40,e=50),关键字实参 e=50 在函数 f 定义中并没有形参变量 e,无法进行参数传递,程序会报 TypeError。

【例 5-12】 编写求列表的和与积的二合一函数。

```
#liti5-12.py
def clist(a,key=0):
    if key==0:
        return sum(a)
    else:
        f=1
        for i in a:
            f=f*i
        return f
print(clist([1,2,3,4]))
print(clist([1,2,3,4],key=1))
```

程序的运行结果如下:

```
10
24
```

函数 clist 的第一个形参是列表,返回该列表的和或积。当第二个形参 key 没有提供实参值时,函数返回列表的和,当第二个形参 key 提供了 0 以外的实参值时,函数返回列表的积。第一次调用 clist 时没有提供 key 的值,得到了列表的和 10,第二次调用 clist 时以关键字实参的方式提供了 key 的值 1,得到了列表的积 24。

5.2.3 可变长形参

可变长形参用于接收超出范围的实参,有两种形式: ∗ posiargs 和∗∗keyargs,分别称为可变长位置形参和可变长关键字形参,用来接收超出的位置实参和关键字实参。可变长位置形参 ∗ posiargs 一般写在所有位置形参之后,当位置实参按顺序给所有可

变长位置形参之前的形参提供实参值之后,多出来的位置实参会被打包成元组提供给可变长位置形参变量 posiargs,位于可变长位置形参之后的形参无法接收到位置实参,只能使用关键字实参或默认值方式提供值。可变长关键字形参**keyargs 必须写在所有形参之后,作为函数定义的最后一个形参。函数调用时,所有找不到形参名的关键字实参会被打包成字典,字典中的每个成员由一个关键字实参生成,关键字实参的形参名转换为字符串类型作为字典成员的键,关键字实参的实参部分作为该字典成员的值。使用示例如下。

```
>>>def f(a,b, * p, c=3,d=4,**q):        #第 3 个以后的位置实参打包给 p
      print(p)
      print(q)
      return a+b+c+d
>>>print(f(10,20,30,40,e=50))           #30,40 打包给 p,e=50 打包给 q
(30, 40)
{'e': 50}
37
>>>def f(a,b, c=3,d=4, * p,**q):        #第 5 个以后的位置实参打包给 p
      print(p)
      print(q)
      return a+b+c+d
>>>print(f(10,20,30,40,e=50))           #e=50 打包给 q
()
{'e': 50}
100
>>>def f(a, * p, b, c=3,d=4,**q):       #第 2 个以后的位置实参打包给 p
      print(p)
      print(q)
      return a+b+c+d
>>>print(f(10,20,30,40,e=50))    #20,30,40 打包给 p,e=50 打包给 q,形参 b 没有实参值
TypeError: f() missing 1 required keyword-only argument: 'b'
>>>print(f(10,30,40,b=20,e=50))  #30,40 打包给 p,e=50 打包给 q,形参 b 得到关键字实参值
(30, 40)
{'e': 50}
37
```

在第一个函数 f 的定义中,可变长位置形参 p 放在所有位置形参之后,默认值形参之前,可变长关键字形参 q 写在所有形参的最后,这是一种常见的写法。调用函数 f 的操作 f(10,20,30,40,e=50),有 4 个位置实参 10,20,30,40,前两个给了位置形参 a,b,后两个打包成元组(30,40)给了可变长位置形参 p,有一个关键字实参 e=5,在函数定义中找不到名字为 e 的形参,将该关键字实参构成一个字典成员'e':5,打包为字典{'e':5}给了可变长关键字形参 q。

在第二个函数 f 的定义中,可变长位置形参 p 放在位置形参和默认值形参之后,可变长关键字形参 q 之前,调用函数 f 的操作 f(10,20,30,40,e=50),4 个位置实参 10,20,

30,40,前两个给了位置形参 a,b,后两个给了默认值形参 c,d,没有额外的位置实参,只能打包一个空元组给可变长位置形参 p,关键字实参 e＝5 打包为字典{'e': 5}给了可变长关键字形参 q。

在第三个函数 f 的定义中,可变长位置形参 p 放在位置形参 a 和 b 之间,这种函数定义中,形参 b 不能通过位置实参提供值,又没有默认值,只能使用关键字实参提供值。调用函数 f 的操作 f(10,20,30,40,e=50),4 个位置实参 10,20,30,40,第一个给了位置形参 a,后三个打包成元组(20,30,40)给了可变长位置形参 p,形参 b 没有获得值,函数调用报形参缺值的错误。第二次调用函数 f 的操作改成 f(10,30,40,b＝20,e＝50),3 个位置实参 10,30,40,第一个给了位置形参 a,后两个打包成元组(30,40)给了可变长位置形参 p,形参 b 通过关键字实参 b＝20 获得了实参值 20,因此,函数可以被正常调用。

【例 5-13】 编写求函数位置实参和关键字实参个数的函数。

```
#liti5-13.py
def f(*p,**q):
    return len(p),len(q)
i,j=f(1,2,3,4,a=5,b=6)
print('位置实参个数:',i,'关键字实参个数',j)
```

程序的运行结果如下:

位置实参个数: 4 关键字实参个数: 2

无论 f 有多少个实参,函数 f 的可变长位置形参 p 和可变长关键字形参 q 可以将 f 的所有实参接收,返回的结果是位置实参个数和关键字实参个数的二元组。主控程序调用函数 f,将统计的个数分别赋值给变量 i 和 j,并显示结果。

5.2.4　实参解包

Python 中的字符串、元组、列表等称作序列(sequence),都可以使用序列的切片操作和下标操作,还能支持序列的打包和解包操作。解包(unpacking)是将序列中的元素按顺序分解出来的操作,与之相反,打包(packing)是将元素按排列顺序组成序列的操作,在赋值命令中经常会使用。例如:

```
tp=1,2,3,4
a,b,c,d=tp
print(a,b,c,d)
```

程序的运行结果如下:

1 2 3 4

程序的第一行是打包操作,将 1,2,3,4 打包成元组赋值给变量 tp。程序的第二行是解包操作,将 tp 的元组中每个成员拆解出来,多重赋值给左边的 4 个变量 a,b,c,d。解包时要求左边变量的数量与右边元组的成员个数一样,否则因不符合多重赋值语法而报错。

解包也可以用在 for 循环中。例如:

```
for i,j in ((1,2),(2,3),(3,4)):
    print(i,j)
```

外层的元组由 3 个内层元组成员(1,2),(2,3),(3,4)组成,for 循环会迭代 3 次按顺序取出 3 个内层元组,每取出一个内层元组就会解包多重赋值给 in 左边的两个变量 i,j。

解包还可以用于为函数提供实参,称为实参解包。如果直接将一个序列作为调用函数的实参只会提供给一个形参。例如,函数调用 f([1,2]),调用函数 f 时只有一个列表作为实参。在列表[1,2]前面加一个实参解包运算符 * 号,列表中的元素会按顺序被拆解成多个实参,f(* [1,2])拆解后就变成了 f(1,2)的形态。看一个示例:

```
>>>def f(a,b):
        return a+b
>>>print(f( * [1,2]))                    #[1,2]被实参解包
3
```

函数 f 的调用需要两个实参,分别提供给形参 a,b,在列表[1,2]前使用实参解包运算,[1,2]会被拆解为 1,2 两个位置实参,函数正常调用并返回结果 3。

函数的实参解包运算有两种: * 号用于序列解包,**用于字典解包。字典解包运算**可以将每个字典成员还原为关键字实参。例如:

```
>>>def f(a,b):
        return a+b
>>>print(f(**{'a':1,'b':2}))            #{'a':1,'b':2}被字典解包
3
>>>print(f( * {'a':1,'b':2}))           #{'a':1,'b':2}作为键的集合被序列解包
ab
```

在第一次调用函数 f 时,{'a':1,'b':2}使用字典实参解包运算符**,转换为关键字实参 a=1,b=2,分别给函数 f 的两形参 a,b 提供值 1,2。在第二次调用函数 f 时,{'a':1,'b':2}作为键的集合来使用,集合{'a','b'}使用序列实参解包运算符 * ,转换为位置实参'a','b',分别按位置顺序提供给函数 f 的两个形参 a,b,函数返回的结果是'a'+'b'的结果'ab',这里+号是字符串的连接运算。

Python 中运算符的作用是与使用场合相关的,要学会根据上下文场合来判断运算符的含义。例如,在函数定义时,形参前写上 * 和**,表示该形参是可变长形参;在函数调用时,序列和字典数据前写上 * 和**,表示序列或字典的解包运算。+号运算符也是如此,在数值运算时是加运算,在字符串运算时是连接运算。

【例 5-14】 编写判断水仙花数的函数,找出所有水仙花数并在一行显示。

```
#liti5-14.py
def narcis(a,b,c):          #形参 a,b,c 分别是三位数中百、十、个 3 个位置上的数字符号
    a,b,c=int(a),int(b),int(c)
```

```
    if a**3+b**3+c**3==a * 100+b * 10+c:
        return True
    else:
        return False
fmt={'sep':'','end':' '}
for n in range(100,1000):
    if narcis( * str(n)):
        print(n,**fmt)
```

程序的运行结果如下：

```
153 370 371 407
```

主控程序的字典变量 fmt 设置了函数 print 不换行显示的参数,通过**fmt 字典实参解包方式提供给 print。变量 n 通过 for 循环穷举所有的 3 位整数,通过 * str(n)序列解包方式拆成 3 个数字字符提供给函数 narcis。narcis 函数通过判断这 3 个数字字符,确定 n 是否为水仙花数,是则按格式显示结果。

5.3 变量作用域

变量是用来引用数据的标识符,通过赋值运算建立,可以使用 del 命令删除。有别于其他计算机语言,Python 中的变量不是用于数据的存储,没有存储空间,只是引用已有的数据,允许出现两个变量引用同一个数据的情况。

引入函数机制以后,变量的使用更加丰富。函数名可以看成变量,用来引用函数代码,函数名可以被赋值,也可以被删除,能够用于函数调用。函数定义中的形参也是变量,在参数传递中,形参变量用来接收调用者提供的实参值。形参变量和函数中定义的变量在函数调用结束时会被自动删除,每次调用函数时又会重新创建,它们有着短暂的生存期,使用范围(即作用域)也受到限制。函数定义中允许嵌套定义内层函数,内、外层函数中定义的变量的生存期与作用域也会不同。

变量的作用域会因为定义位置的不同而不同,根据其定义的位置,变量一般分为全局变量、局部变量和非局部变量 3 种,本节将逐一介绍。

5.3.1 全局变量

在函数外部定义的变量称为全局变量,全局变量由赋值语句产生,在整个程序运行期间都存在,不会随着函数的调用结束而删除。

全局变量的创建有 3 种方式。①变量在程序文件中的主控部分建立,当执行窗口 Run→Run Module 命令时,变量成为全局变量。②变量在 IDLE Shell 的交互式环境中建立,成为环境中的全局变量。③变量在模块文件中的主控部分建立,然后通过 import 命令导入该模块,变量成为模块中定义的全局变量。全局变量一旦建立,不仅整个程序运行期间一直存在,而且可以在函数调用时被函数体使用,即使是在嵌套的内层函数中,也允许使用已定义的全局变量。

【例 5-15】 全局变量在嵌套定义的函数中使用。

```
#liti5-15.py
x=10                            #主控部分定义的全局变量
def a():
    def b():
        return x+y             #函数 b 中使用已定义的全局变量
    return b() * x             #函数 a 中使用已定义的全局变量
y=20                            #主控部分定义的全局变量
print(a())
y=30                            #修改已定义的全局变量
print(a())
```

程序的运行结果如下:

```
300
400
```

在例 5-15 中,外层函数 a 和内层函数 b 中没有赋值语句,所使用的变量 x,y 都来自函数之外的主控程序。在执行函数 a 的定义命令 def 时,不会执行函数体,也不会定义内层函数 b。执行到 print(a())语句时调用函数 a,执行 a 的函数体时定义内层函数 b,但不执行 b 的函数体。执行到 return b() * x 时调用内层函数 b,内层函数 b 使用全局变量 x,y 求和,这两个变量都已经在主控程序部分赋值定义为 10,20,函数 b 返回结果 30。外层函数 a 使用内层函数 b 的返回值 30 与全局变量 x 相乘,得到结果 300 并返回主控程序显示。接着,主控程序修改全局变量 y 为 30,再次执行 print(a()),过程类似,得到结果 400 并显示。

从这个示例可以看到,外层函数 a 和内层函数 b 都可以访问主控程序中定义的全局变量,全局变量的作用域是从变量定义的位置开始,后面的程序和调用的函数中都可以使用这些变量。

函数对全局变量的使用仅限于读取,不能在函数体内直接赋值全局变量,因为这样做只会产生同名的新变量。请看下面的例子:

```
def a():
    y=y+10                      #不允许对全局变量 y 直接赋值
    def b():
        return x+y
    return b() * x
x=y=10                          #定义全局变量 x,y
print(a())
print(a())
```

程序运行出错:

```
UnboundLocalError: local variable 'y' referenced before assignment
```

出错信息是说第二行变量 y 没有定义就被使用了,是什么原因造成这种情况?下面分析执行的过程。首先定义函数 a,跳过 a 的函数体继续执行 x=y=10 的链式赋值,定义的全局变量 x,y 获得数值 10。接着,先后两次调用函数 a 并显示,调用函数 a 时,先扫描 a 的整个函数体,根据赋值找出所有的本地变量。由于变量 y 在函数体中存在赋值操作,因此 y 被认定为本地变量。当执行 y=y+10 语句时,作为本地变量的 y 在做加法时,会因为没有定义就使用而出错。

在函数体中有赋值操作的变量,会被认定为本地定义的变量,称为局部变量。局部变量在函数体中会屏蔽同名的全局变量,让全局变量在该函数体中无法使用。上例中,y=y+10 语句中的 y 是局部变量,会使同名的全局变量 y 在函数中无法使用。将该语句改为两条语句 z=y+10 和 y=z 仍然会出错,因为函数中只要出现了 y 的赋值操作,在整个函数体中,y 都会被认为是局部变量。

不允许函数直接修改全局变量是一种对全局变量的保护机制,是为了防止函数中对全局变量不经意的修改影响到整个程序的运行。全局变量的作用域广泛,可以跨越不同的函数和模块被使用,这种错误的修改很难被发现。

只要在函数体中显式地声明要修改的全局变量,函数中就可以修改该全局变量。全局变量的声明格式如下:

```
global <全局变量名>
```

根据上例的题意,可以修改程序如下:

```
def a():
    global y                    #变量 y 被显式地声明为全局变量
    y=y+10                      #这里是对全局变量 y 的操作
    def b():
        return x+y
    return b() * x
x=y=10
print(a())
print(a())
```

修改后的程序可以正常运行,运行结果如下:

```
300
400
```

函数 a 的函数体中显式声明了 y 是全局变量,后面就可以修改全局变量 y,y 不再认定是局部变量。第一次调用函数 a 会让全局变量 y 在原有 10 的基础上加 10,这时 y 等于 20,函数 a 的返回结果为 300。第二次调用函数 a 会让全局变量 y 在原来 20 的基础上再加 10,这时 y 等于 30,函数 a 的返回结果为 400。

5.3.2 局部变量

函数中定义的变量以及形参变量都是局部变量。函数体中的局部变量和形参变量在函数调用时建立,在函数调用结束时,会自动被删除。

局部变量的使用范围限定在定义该局部变量的函数体的范围内,从赋值定义该变量的位置开始。局部变量不允许在函数的外部使用,嵌套调用的其他函数也属于函数的外部,不能使用当前函数中的局部变量。请看示例:

```
def a():
    x=x**2                    #这里无法使用函数 b 的局部变量 x
def b():
    x=15                      #定义函数 b 的局部变量 x
    a()
    print(x)                  #使用函数 b 的局部变量 x
b()
```

程序运行报错:

```
UnboundLocalError: local variable 'x' referenced before assignment
```

错误信息是说第二行的变量 x 没有定义就被使用了。函数 b 中的局部变量 x 赋值后,不可以在嵌套调用函数 a 时被函数 a 所引用。函数 a 中的语句 x=x**2 表明 x 是 a 中的局部变量,执行 x**2 时因为没有找到变量 x 而出错。

修改函数 a 中的出错语句为 x=20,程序能正常运行,这时函数 a 中定义了一个与函数 b 中同名的变量 x。调用 a 函数后,b 函数中定义的变量 x 仍然为 15,不会被 a 函数修改为 20。

函数 b 中的变量只能在函数 b 中修改,可以将上例修改如下:

```
def a(x):                     #通过参数传递获得函数 b 中局部变量的值
    return x**2
def b():
    x=15
    x=a(x)                    #使用函数 a 的返回值修改函数 b 中的局部变量 x
    print(x)
b()
```

程序的运行结果如下:

```
225
```

通过参数传递将函数 b 中变量 x 的值传递给函数 a,再通过返回值将修改后的结果带回函数 b 并赋值给 x。这种做法减少了函数间的相互影响,保持函数的引用透明性,使得程序更容易理解。

【例 5-16】 编写判断素数的函数,使用函数找出 100~150 的所有素数。

```
#liti5-16.py
def isprime(x):
    if x<2:
        return False
    else:
        for i in range(2,x):
            if x%i==0:
                return False
            else:
                return True
for x in range(100,150):
    if isprime(x):
        print(x,end='; ')
```

程序运行结果如下：

101; 103; 107; 109; 113; 127; 131; 137; 139; 149;

函数 isprime 用来判断形参 x 是否是素数，是素数返回真，否则返回假。根据素数的定义，不能被 2～x－1 内的数整除的、大于 1 的正整数是素数，小于或等于 1 的整数不是素数。函数遇到小于 2 的数直接返回假，其他的数通过定义使用循环来判断。主控程序遍历 100～150 的整数，找出其中素数并在一行中显示。

在函数 isprime 中，形参 x 和循环变量 i 都是局部变量，主控程序中的循环变量 x 是全局变量。由于同名的全局变量 x 在函数中会被屏蔽，函数 isprime 不会使用全局变量 x。

5.3.3 非局部变量

嵌套定义函数时，外层函数中定义的变量可以在内层函数中使用，在内层函数中称这种变量为非局部变量。非局部变量是外层函数中的局部变量，在调用外层函数时建立，在外层函数调用结束时删除。

在嵌套定义的内层函数中，非局部变量就像全局变量，在内层函数调用时，只要非局部变量已经定义就可以使用，但不允许对变量进行赋值。要在内层函数中修改外层函数的变量，需要显式地声明其为非局部变量。非局部变量的声明格式如下：

nonlocal <外层函数的变量名>

请看示例：

```
def a():
    x=10                    #函数 a 的局部变量 x
    def b():
        x=x+10              #不能修改函数 a 中的局部变量 x
        return x            #可以使用函数 a 中的局部变量 x
```

```
        return b                        #函数 a 返回的是闭包函数 b
f=a()
print(f())
```

程序运行会出错：

```
UnboundLocalError: local variable 'x' referenced before assignment
```

错误信息是说第 4 行中的 x 没有定义就被使用了。内层函数 b 对变量 x 有赋值操作，变量 x 因此被认定为函数 b 的局部变量，外层函数中的同名变量 x 被屏蔽，不能在内层函数 b 中使用。对 x 加 10 时，变量 x 会因为在函数 b 中没有定义而出错。

将函数 b 中的变量 x 显式声明为非局部变量，程序可以正常运行。程序修改如下：

```
def a():
    x=10
    def b():
        nonlocal x            #显式声明变量 x 是外层函数 a 中的非局部变量
        x=x+10                #这里使用的变量 x 是外层函数 a 中的变量
        return x
    return b
f=a()
print(f())
```

程序的运行结果如下：

```
20
```

主控程序调用外层函数 a。执行函数 a 时会定义局部变量 x 并赋值为 10，接着定义函数 b，将函数 b 作为闭包函数赋值给主控中的函数变量 f，通过调用函数 f 就可以调用内层函数 b。调用函数 b 时，其闭包空间中包含了外层函数 a 的局部变量 x，通过显式声明语句，变量 x 成为可以在函数 b 中修改的非局部变量。函数 b 将变量 x 加 10 变成 20，再将 x 的值 20 作为结果返回到主控程序并显示。

【例 5-17】 编写一个函数，每次调用函数会产生一个 Fibonacci 序列中的数。
Fibonacci 序列满足以下公式：

$$F(n)=\begin{cases}1 & n=1,2 \\ F(n-1)+F(n-2) & n>2\end{cases}$$

编写的函数要产生一个序列中第 3 个以后的数，必须先得到序列中前两个数才行。利用闭包空间保存前两个数，调用函数时可以用这两个数求和，将得到下一个数更新闭包中已有的两个数，这样可以逐步递推出所有的数。

程序代码如下：

```
#liti5-17.py
def fcreator():
    n=0                        #变量 n 用来统计调用函数的次数
    x1=x2=1                    #变量 x1 和 x2 用来保存前两个数
```

```
    def f():
        nonlocal n,x1,x2          #声明在闭包函数 f 中修改的外层闭包空间中的变量
        n=n+1
        if n<3:
            return 1
        else:
            x1,x2=x2,x1+x2        #更新闭包中保存的前两个数
            return x2
    return f
f=fcreator()
for i in range(5):
    print(f(),end=';   ')
```

程序的运行结果如下：

```
1;   1;   2;   3;   5;
```

外层函数 fcreator 有 3 个局部变量,变量 x1,x2 保存 Fibonacci 序列的前两个数,两个变量的初始值均为 1,变量 n 保存当前已经从序列中取出的数的个数,下次要取的数将会是第 n+1 个数,n 初始值为 0 表示下次要取的是第 1 个数。内层的闭包函数 f 用来取 Fibonacci 序列中的数,当 n 是第 1、2 个数时直接返回 1,当 n≥3 时,用 x1,x2 相加算出下一个数,再将原来 x2 的值给 x1,将新计算出来的数给 x2,最后将新计算的数 x2 返回。主控程序通过外层函数 fcreator 构建闭包函数并赋值给变量 f,接着,程序循环 5 次调用函数 f 可以得到前 5 个 Fibonacci 序列数并显示。

内层闭包函数 f 是可以优化的,修改后的函数如下：

```
def f():
    nonlocal x1,x2
    x=x1
    x1,x2=x2,x1+x2
    return x
```

闭包函数 f 少使用了一个非局部变量 n,也不用判断是否是前两个数,显得更紧凑。请将该函数替换原来的程序中的内层函数 f,并调试运行。

5.4　lambda 表达式函数

lambda 函数是一种轻便的函数定义机制,可以将表达式定义成函数。lambda 定义的函数可以没有名字,也可以通过赋值给变量的方式为函数取名。定义格式如下：

```
[<函数名>=]lambda <形参表>:<表达式>
```

使用 def 命令可以类似地定义表达式函数：

```
def <函数名>(<形参表>):
    return <表达式>
```

lambda 函数比 def 定义的函数少一行,即不用写 return 语句,使用也更方便。lambda 定义的函数能力上与 def 定义的没有差别,<形参表>可以包括位置形参、默认值形参、可变长形参,能使用 def 函数的地方,lambda 函数也都可以使用,lambda 函数还可以在定义的同时直接调用。例如:

```
(lambda x,y:(x**2+y**2)**0.5)(3,4)
```

这个 lambda 函数是无名的,位置形参变量是 x,y,函数体是表达式(x**2+y**2)**0.5,后面的(3,4)是调用该函数时提供的位置实参,可以直接运行得到结果 5.0。

【例 5-18】 对下面字典形式记录的学生成绩列表按成绩的降序排序,然后一行一个显示输出。学生成绩列表如下:

```
[{'姓名':'张诺','成绩':79},
{'姓名':'朱梦','成绩':61},
{'姓名':'刘玲','成绩':70},
{'姓名':'李纲','成绩':82},
{'姓名':'王怡','成绩':83}]
```

程序代码如下:

```
#liti5-18.py
data=[{'姓名':'张诺','成绩':79},{'姓名':'朱梦','成绩':61},{'姓名':'刘玲','成绩':
70},{'姓名':'李纲','成绩':82},{'姓名':'王怡','成绩':83}]
for d in data:
    print('姓名',d['姓名'],'成绩',d['成绩'])
for i,d in enumerate(sorted(data,key=lambda x:x['成绩'],reverse=True)):
    print('排名',i+1,'姓名',d['姓名'],'成绩',d['成绩'])
```

程序运行结果如下:

```
姓名 张诺 成绩 79
姓名 朱梦 成绩 61
姓名 刘玲 成绩 70
姓名 李纲 成绩 82
姓名 王怡 成绩 83
排名 1 姓名 王怡 成绩 83
排名 2 姓名 李纲 成绩 82
排名 3 姓名 张诺 成绩 79
排名 4 姓名 刘玲 成绩 70
排名 5 姓名 朱梦 成绩 61
```

函数 sorted 的关键字实参“key＝lambda x：x['成绩']”用于设定排序的依据,lambda 函数的形参 x 是列表中的每个字典成员,返回的是字典中的成绩,关键字实参 reverse＝True 用于设定降序排列,通过这两个参数,sorted 会按列表成员的成绩值以降序重新排列学生列表。函数 enumerate 会让列表的每个成员添加一个 0 开始的顺序号,程序使用该顺序号作为学生排名。

Python 中 sorted 函数可以使用 lambda 函数作为参数,这种以函数作为参数的函数,如 sorted,称为高阶函数。

Python 允许自定义高阶函数,调用高阶函数时需要提供已定义的函数作为实参,如果使用 def 函数作为实参,要将定义和使用分两步进行,比较麻烦。

【例 5-19】 编写一个函数,计算下面 3 个表达式的结果。

① $r_1 = x_1 + x_2 + \cdots + x_n$;

② $r_2 = x_1 * x_2 * \cdots * x_n$;

③ $r_3 = \dfrac{1}{x_1} + \dfrac{1}{x_2} + \cdots + \dfrac{1}{x_n}$。

3 个表达式应该编写 3 个函数,但使用高阶函数可以将上面 3 个表达式的计算合而为一个程序。

```python
#liti5-19-1.py
def r(process,numlist):            #三合一的统计函数,process 形参是函数参数
    result=numlist[0]
    for x in numlist[1:]:
        result=process(result,x)
    return result
def p1(result,x):                  #第 1 个实参函数
    return result+x
def p2(result,x):                  #第 2 个实参函数
    return result * x
def p3(result,x):                  #第 3 个实参函数
    return result+1/x
print(r(p1,[0]+[i for i in range(1,11)]))
print(r(p2,[1]+[i for i in range(1,11)]))
print(r(p3,[0]+[i for i in range(1,11)]))
```

程序的运行结果如下:

```
55
3628800
2.9289682539682538
```

在例 5-19 中,函数 r 有两个形参,process 形参是一个函数形参,用来为函数 r 提供数列统计的基本运算,numlist 是待处理的数据序列,用来保存 3 个表达式中的下标数据 $x_{1..n}$。预置数列的 0 号下标成员为数列统计的初始值,如果基本运算是加法,则初始值设为 0,如果基本运算是乘法,则初始值设为 1。函数 r 中循环的次数由 numlist 中的成员个数决定,每次取出 numlist 的 $x_{1..n}$ 的一个成员,就将它通过 process 函数处理后,添加到结果变量 result 中,循环前 result 变量取 numlist[0] 中的值作为初始值,最后作为数列的计算结果返回。

主控部分调用函数 r 时,形参 process 以 p1 函数作为实参可以计算公式 1,以 p2 函数作为实参可以计算公式 2,以 p3 函数作为实参可以计算公式 3,程序要统计的数据序列 $x_{1..n}$ 是 1～10。可以看到,高阶函数 r 比一般函数具有更好的抽象性和重用性。

使用 lambda 函数替代 def 函数来定义实参,函数 r 的调用会更简单、方便。修改后的程序如下:

```
#liti5-19-2.py
def r(process,numlist):
    result=numlist[0]
    for x in numlist[1:]:
        result=process(result,x)
    return result
print(r(lambda r,x:r+x,[0]+[i for i in range(1,11)]))
print(r(lambda r,x:r*x,[1]+[i for i in range(1,11)]))
print(r(lambda r,x:r+1/x,[0]+[i for i in range(1,11)]))
```

主控部分直接用 lambda 函数作为 r 函数的实参。

Python 中有不少内置函数是高阶函数,例如 sorted、map、filter 等函数都包含了函数形参,使用 lambda 函数定义实参是使用这些函数的常见方法。

例如,求 1～100 的平方根之和可以这样编程:

```
print(sum(map(lambda x:x**0.5, range(1,101))))
```

这行程序中,使用了 map 函数将开平方根 lambda 函数应用到 1～100 中的每个整数上,返回的是一个 map 对象,再使用 sum 函数对 map 对象求和,最后显示结果。这个程序还可以改为求平方和,请思考该如何修改。

习　　题

一、选择题

1. 选择代码段设计为函数的一个重要原则是_____。
   A. 具有返回值　　　B. 不宜太长　　　　C. 功能相对独立　　　D. 需要提供参数
2. 定义一个求阶乘的函数的头部,应该使用下面的_____。
   A. def fact():　　　B. define fact():　　C. def f(k) as int:　D. def f(k):
3. 判断一个函数的形参 k 是否是整型,应该使用下面的_____。
   A. k is int　　　　　　　　　　　　B. type(k)==int
   C. k=='int'　　　　　　　　　　　D. type(k)=='int'
4. 下面程序段的运行结果是_____。

```
x=10
y=20
```

```
def swap():
    x,y=y,x
print(x,y)
```

A. 10 20   B. 20 10   C. 10 10   D. 20 20

5. 下面程序段的运行结果是_____。

```
def fun(x,y):
    x=y
    y=x
x=10
y=20
fun(x,y)
print(x,y)
```

A. 10 20   B. 20 10   C. 20 20   D. 运行异常

6. 下面程序段的运行结果是_____。

```
def fun(x):
    return 2**x
print(fun(fun(3)))
```

A. 8   B. 64   C. 128   D. 256

7. 下面程序段的运行结果是_____。

```
def fun(x,y):
  if x>=y:
        return x
  else:
        return fun(x+1,y-1) * 2
print(fun(1,10))
```

A. 32   B. 160   C. 192   D. 96

8. 嵌套定义的内层函数,不可以_____。
   A. 使用外层函数中定义的变量   B. 使用外层函数外定义的变量
   C. 使用与外层函数同样的函数名   D. 在外层函数外被调用

9. 下面说法中错误的是_____。
   A. 函数体可以没有 return 语句
   B. 函数可以没有返回值
   C. 函数体可以包含多个 return 语句
   D. 函数体结束的标志是语句没有缩进

10. 下面程序段能正确构建闭包函数的是_____。
    A. def a()：   B. def a()：
         def b()：   i＝0
            return i   def b()：
         i＝0   return i
         return b()   return b
       c＝a()   c＝a()

C. def a()：
    def b()：
      return i
    i＝0
    return i
    c＝a()

D. def a()：
    def b()：
      return i
    i＝0
    return b
    c＝b()

11. 形参种类中不包括_____。

    A. 位置形参   B. 关键字形参   C. 带默认值形参   D. 可变长形参

12. 提供实参的方式不包括_____。

    A. 全部位置实参   B. 全部关键字实参

    C. 先关键字后位置实参   D. 先位置后关键字实参

13. 下面属于函数错误的调用方式的是_____。

```
def fun(a,b,c＝3,d＝4)：
    return (a+b-c-d)
```

    A. fun(1,2)   B. fun(1,2,3)

    C. fun(1,b＝2)   D. fun(1,2,5,c＝3)

14. a,b,c,＊d＝1,2,3,4,5 的 ＊ 号是_____。

    A. 打包操作   B. 乘法操作   C. 解包操作   D. 可变长参数

15. 函数头 def fun(a,b,＊c)：中的 ＊ 号是_____。

    A. 打包操作   B. 乘法操作   C. 解包操作   D. 可变长参数

16. 函数调用 fun(＊(a,b,c))中的 ＊ 号是_____。

    A. 打包操作   B. 乘法操作   C. 解包操作   D. 可变长参数

17. 循环控制部分 for i,j in dict.items()：中 i,j 同时获得值的操作是_____。

    A. 打包操作   B. 多重赋值操作   C. 解包操作   D. 迭代操作

18. 执行 a＝1,2,3,4 语句的结果是_____。

    A. a 获得一个列表   B. a 获得一个元组

    C. a 获得一个整数   D. 出现异常

19. 函数调用时支持 ＊ 解包操作的数据类型不包括_____。

    A. 字符串   B. 生成器   C. 装饰器   D. 集合

20. 下面程序段的运行结果是_____。

```
s＝0
def f(n)：
  global s
  for i in range(1,n+1)：
    s＝s+i
  return s
print(f(f(3)))
```

A. 6   B. 21   C. 27   D. 出现异常

21. 下面程序段的运行结果是_____。

```
def c(m):
  s=m if m>0 else 1
  def f():
    nonlocal s
    s=s*2
    return s
  for s in range(4):
    print(f(),end='')
c(-1)
```

    A. 2468   B. 0246   C. 24816   D. 出现异常

22. 下面程序段的运行结果是_____。

```
def c1(m,n):
  if m<n:
    m,n=n,m
  def c2(m):
    s=1
    for i in range(1,m+1): s*=i
    return s
  return c2(m)//c2(n)//c2(m-n)
print(c1(2,4))
```

    A. 6.0   B. 6   C. 0   D. 1

23. 下面对 lambda 函数描述错误的是_____。

    A. 可以没有函数名   B. 可以没有形参

    C. 一定有返回值   D. 函数体只有一条语句

24. (lambda x:x％3＝＝1 and x％5＝＝1 and x％7＝＝1)(211)的运行结果是_____。

    A. None   B. False   C. True   D. 出现异常

25. 下面程序段的运行结果是_____。

```
dct={'a':60,'b':90,'c':70,'d':80}
print(sorted(dct,key=lambda x:dct[x],reverse=True))
```

    A. ['b', 'd', 'c', 'a']   B. ['d', 'c', 'b', 'a']

    C. [90，80，70，60]   D. [80，70，90，60]

二、填空题

1. 函数调用时由调用者提供给函数处理的参数称为_____,参数的数据形式可以是常量、变量、表达式、函数调用或函数名。

2. 函数定义时使用的保留字有_____和_____,后者定义的函数的参数形式与前者一样,但函数体只能是一个表达式。

3. 函数的形参有 4 种,分别是_____、_____、_____和_____,后面两种是可变长形参,分别接收超出的位置实参和关键字实参。

4. 函数的实参可以通过对序列或字典解包的方式提供,∗ 号用于序列的解包以提供_____实参,∗∗号用于字典的解包以提供_____实参。

5. 定义在函数内部的变量称为_____,定义在嵌套函数中,在外层函数中定义在内层函数中使用的变量称为_____。

6. 全局变量需要在函数内部重新赋值时,需要使用_____保留字声明后才能使用,在嵌套函数中,外层函数定义的变量需要在内层函数重新赋值时,需要使用_____保留字先声明后使用。

7. 下面程序的运行结果是_____。

```
x1=30;x2=40
def sub(x,y):
  global x1
  x1=x;  x=y;  y=x1
x3=10;x4=20
sub(x3,x4)
sub(x2,x1)
print(x3,x4,x1,x2)
```

8. 下面程序的运行结果是_____。

```
def sub(n):
  if n==1: return 1
  a=n+sub(n-1)
  return a
n=5
print(sub(n))
```

9. 下面函数的功能是根据以下公式返回满足精度 e 要求的 π 值。根据算法要求,补足所缺语句。

$$\frac{\pi}{2}=1+\frac{1}{3}+\frac{1}{3}\cdot\frac{2}{5}+\frac{1}{3}\cdot\frac{2}{5}\cdot\frac{3}{7}+\frac{1}{3}\cdot\frac{2}{5}\cdot\frac{3}{7}\cdot\frac{4}{9}+\cdots$$

```
def fun(e):
  m=0;t=1
   ___(1)
  while t>e:
    m+=t
    t=t*n/(2*n+1)
    n+=1
  return 2*  (2)
```

10. 以下程序的功能是计算 $s = \sum_{k=0}^{n} k!$，补足所缺语句。

```
def fun(n):
    m=   (1)
    for i in range(1,n+1):
        m=   (2)
    return m
n=int(input())
m=   (3)
for k in range(n+1):
    m+=   (4)
print(m)
```

三、编程题

1. 编写一个函数,以列表为参数,计算列表中整型或实型成员的平均值并返回。使用该函数编程计算列表['数学',80,'语文',75,'英语',90,'政治',85,'历史',90]中的平均分。

2. 编写一个函数,以年、月、日的三元组为参数,计算该日期是该年中的第几天并返回。使用该函数编程计算并显示键盘输入的一个日期是该年中的第几天。

3. 根据下面的公式:

$$gcd(m,n)=\begin{cases}n & m \text{ 被 } n \text{ 整除}\\ gcd(n,m\%n) & m \text{ 不能被 } n \text{ 整除}\end{cases}$$

编写一个递归函数计算最大公约数。使用该函数编程计算键盘输入两个整数的最大公约数和最小公倍数。

4. 编写一个函数,以整数 n 为参数,返回 n 的倒序数。例如,123 的倒序数为 321。使用该函数找出并显示所有三位数中自身和其倒序数互不相同且均为素数的对称素数。

5. 编写一个函数,以大于 1 的正整数 n 为参数,返回 n 的所有质因子组成的列表。使用该函数编程分解键盘输入的正整数的质因子并显示。例如,输入 120,打印出 120＝2 * 2 * 2 * 3 * 5。

6. 编写一个函数,以大于 1 的正整数 n 为参数,返回 n 位数中符合自幂数要求的数的列表。1 个 n 位自幂数满足每一位数的 n 次方相加等于这个数本身。利用该函数编程找出 3 位数中的水仙花数。

7. 编写一个程序,将键盘输入的一串中文按拼音顺序重新排列后显示输出,例如,输入'江西师范大学',显示'大范江师西学'。

第6章

字符串和正则表达式

学习目标：

- 理解字符串的编码和解码，学会使用字符串运算。
- 掌握 str 类对象、string 模块和内置模块中的常用函数和方法的使用。
- 学会使用正则表达式完成字符串查找和替换操作。

6.1　字符串概述

　　字符串是以字符为成员的序列，字符可以是中文、英文或其他国家文字及标点符号。字符串作为一种文字数据必须与处理它的命令文字有所区分。例如，print("print")，其作用是在屏幕上显示文字 print。其中，print 是函数名，表示要完成的操作，"print"是操作要处理的文字数据，是要显示的文字串，通过双引号限界符来区分两者。双引号是字符串的限界符，用来表示字符串的开始和结束位置。如果要显示的文字中包含双引号，Python 允许换一种限界符，如单引号，这样双引号就可以作为串的内容了。如果串中需要分行，Python 允许使用连续三个单引号或双引号作为限界符，这种情况下，输入的 Enter 键不代表命令行的结束，而是作为串内容的一部分。如果串中需要其他像 Enter 键一样的控制符号，或者需要将这些限界符都作为串的内容，可以使用转义字符。

　　字符在计算机内表示时要转换为数字代码，Python 使用的代码是 Unicode 码。Unicode 称为统一码，是可以表示各国文字和各种类型符号的代码，有变长和不变长之分。UTF-8 是变长的 Unicode 码，用 1～4 字节二进制数作为符号代码，其中简体中文代码是 3 字节，英文代码是 1 字节。将字符串转换为计算机内部表示的字节串的过程称为编码，将内部的字节串转换为字符串的过程称为解码，str 类的 encode() 方法可以完成编码，bytes 类是字节串数据类型，bytes 类型的 decode() 方法用于解码。

　　Python 对字符串的支持力度非常强大，不仅可以使用运算符、内置函数处理字符串，如赋值、比较、求最值、类型转换等，还可以使用序列的各种操作，如计数、下标索引、切片等。在 str 类中，包含了许多实用的字符串的处理方法，如拆分、连接、格式化等。查找和替换是重要的字符串操作，Python 不仅能准确查找、替换，还能使用强大的正则表达式模块（RE）完成模糊查找和替换，使 Python 语言成为众多新兴应用领域的重要编程工具，如网络爬虫、自然语言识别、人工智能等。

6.1.1 字符串的表示

Python 中的字符串默认编码是采用 Unicode 的 UTF-8 码,如果需要查看其内部代码,可以使用编码方法:

```
<字符串>.encode()
```

结果是 bytes 类型的<字符串>的 UTF-8 字节串。例如:

```
>>>'PYTHON语言'.encode()
b'PYTHON\xe8\xaf\xad\xe8\xa8\x80'
```

字节串以字母 b 或 B 开始,后面的英文等单字节字符原样显示,两字节以上的符号会用转义字符\xhh 的方式显示其字节码。\x 表示十六进制,hh 是该字节的两位十六进制数。例如,\xe8 表示该字节是十六进制数 e8。在 UTF-8 中,每个汉字符号用 3 字节表示,汉字'语'的代码是\xe8\xaf\xad,汉字'言'的代码是\xe8\xa8\x80。如果要将 UTF-8 码格式的字节串还原成字符串,可以用解码方法:

```
<UTF-8字节串>.decode()
```

如果<UTF-8 字节串>符合 UTF-8 的格式要求,字节串就能被转换为字符串。例如:

```
>>> b'PYTHON\xe8\xaf\xad\xe8\xa8\x80'.decode()
'PYTHON语言'
```

除了 UTF-8,Unicode 还有一种定长的代码格式,这种格式将所有符号都统一表示为两字节 16 位二进制数,Python 称这种码为 unicode-escape。如果要使用字符的这种内部码,可以给编码方法 encode()提供码名作为实参。例如:

```
>>>'PYTHON语言'.encode('unicode-escape')        #第一个操作
b'PYTHON\\u8bed\\u8a00'
>>> b'PYTHON\u8bed\u8a00'.decode('unicode-escape')   #第二个操作
'PYTHON语言'
>>> u'PYTHON\u8bed\u8a00'                        #第三个操作
'PYTHON语言'
```

这个例子显示的结果与 UTF-8 不同,字节串的转义字符\u8bed 表示定长 Unicode 的 4 位十六进制数代码 8bed,表示汉字'语',字节串中不再使用\x 格式的两个 8 位字节了,显得更加紧凑。转义字符\u8a00 表示汉字'言',英文字母 P 不用转义为 b'\u0050',直接简写成 b'P'。第一个操作显示的结果中有两个反斜杠,这是用转义字符方式表示的反斜杠符号自身的一种方式,从作用上会被两次转义,与第二个操作中没有两个反斜杠效果一样。第三个操作是直接在字符串前面加上字母 u,用于显式说明字符串后面的\u8bed

是定长 Unicode 码的转义表示,以避免识别错误。

其他外存文件或网页中的字符代码,如 GB2312、GBK、CP936、CP437、base64、UTF-16、UTF-32 等,Python 也能通过解码操作转换为字符串。反过来,Python 中的字符串通过编码操作可以转换为上述代码的字节串,以便文件保存或网页发布。

Python 字符串中允许使用哪些转义字符没有统一的规定,不同的 Python 版本、不同的语言运行环境下,支持的转义字符会有不同。表 6-1 列出了 Python 中常用的转义字符。

表 6-1　Python 中常用的转义字符

转义字符	含　义	转义字符	含　义
\t	制表分栏符,设定 8 位栏宽	\n	换行符,另起一行
\'	英文单引号'	\ooo	1~3 位八进制数代码表示的字符
\"	英文双引号"	\xhh	2 位十六进制数代码表示的字符
\\	1 个普通的反斜杠\	\uhhhh	4 位十六进制数代码表示的定长 Unicode 字符

\t 和\n 是控制字符,可以用于 print 函数排版要显示的文字内容。例如:

```
>>>print('1\t3.14\t6.28\n10\t27.1828\t54.3656\n')
1    3.14      6.28
10   27.1828   54.3656
```

6 个数据分为两行三栏,每栏数据左对齐。两个数据间以\t 分隔,保证每个数据都在 8 位栏宽内显示,当数据位数超过 8 位,栏宽会自动拓展一倍,可显示 16 位符号,这样可以保证数据的上下对齐。

字符串中的\ooo 和\xhh 是用英文 ASCII 码转义表示字符。o 表示一位八进制数,h 表示一位十六进制数,八进制表示时可以是 1~3 位八进制数,十六进制表示时使用两位十六进制数。例如,'\70'和'\x70'是不一样的字符,'\70'的 ASCII 码是十进制数 56,对应的字符是'8','\x70'的 ASCII 码是十进制数 112,对应的字符是'p'。

\'、\"、\\等转义字符可以用于不适合表示'、"和\的场合。例如,'It\'s \\, not /'字符串中限界符是',串中不能直接使用单引号,可以使用转义字符'\''表示,字符串中的\是转义标志符号,不能直接使用,也使用转义字符'\\'表示。

字符串前面加一个字母 r 或 R 时,串中所有字符呈现原始的状态,反斜杠不再具有转义的作用,称为原始字符串。例如,print(r"It's \, not /\n"),显示的结果是:It's \, not /\n。\n 在原始字符串中不再表示换行符,反斜杠不再是转义标志符号,可以不用转义直接使用。单引号无法转义表示,因此,将字符串限界符更换为双引号来避免冲突。原始字符串可以避免因为错误的转义而带来的冲突,实际文字处理时,有些字符串内容较长,人工检测冲突有些困难,可以直接将其变成原始字符串,使其中的反斜杠不再转义。正则表达式的模式经常遇到转义冲突,会使用原始字符串表示。

6.1.2 字符串的运算

字符串数据可以像数值数据一样使用加法、乘法、比较和赋值运算,也可以像集合一样使用 in 运算,作为一种序列类组合数据,还可以使用下标索引、切片运算和循环迭代操作。

字符串比较大小与相等的规则是依次比较两个串对应位置上的字符,遇到第一个不相同的字符(要区分大小写),则以该字符 Unicode 代码的大小作为两个字符串的大小。如果两个串字符个数相同、对应位置字符都相等,则两个串相等。如果一个串 a 在另一个串 b 中出现了,则称串 a 是串 b 的子串,但不一定是 a<b。例如,'ok'是'book'的子串,但'o'的代码大于'b'的代码,所以'ok'>'book'。比较字符的 Unicode 代码时,大写字母小于小写字母,数字符号小于字母符号,英文符号小于汉字符号,汉字符号编码大小不是按拼音序而是按康熙字典的部首序等。表 6-2 列出了常用字符串运算符的作用。

表 6-2　字符串运算符

运 算 符	运算符的作用	运 算 符	运算符的作用
s1+s2	将两个字符串 s1,s2 连接为一个串	s * n	将字符串 s 重复连接 n 次
s1 in s2	判断 s1 是否是 s2 的子串	s1==s2	判断两个串 s1 和 s2 是否相等
<,<=,>,>=	比较两个串的大小	s1!=s2	判断两个串 s1 和 s2 是否不相等
x=s	将字符串 s 赋值给变量 x	for x in s:	变量 x 取字符串 s 中的字符循环
s[i],s[−i]	从字符串 s 中取 i 或−i 位置字符	s[i:j]	从字符串 s 中取 i~j−1 位置的子串

表 6-2 中的 s1,s2,s 是字符串,n,i 是正整数,x 是变量名,in,==,!=,<,<=,>,>= 比较运算的结果是 True 或 False,用于判断条件式是否成立。s[i]是正向索引,i 下标值从 0 开始,s[−i]是反向索引,i 下标值从 1 开始。例如,'abc'[−1]的结果是'c'。s[i:j]是切片运算,两个下标表示了切片的范围 i~j−1,i,j 可以是正向下标,也可以是反向下标,还可以是正、反向下标混合使用,当 i~j−1 范围内没有字符时,结果为空串。例如,'abc'[1:1] 切片结果是空串,'abc'[1:−1]的切片结果是'b'。字符串是不可变数据,不支持修改原有字符串,只会产生新串。例如,'abc'[1]='d'会因修改原串而出错。

【例 6-1】 编程将一个字符串列表中的字符串全部倒序。

```
#liti6-1.py
strlst=['python','语言','123']
for i in range(len(strlst)):
    t=''
    for c in strlst[i]:
        t=c+t
    strlst[i]=t
print(strlst)
```

程序的运行结果如下：

```
['nohtyp', '言语', '321']
```

字符串列表 strlst 中有 3 个字符串成员，外层循环变量 i 迭代 3 次依次取 0～2 作为索引下标。每次迭代取出列表中第 i 个字符串，通过内循环将它倒序后放回到列表中原来位置上。内层循环变量 c 每次从第 i 个字符串 strlst[i] 中迭代取出一个字符，通过 t＝c＋t 语句，将该字符连接到 t 中已取出的字符之前，t 的初始值为空串，最先取出的字符会处于最后面，从而变量 t 得到 strlst[i] 的倒序字符串。列表是可变的组合数据，通过 strlst[i]＝t 语句将倒序后的结果赋值回原来列表中第 i 个位置。

6.2 字符串处理的函数和方法

处理字符串除了使用运算符，还可以使用字符串内置函数和字符串对象中的方法。内置函数与已有数据的处理函数同名，使用方便。例如，max,len 函数是组合数据的处理函数，也可以用于字符串的处理。串对象中的方法可以执行比内置函数更复杂、更特殊的处理，例如，join()、split()、strip() 等方法没有其他类型的数据使用，但对字符串来说却非常重要，经常会使用。

6.2.1 字符串处理的内置函数

内置模块中的函数可以无须导入直接使用，非常方便。Python 的内置函数有很多，有不少适合字符串的处理。

input、print 函数是重要的内置函数，用来与用户交互，它们只能使用字符串类型的数据，已在 2.3.3 节做了详细讲解，请参阅。

与字符串处理相关的常用内置函数如表 6-3 所示。

表 6-3　与字符串处理相关的常用内置函数

函 数 名	功 能 说 明	函 数 名	功 能 说 明
chr(n)	将定长 Unicode 代码 n 转换为字符	len(s)	统计字符串 s 的字符个数(串长)
ord(c)	将字符 c 转换为定长 Unicode 代码	max(sl)	找出串表中的最大串，或串中的最大字符
bin(n)	将数字 n 转换为 0b 开始的二进制串	min(sl)	找出串表中的最小串，或串中的最小字符
hex(n)	将数字 n 转换为 0x 开始的十六进制串	sorted(sl)	重新排序串表，或将串中的字符排序为字符的列表
oct(n)	将数字 n 转换为 0o 开始的八进制串	format(n,sf)	对数字 n 按格式串 sf 的要求进行串转换

例如：

```
>>> ord('串')                          #得到汉字的定长 Unicode 码,结果是十进制数
20018

>>> chr(20018)                         #将定长 Unicode 码转换为汉字
'串'

>>> bin(18)                            #将十进制数 18 转换为二进制串
'0b10010'

>>> hex(20018)                         #将十进制数 20018 转换为十六进制串
'0x4e32'

>>> oct(20018)                         #将十进制数 20018 转换为八进制串
'0o47062'

>>>eval('0b10010')                     #将二进制数的串变为十进制整数
18

>>> len(u'\x3123\u5f00\u59cb')         #其中有 3 个转义字符\x31、\u5f00、\u59cb 和两个数
                                       #字字符 23
5

>>> sorted('abc',reverse=True)         #降序排列串中的字符,结果为字符列表
['c','b','a']

>>> format(100,'b')                    #格式符 b 表示二进制,将 100 转换为二进制串
'1100100'

>>>eval('0b1100100')                   #eval 转换的二进制串必须以 0b 开始
100
```

format 函数将数字转换为字符串,转换时需要使用格式符。常用的格式符如表 6-4 所示。

表 6-4　内置函数 format 的格式字符

格 式 符	作 用 说 明	格 式 符	作 用 说 明
n 或 d	十进制整数串	e 或 E	按科学记数法转换为结果串
b	二进制整数串	f 或 F	按小数方式转换为结果串
o	八进制整数串	g 或 G	按 f 和 e 较短者转换为结果串
x 或 X	十六进制整数串	s	将原串直接转换为结果串
c	将 Unicode 码转换为一个字符	%	按百分数方式转换为结果串

格式符使用时可以加上修饰性符号。格式符前加上数字表示结果串的宽度,这个宽

度包含了小数点和正负号的位置。宽度后可以以圆点加数字来设置精度（即小数位数）。宽度前可以加上对齐符号<,>,^,表示左对齐、右对齐和居中。

例如：

```
>>>format(3.1415926,'5.2f')      #5位宽度,2位小数,默认右对齐,第三位小数四舍五入
' 3.14'
>>>format(3.1415926,'<5.2f')     #设置左对齐,右边有一位空格
'3.14 '
```

【例6-2】　下面的字符串中有城市2020年的GDP数据，请将这些数据从串中整理出来，并以GDP降序、分列对齐方式显示排名、城市名、GDP(单位：亿元)。数据串如下。

北京36102长沙12095成都17716佛山10816福州10020广州25019杭州16106合肥10045济南10140南京14817南通10036宁波12408青岛12400泉州10158上海38700深圳28000苏州20170天津14083无锡12370武汉15623西安10020郑州12003重庆25002

分析字符串数据可以发现：每个城市的数据项由2位城市名和5位GDP值合计7位字符组成。可以利用字符串切片操作，切割每个数据项并构成形如(GDP，城市名)的元组列表。再对元组列表降序排列，使用format函数格式化后显示。

程序代码如下：

```
#liti6-2-1.py
sdata='北京36102长沙12095成都17716佛山10816福州10020广州25019杭州16106合肥10045济南10140南京14817南通10036宁波12408青岛12400泉州10158上海38700深圳28000苏州20170天津14083无锡12370武汉15623西安10020郑州12003重庆25002'
i=0
data=[]
while sdata[i*7:(i+1)*7]!='':        #切片为空串表示处理完成
    city=sdata[i*7:i*7+2]            #切片2为城市名
    gdp=int(sdata[i*7+2:(i+1)*7])    #切片5为GDP值
    data.append((gdp,city))          #构成(gdp,city)元组加入data列表
    i=i+1
data.sort(reverse=True)
for i in range(len(data)):
    print(format(i+1,'<3d')+data[i][1]+format(data[i][0],'10d'))
                                     #转换为15位宽度的串再显示
```

程序的运行结果如下：

```
1  上海      38700
2  北京      36102
3  深圳      28000
以下略。
```

while循环用于截取字符串中的每一个城市的数据，i从0开始，每次取i*7~i*7+6下标范围的字符，取完后i加1以便取下一个。GDP的5位数字串需要转换为整数给

变量 GDP,城市的 2 位字符串赋值给变量 city,组成元组添加到列表 data 中。对列表
data 中的元组按降序排列,其实也就是按元组第一成员 GDP 值排序,GDP 相等才会考虑
第二位的成员,排序后的 data 列表按指定格式显示。排名 i+1 按 3 位宽度左对齐,城市
data[i][1] 按 2 位宽度,GDP 值变量 data[i][0] 按 10 位宽度右对齐设置格式,保证每行宽
度为 15 个字符,每列数据上、下对齐。

如果城市不全是 2 位字符,GDP 也不一定是 5 位数,该如何处理? 可以借助 ord 函
数来扫描 sdata 中的每一个字符,判断是不是汉字(定长 Unicode 汉字范围是 0x4e00..
0x9fa5,补充汉字范围为 0x9fa6..0x9fef),判断是不是数字(数字的 Unicode 范围是 0x30..
0x39),从而确定城市名和 GDP 值在串中的下标范围,然后再截取。程序代码修改如下:

```
#liti6-2-2.py
sdata='北京 36102 长沙 12095 成都 17716 佛山 10816 福州 10020 广州 25019 杭州 16106 合
肥 10045 济南 10140 南京 14817 南通 10036 宁波 12408 青岛 12400 泉州 10158 上海 38700 深
圳 28000 苏州 20170 天津 14083 无锡 12370 武汉 15623 西安 10020 郑州 12003 重庆 25002'
i=0
data=[]
while i<len(sdata):    #i 的取值范围是 0..len(sdata)-1,用于扫描 sdata 整个串(第四行)
    j=0
    while 0x4e00<=ord(sdata[i+j])<=0x9fa5:    #找出连续的汉字字符的范围
        j=j+1
    city=sdata[i:(i+j)]
    i=i+j
    j=0
    while i+j<len(sdata) and 0x30<=ord(sdata[i+j])<=0x39:
                                              #找出连续的数字字符的范围
        j=j+1
    gdp=int(sdata[i:(i+j)])
    data.append((gdp,city))
    i=i+j                                     #倒数第四行
data.sort(reverse=True)
for i in range(len(data)):
    print(format(i+1,'<3d')+data[i][1]+format(data[i][0],'10d'))
```

第四行语句是 while 循环,到倒数第四行循环结束。这一部分根据设计思路进行了
修改,其他程序行没有改变。while 循环中,i 从 0 开始扫描了字符串 sdata 的每个字符,
第一个内层循环用来从 i 开始查找下一个非汉字符号,变量 j 表示找到的位置与 i 之间的
距离,将 i~i+j-1 下标范围内的字符串作为城市名。第一个内层循环结束时 i 会调整到
i+j 位置,也就是下一个待扫描的位置。第二个内层循环用来从 i 开始查找下一个汉字
符号,变量 j 表示找到的位置与 i 的距离,将 i~i+j-1 下标范围内的非汉字串转换为数
值作为 GDP。如果已经扫描完 sdata 串的字符则循环结束,结束时 j 将会是 i 位置之后的
所有字符个数,将这些字符同样转换为 GDP。

这个程序用到了更多的字符串内置函数,例如 len,ord 等,不再要求一个数据项是 7

位字符,处理能力更强。

程序修改后,在显示城市名时因为汉字长度不同,使得后面的 GDP 栏无法对齐,这时,可以将城市名变量 data[i][1]用 format 修改为同等宽度,要注意一位汉字在显示时要占用两位宽度,请先自行修改程序来确保数据对齐,具体做法后面会有介绍。

6.2.2　字符串对象的常用方法

与字符串相关的标准模块还有 string,string 模块中包含英文字母表变量 ascii_letters,大写字母表变量 ascii_uppercase,小写字母表变量 ascii_lowercase,数字表变量 digits,标点符号表变量 punctuation 等。例如,例 6-2 中判断字符 sdata[i+j]是否为数字符号的条件表达式,可以改为 sdata[i+j] in string.digits。

另外一个与字符串相关的类是 str,所有字符串都是 str 类的对象。str 类的对象提供了许多字符串处理的方法,大概可以分为以下几种:①拆分、连接的方法;②查找、替换的方法;③测试串的方法;④格式化数据的方法;⑤对齐、压缩字符的方法;⑥大小写转换和字符映射的方法。

1. 拆分、连接的方法

将字符串按照空白符号或其他分隔符号拆分成多个子串的过程称为拆分,拆分出子串才能更方便使用。例如,在例 6-2 中,需要先从字符串中拆分出城市名和 GDP 子串,然后才对数据进行处理。串拆分、连接的相关方法如表 6-5 所示。

表 6-5　拆分、连接的方法

方　法　名	功　能　说　明
<母串>.split(<分隔串>,n)	用于拆分<母串>为子串列表,子串不包括<分隔串>,整数 n 表示最大拆分次数。默认情况下是按照空白符号拆分子串,空白符号包括空格、制表符、换行符、首尾边界等
<连接串>.join(<子串序列>)	将<子串序列>中的子串成员用<连接串>按顺序连接成一个长串。如果<连接串>是空串,则类似于字符串的加法运算。例如,"''.join(['PYTHON','语言'])"的结果是'PYTHON 语言'
<母串>.rsplit(<分隔串>,n)	与 split 类似,从右边开始用<分隔串>拆分<母串>。例如,'A B C D'.rsplit(' ',1)的结果是['A B C','D']
<母串>.partition(<分隔串>)	从左边开始用<分隔串>拆分<母串>一次,拆出的子串包括<分隔串>自身,组成的是三元组。例如,'A B C D'.partition(' ')的结果是('A', ' ', 'B C D')
<母串>.rpartition(<分隔串>)	与 partition 类似,从右边开始拆分一次,组成三元组。例如,'A B C D'.rpartition(' ')的结果是('A B C', ' ', 'D')

例如:

```
>>>'北京\t36102\n长沙\t  12095\n\t\n'.split()
```

#无参调用时使用空白符号拆分,结果中不含空串

```
['北京', '36102', '长沙', '12095']
>>>'北京\t36102\n 长沙\t12095\n'.split('\n')
                          #使用\n 换行符拆分,最后的\n 会拆分出一个空串
['北京\t36102', '长沙\t12095', '']
>>> '\n'.join(['北京', '36102', '长沙', '12095'])   #使用\n 换行符连接列表中的子串
'北京\n36102\n 长沙\n12095'
>>> '\n'.join(['北京\t36102', '长沙\t12095', ''])   #子串列表中的空串会单独连接
'北京\t36102\n 长沙\t12095\n'
```

2. 查找、替换的方法

串的查找和替换的相关方法如表 6-6 所示。

表 6-6　查找、替换的方法

方　法　名	功　能　说　明
＜母串＞.find(＜子串＞,m,n)	从左向右,查找＜子串＞在＜母串＞中出现的下标位置,如果提供参数 m 和 n,表示从＜母串＞的 m～n−1 下标范围内查找＜子串＞,查找不成功返回−1
＜母串＞.index(＜子串＞,m,n)	从左向右,查找＜子串＞在＜母串＞中出现的下标位置,如果提供参数 m 和 n,表示从＜母串＞的 m～n−1 下标范围内查找＜子串＞,查找不成功则报错
＜母串＞.count(＜子串＞,m,n)	从左向右,查找＜子串＞在＜母串＞中出现的次数,如果提供参数 m 和 n,表示从＜母串＞的 m～n−1 下标范围内查找＜子串＞
＜母串＞.replace(＜旧串＞,＜新串＞)	从左向右,在＜母串＞中查找＜旧串＞并将它替换为＜新串＞,如果找不到＜旧串＞,则不替换,结果为原有的＜母串＞
＜母串＞.rfind(＜子串＞,m,n)	与 find 类似,从右向左查找＜子串＞在＜母串＞中出现的下标位置。例如:'A B C D'.rfind(' ',0,−2)的结果是 3
＜母串＞.rindex(＜子串＞,m,n)	与 index 类似,从右向左查找＜子串＞在＜母串＞中出现的下标位置。例如:'A B C D'.rindex(' ',−1),结果是找不到而报错

例如:

```
>>>'北京\t36102\n 长沙\t12095\n 成都\t17716\n'.find('\t')
                          #从头开始找到第一个\t 的下标
2
>>>'北京\t36102\n 长沙\t12095\n 成都\t17716\n'.find('\t',9)
                          #从下标位置 9 开始找第一个\t 的下标
11
>>>'北京\t36102\n 长沙\t12095\n'.find('\t',9,11)
                          #在下标范围 9-10 中查找\t,没找到时结果为-1
-1
```

```
>>>'北京\t36102\n长沙\t12095\n\n'.index('\t',9)
                              #从下标位置9开始找到第一个\t的下标
11
>>>'北京\t36102\n长沙\t12095\n'.index('\t',9,11)
                              #在下标范围9-10中查找\t,没找到时引发错误
ValueError: substring not found
>>>'北京\t36102\n长沙\t12095\n'.count('\t',9,11)
                              #在下标范围9-10中统计\t的个数,没找到为0
0
>>>'北京\t36102\n长沙\t12095\n'.replace('\t','\n')
                              #结果为将\t替换成\n后得到的新串
'北京\n36102\n长沙\n12095\n'
```

【例6-3】 从键盘上一行一个输入一批学生的姓名和3门课的成绩,求每个学生的总成绩,找出总成绩最高的学生,计算所有学生总成绩的平均分。

分析:这里没有给出学生人数,可以设定输入空行结束。每个学生都需要输入姓名、3门课成绩等4项数据,以空格分隔、按下 Enter 键结束,用串的拆分取出数据。根据题意,每个学生只需要保存姓名和总成绩两项数据就可以了,构成姓名为键、总成绩为值的字典。程序代码如下:

```python
#liti6-3.py
n=1
studict={}
while True:
    data=input('请输入第'+str(n)+'个同学:\n')
    if data=='':
        break
    name,*d=data.split()                          # *d是打包操作
    d=map(int,d)
    sd=sum(d)
    studict[name]=sd
    n=n+1
print('最高分:',max(studict.items(),key=lambda x:x[1]))    #找总成绩最高的学生
print('平均分:',sum(studict.values())/len(studict))
```

程序运行结果如下:

请输入第 1 个同学:
刘志翔 80 82 80
请输入第 2 个同学:
杨启明 70 75 80
请输入第 3 个同学:
丁晓欣 60 90 70
请输入第 4 个同学:

最高分：('刘志翔', 242)
平均分：229.0

字典变量 studict 用来保存学生的姓名和总成绩。while 循环首先输入一个学生的情况给变量 data，循环条件永远为 True，但如果 data 中输入了空串，则会通过 break 语句结束循环。一个学生的姓名和 3 门课的成绩以空格分隔一行输入，使用无参 split()方法拆分为字符串列表。拆分出的第一项赋值给变量 name，后面的 3 项是成绩列表，通过 * d 打包为列表，赋值给变量 d，再通过 d＝map(int,d)语句，将列表 d 中每个字符串转换为 int 型整数，再对 d 中的 map 对象求和，赋值给总成绩变量 sd。以 sd 为值、学生姓名 name 为键，添加到字典 studict 中。循环结束后，查找 studict.items()对象中的姓名、总成绩二元组成员，找出总成绩最高的二元组成员并显示。对 studict.values()对象中的所有总成绩成员求平均分并显示。

3. 测试串的方法

测试串是用于判断串中字符的种类，相关方法如表 6-7 所示。

表 6-7　测试串的方法

方　法　名	功　能　说　明
＜串＞.isdigit()	判断＜串＞是否为数字串，是则返回 True，否则返回 False。如果字符串中有空格、小数点、正负号等或是空串都不会被认为是数字串。例如，'123'.isdigit()，结果为 True
＜串＞.isalpha()	判断＜串＞是否为字母或汉字串，是则返回 True，否则返回 False。例如，'PYTHON 学习'.isalpha()返回 True
＜串＞.isalnum()	判断＜串＞是否为数字、字母或汉字串，是则返回 True，否则返回 False。例如，'PYTHON 学习 123'.isalnum()返回 True
＜串＞.isupper()	判断＜串＞中的字母是否都是大写字母，是则返回 True，否则返回 False。例如，'PYTHON 学习 123'.isupper()()返回 True
＜串＞.islower()	判断＜串＞中的字母是否都是小写字母，是则返回 True，否则返回 False
＜串＞.isspace()	判断＜串＞是否是空格串，是则返回 True，否则返回 False
＜串＞.startswith(＜前缀串＞,m,n)	判断＜串＞在下标范围 m～n−1 之内，是否以＜前缀串＞打头，是则返回 True，否则返回 False。例如，'This is my book. '.startswith('is',2)返回 True
＜串＞.endswith(＜后缀串＞,m,n)	判断＜串＞在下标范围 m～n−1 之内，是否以＜后缀串＞结尾，是则返回 True，否则返回 False。例如，'This is my book. '.endswith('is',0,7)返回 True

在例 6-2 中，while 循环中判断 sdata[i＋j]中的字符是否是数字的条件表达式为 0x30＜＝ord(sdata[i＋j])＜＝0x39，可以使用测试串方法修改为 sdata[i＋j].isdigit()。

4. 格式化数据的方法

在例 6-2 中，print 为了整齐地显示数据，使用了 format 内置函数，方式如下：

```
print(format(i+1,'<3d')+data[i][1]+format(data[i][0],'10d'))
```

每个数据单独 format 的方式很不方便,Python 提供了一种带槽格式串机制,可以简化多个数据的格式化工作。使用方式如下:

```
<带槽格式化串>.format(<数据表>)
```

<带槽格式化串>中的每一个槽是一对花括号,format()方法后面的<数据表>实参是要显示的多个数据,以逗号分隔,数据会按照顺序填入前面的格式化串的槽中。如果不想按顺序使用实参数据,可以在花括号内写上数字 0,1,2…,表示使用第几个位置上的实参数据。数据表中的实参数据可以使用关键字实参,但必须写在位置实参的后面,而且槽内需要填写上形参名,与关键字实参名对应,以保证每个槽都有数据填入。例如:

```
>>>'{0}的平方是{1},{0}的立方是{2}'.format(4,4**2,4**3)         #槽内数字代表实参位置
'4 的平方是 16,4 的立方是 64'
>>>'{f}华氏度对应{c}摄氏度'.format(f=100,c=(100-32)*5/9) #槽内带上形参名
'100 华氏度对应 37.77777777777778 摄氏度'
>>>'{f}华氏度对应{}摄氏度'.format((100-32)*5/9,f=100)    #位置实参在关键字实参之前
'100 华氏度对应 37.77777777777778 摄氏度'
>>>'{}-1={}'.format(3,a=2)                          #关键字实参只能填入有形参名的槽
IndexError: tuple index out of range
>>>'{}-1={a}'.format(3,2)                          #有形参名的槽只能使用关键字实参填充
KeyError: 'a'
```

上例中实数显示的小数位数太多,可以在槽中加入":"号,然后添加格式符来限制,格式符的使用方法和 format 函数的格式符一样。例如:

```
>>>'{f}华氏度对应{c:.2f}摄氏度'.format(f=100,c=(100-32)*5/9)   #带格式符的槽
'100 华氏度对应 37.78 摄氏度'
```

例 6-2 的显示命令经过如下修改后作用一样,更为简洁:

```
print('{:<3d}{}{:10d}'.format(i+1, data[i][1],data[i][0]))
```

【例 6-4】 下面的字符串中有城市 2020 年的 GDP 数据,请将这些数据中以州结尾的城市及 GDP 值找出来。数据串如下:

北京 36102 长沙 12095 成都 17716 佛山 10816 福州 10020 广州 25019 杭州 16106 合肥 10045 济南 10140 南京 14817 南通 10036 宁波 12408 青岛 12400 泉州 10158 上海 38700 深圳 28000 苏州 20170 天津 14083 无锡 12370 武汉 15623 西安 10020 郑州 12003 重庆 25002

程序代码如下:

```
#liti6-4.py
sdata='北京 36102 长沙 12095 成都 17716 佛山 10816 福州 10020 广州 25019 杭州 16106 合
肥 10045 济南 10140 南京 14817 南通 10036 宁波 12408 青岛 12400 泉州 10158 上海 38700 深
圳 28000 苏州 20170 天津 14083 无锡 12370 武汉 15623 西安 10020 郑州 12003 重庆 25002'
i=0
while sdata[i*7:(i+1)*7]!='':
```

```
        city=sdata[i*7:i*7+2]
        gdp=int(sdata[i*7+2:(i+1)*7])
        if city.endswith('州'):                    #判断城市名是否以州结尾
            print('{}:{}亿元'.format(city,gdp))    #以带槽格式串的方式显示
        i=i+1
```

程序的运行结果如下：

福州:10020 亿元
广州:25019 亿元
杭州:16106 亿元
泉州:10158 亿元
苏州:20170 亿元
郑州:12003 亿元

sdata 数据字符串中每 7 个字符是一项数据，while 循环根据变量 i 对串进行截取，i 等于 0 时取第一项数据，i 等于 1 时取第二项数据，以此类推。取出一项数据后切片赋值给变量 city 和 gdp，使用 endswith() 方法判断变量 city 中的城市名是否以'州'字结尾。

5. 对齐、压缩字符的方法

字符串的对齐操作和压缩删除首尾空白字符操作的相关方法如表 6-8 所示。

表 6-8　对齐和压缩字符的方法

方　法　名	功　能　说　明
＜串＞.center(n)	以整数 n 调整＜串＞宽度，使＜串＞居中存放，若 n 小于＜串＞的长度则忽略
＜串＞.ljust(n)	以整数 n 调整＜串＞宽度，使＜串＞左对齐存放
＜串＞.rjust(n)	以整数 n 调整＜串＞宽度，使＜串＞右对齐存放
＜串＞.strip(＜压缩字符串＞)	对＜串＞左、右两头的空白字符进行压缩删除，若提供了＜压缩字符串＞实参，则对＜串＞左、右两头出现的＜压缩字符串＞中的字符进行压缩删除
＜串＞.lstrip(＜压缩字符串＞)	对＜串＞首部的空白字符进行压缩删除，若提供了＜压缩字符串＞实参，则对＜串＞首部出现的＜压缩字符串＞中的字符进行压缩删除
＜串＞.rstrip(＜压缩字符串＞)	对＜串＞尾部的空白字符进行压缩删除，若提供了＜压缩字符串＞实参，则对＜串＞尾部的＜压缩字符串＞中的字符进行压缩删除

例如：

```
>>>'PYTHON'.center(10)              #调整串长为 10,使串'PYTHON'居中存放
'   PYTHON   '
>>>'PYTHON'.center(4)               #要调整的串长 4 小于实际字符数 6,不调整
'PYTHON'
>>>'PYTHON'.center(10).strip()      #调整串长为 10、居中,压缩删除首、尾的 4 个空格
'PYTHON'
>>>'PYTHON'.center(10).strip('PN')  #调整串长为 10、居中,'P'和'N'不在首、尾,不压缩
```

```
'  PYTHON  '
>>>'PYTHON'.strip('PN')                    #压缩删除首、尾的'P'和'N'字符
'YTHO'
```

【例 6-5】 用 * 显示菱形图案。

```
#liti6-5.py
n=5
for i in range(n):
      print(('*'*(2*i+1)).center(2*(n-1)+1))
for i in range(n-2,-1,-1):
      print(('*'*(2*i+1)).center(2*(n-1)+1))
```

程序的运行结果如下：

```
        *
       ***
      *****
     *******
    *********
     *******
      *****
       ***
        *
```

这个菱形由上三角和下三角组合而成,上三角的行数为 n,下三角的行数为 n−1。第一个 for 循环显示上三角,循环变量 i 从 0~4 取值,当 i 等于 0 时打印 1 个 * 号,当 i 等于 4 时打印 2×4+1 共 9 个 * 号,以 9 为每行显示的串长进行宽度调整、居中,能保证每一行的 * 号都能显示得下而且是居中对齐的。第二个 for 循环显示下三角,循环变量 i 从 3~0 取值,其他程序部分与上三角一样。表达式'*'*(2*i+1)表示 2×i+1 个 * 号,2*i+1 表达式外面需要加一对圆括号,因为运算符"."号优先级更高,圆括号可以使 2*i+1 先算。

6. 大小写转换和字符映射的方法

字符串中的字符可以大小写转换或映射变换,相关方法如表 6-9 所示。

表 6-9　大小写转换和字符映射的方法

方　法　名	功　能　说　明
<串>.lower()	将<串>中的字母都变成小写,其他字符不变,返回转换后的结果。例如,'Abc'.lower(),结果是'abc'
<串>.upper()	将<串>中的字母都变成大写,其他字符不变,返回转换后的结果串。例如,'Abc'.upper(),结果是'ABC'
<串>.swapcase()	将<串>中的字母大小写互换,其他字符不变,返回转换后的结果串。例如,'Abc'.swapcase(),结果是'aBC'

方　法　名	功　能　说　明
＜串＞.capitalize()	如果＜串＞首是字母则将它变成大写,是其他字符则不变,返回转换后的结果串。例如,'hello world'.capitalize(),结果是'Hello world'
＜串＞.title()	将＜串＞中的每个单词的首字母变成大写,其他字符不变,返回转换后的结果串。例如,'hello world'.title(),结果是'Hello World'
＜字符映射表名＞= ''.maketrans(＜前字符表＞、＜后字符表＞)	＜前字符表＞和＜后字符表＞是串长相等的两个字符串,按顺序建立两者之间字符的映射关系,将映射关系通过赋值操作保存到＜字符映射表名＞的变量中
＜串＞.translate(＜字符映射表名＞)	使用 maketrans() 方法建立的字符映射表变量,将＜串＞中所有＜前字符表＞中的字符转换为＜后字符表＞中的对应字符,如果字符串中的字符不在＜前字符表＞中则字符不转换,返回转换的结果串

例如:

```
>>>x=''.maketrans('abcdefg','1234567')
                              #建立将字母 a-g 映射为数字字符 1-7 的映射表 x
>>>'Egg is bad.'.translate(x)   #将串'Egg is bad.'通过 x 映射为新的串
'E77 is 214.'
```

【例 6-6】 请编写一个函数,根据字符串中的中文字符生成特定的加密、解密表,使用加密、解密表对该字符串进行加密、解密。

```
#liti6-6.py
def crypt(src):
    s=set(src)
    s=[x for x in s if 0x4e00<=ord(x)<=0x9fa5]   #生成 src 串中中文字符的列表
    t=[chr(i) for i in range(128,len(s)+128)]
                                    #为中文字符表编写 128 开始的密码表
    s=''.join(s)
    t=''.join(t)
    table1=''.maketrans(s,t)       #建立中文字符表 s 到密码表 t 的加密映射表 table1
    table2=''.maketrans(t,s)       #建立密码表 t 到中文字符表 s 到解密映射表 table2
    return (table1,table2)
str1= 'Python 第三方模块覆盖科学计算、Web 开发、数据库接口、图形系统多个领域'
table1,table2=crypt(str1)          #对 str1 串建立汉字加密、解密表
print('原始串:',str1)
str2=str1.translate(table1)        #构建 str1 串的加密串 str2
print('加密串:',repr(str2))
str3=str2.translate(table2)        #构建 str2 串的解密串 str3
print('解密串:',str3)
```

程序的运行结果如下:

原始串:Python 第三方模块覆盖科学计算、Web 开发、数据库接口、图形系统多个领域

加密串: 'Python\x88\x82\x87\x84\x80\x96\x86\x81\x85\x8d\x83、Web\x91\x8c、\x97\x90\x93\x94\x95、\x89\x99\x8a\x92\x8b\x98\x8e\x8f'

解密串: Python 第三方模块覆盖科学计算、Web 开发、数据库接口、图形系统多个领域

　　函数 crypt 用于构造加密、解密表。首先将字符串 src 中的重复汉字、非汉字符号去除后赋值给变量 s，然后从 128 开始按顺序为每一个汉字编代号（从 128 开始可以避免代号与英文编码冲突），并将代号通过 chr 函数转换为字符后赋值给变量 t。使用 maketrans() 方法建立从 s 映射到 t 的加密表 table1，再使用 maketrans() 方法建立从 t 映射到 s 的解密表 table2，将 table1，table2 构成二元组作为函数的返回值。

　　主控部分提供了一个原始字符串赋值给变量 str1，利用函数 crypt 得到加密表 table1 和解密表 table2，再使用 translate() 方法以 table1 表对 str1 加密，加密串赋值给变量 str2，使用转换函数 repr 将 str2 中所有字符原样显示，避免显示中因为特殊字符的特殊显示效果而看不到。最后，使用 translate() 方法以 table2 表对 str2 解密，解密串赋值给变量 str3 并显示。

6.3　正则表达式模块

　　正则表达式简称 RE(Regular Expression)，是 Python 的标准字符串处理模块，用于补充 str 类在查找、替换、拆分等操作上能力的不足。这些操作都是建立在查找基础之上，str 类的查找方法有 find、index、count 等，可以返回子串出现在母串中的位置、个数，要查找的子串必须是一串确定的符号。

　　例如，'This is my book'.find('is') 命令返回的是子串 'is' 在母串 'This is my book' 中第一次出现的下标位置，操作结果返回 2，子串 'is' 是确定的字符，所谓确定是指查找只能查 'is' 而不能查找与 'is' 相似的串，这种查找称为精确查找。分析 'is' 和 'in'，发现两者有相似特征，都是两个字符，都是字符 'i' 开始，能基于这些特征的查找称为模糊查找。另外，如果要求查找的子串 'is' 在母串中必须是一个独立的单词，'This' 中的 'is' 就不符合要求了，这种查找是要分析上下文的查找，这些查找工作不能直接用 str 类的 find() 方法来处理。

　　Python 使用 re 标准模块中的各种正则函数可以处理模糊查找。以 Windows 操作系统为例，资源管理器中查找文件时可以使用通配符 *、? 进行模糊查找，* 代表一串任意字符，? 代表一个任意字符，*.exe 表示查找的文件名圆点之前的基本名部分可以任意，圆点后面的扩展名必须是 exe，这里的 *.exe 不是确定的文件名而被称作查找的模板或称为模式(Pattern)。Python 的 re 模块要完成模糊查找也是借助模式，解决上面的问题的 re 模式是 '.*\.exe'。模式中的圆点代表一个任意字符，.* 代表一串任意字符，这些字符具有特殊含义，称为元字符，在 Python 中有许多元字符可以用来设计模式，以完成不同要求的模糊查找和上下文相关的查找。为避免冲突，模式中普通的圆点字符必须转义写成\.的形式，以便与元字符的圆点区分。设计好了模式以后，re 中的正则函数就可以使用该模式去完成更为复杂的字符串处理。

6.3.1　正则表达式的模式设计

使用正则表达式的重要工作是如何设计符合正则规则的模式以满足查找的需要。正则表达式是在普通字符串中使用元字符来描述各种复杂的查找规则,元字符可以分为 3 种:基本元字符、预定义元字符和扩展元字符。基本元字符如表 6-10 所示。

表 6-10　正则表达式的基本元字符

元字符	功　能　说　明
.	一个任意字符,默认不包括换行符,使用编译标志常量 re.S 可改变这种情况
＊,＊?	＊表示前面符号任意多次,＊? 表示按＊匹配有多种可能时选最短的一种
＋,＋?	＋表示前面符号至少 1 次,＋? 表示按＋匹配有多种可能时选最短的一种
?,??	? 表示前面符号最多 1 次,?? 表示按? 匹配 0 次或匹配 1 次都行时选匹配 0 次
{m,n}?	{}表示前面符号最少 m 次最多 n 次,加? 号表示有多种可能时按最少 m 次匹配
[^-]	[]范围内的符号任选 1 个匹配,若有^表示除这些符号外可匹配,-表示范围,如 a-z
|,()	|表示前后两串符号任选 1 个匹配,()表示可单独捕获的子模式,结合|表示在子模式内二选一
^,$	^写在模式最前面时表示必须从串首开始匹配模式,$写在模式最后时表示从串结尾匹配

下面示例使用 re 模块的 findall 函数从字符串中查找符合模式的子串。

```
>>>import re                    #re 模块需要导入才能使用
>>>re.findall('ab.','abcde')   #模式中的.是元字符,查找 ab 开头后接一个任意字符的串
['abc']
>>>re.findall('ab\.','abcde')  #模式没有元字符,属于精确查找,没找到所以返回空列表
[]
>>>re.findall('ab＊','ab＊cde')  #模式中的＊是元字符,查找 a 开头后接多个 b 的串
['ab']
```

findall 函数属于 re 模块,必须先用 import 导入 re 后才可以使用,如果使用 from re import findall,使用 findall 可以不用加 re.前缀。findall 函数的第一个实参是要查找串的模式,第二个实参是待查找的母串,findall 函数会扫描母串找出其中所有符合模式的串,查找到的结果是能匹配模式的所有串的列表。第二行命令中的“.”号是元字符,表示任意一个字符,所以'ab.'模式可以捕获'abc'串。第三行命令中,模式'ab\.'都是普通字符,'\.'是转义表示的圆点,不是元字符,所以'ab\.'在母串中没有捕获到串。第四行命令中的＊号是元字符,模式'ab＊'表示 a 开始、后面的字符 b 出现 0 到多次。母串不含元字符,其中的＊号是普通字符,所以'ab＊'串不匹配模式,捕获的结果是'ab'串。

从示例可以看到,如果模式中的普通字符与元字符一样时,必须用转义方式表示。例如,模式中要使用普通字符?,必须写成\?。请思考:re.findall('ab\＊','ab＊cde')的结果会是什么?

请再看下面的示例：

```
>>>re.findall('a+','aaabbbaa')        #模式'a+'查找尽量最长的长度>=1的 a 串
['aaa', 'aa']
>>>re.findall('a+?','aaabbbaa')       #模式'a+?'查找尽量最短的长度>=1的 a 串
['a', 'a', 'a', 'a', 'a']
>>>re.findall('a?','aaabbb')          #模式'a?'查找尽量最长的长度为 0 或 1 的 a 串
['a', 'a', 'a', '', '', '', '']
>>>re.findall('a??','aaabbb')         #模式'a??'查找尽量最短的长度为 0 或 1 的 a 串
['', 'a', '', 'a', '', 'a', '', '', '', '']
>>>re.findall('a{2}','aaabbb')        #模式'a{2}'查找长度为 2 的 a 串
['aa']
>>>re.findall('a{,2}','aaabbb')       #模式'a{,2}'查找尽量最长的长度<=2 的 a 串
['aa', 'a', '', '', '', '']
>>>re.findall('a{,2}?','aaabbb')      #模式'a{,2}?'查找尽量最短的长度<=2 的 a 串
['', 'a', '', 'a', '', 'a', '', '', '', '']
```

元字符＋? 表示在多种可捕获串中尽量找最短一个长度的串。模式'a＋?'查找串 'aaa'时，可以选择'aaa'串也可以选择'a'串，选择捕获的是'a'。母串中一共有 5 个字符'a'，每次只捕获一个字符'a'，会成功捕获到 5 个'a'串，这个结果与模式'a'的查找结果一样。

元字符? 表示最长只匹配 0 个或 1 个前面的字符，遇到不匹配的字符或边界时会捕获 0 个字符，即捕获空串。模式'a?'查找串'aaabbb'时，前面的'aaa'串中的每个'a'都可以匹配模式'a?'，后面的'bbb'串中的每个'b'不能匹配模式，但可以捕获 3 个空串。扫描完 6 个字符后，遇到尾边界还会再捕获一个空串。

元字符?? 表示在多种可捕获串中尽量找最短 0 个长度的串，即遇到的字符无论匹配与否，先捕获空串。模式'a??'查找串'aaabbb'时，前面的'aaa'串中的每个'a'都可以匹配模式'a?'，可以分别捕获一个空串、一个'a'，后面的'bbb'串中的每个'b'不能匹配模式，但仍可以捕获 3 个空串。扫描完 6 个字符后，遇到尾边界还会再捕获一个空串。

元字符{,2}表示最长只匹配 2 个前面的字符，遇到不匹配的字符或边界时会捕获 0 个字符，即捕获空串。模式'a{,2}'查找串'aaabbb'时，前面的'aaa'串首先捕获'aa'再捕获'a'，后面的'bbb'串中的每个'b'不能匹配模式，但可以捕获 3 个空串。扫描完 6 个字符后，遇到尾边界还会再捕获一个空串。

元字符{,2}? 表示在多种可捕获串中尽量找最短 0 个长度的串，即遇到的字符无论匹配与否，先捕获空串。这与元字符?? 的作用是一样的。所以，模式'a{,2}?'查找串'aaabbb'时，捕获的结果与模式'a??'的捕获结果相同。

下面是包含汉字串的捕获示例：

```
>>>re.findall('[\u4e00-\u9fa5]+','学习 PYTHON 语言')    #查找连续汉字串
['学习', '语言']
>>>re.findall('[^\u4e00-\u9fa5]+','学习 PYTHON 语言')   #查找连续的非汉字串
['PYTHON']
>>>re.findall('学习(C|VB|PYTHON)语言','一起来学习 PYTHON 语言吧')
```

```
                                                         #以子模式查找英文串
['PYTHON']
>>>re.findall('学习(?:C|VB|PYTHON)语言','一起来学习 PYTHON 语言吧')
                                                      #查找含英文子串的串
['学习 PYTHON 语言']
>>>re.findall('^学习.+语言','一起来学习 PYTHON 语言')
                              #只查找串首为'学习'、以'语言'结尾的非连续的汉字串
[]
>>>re.findall('学习.+语言$','一起来学习 PYTHON 语言')
                              #只查找串尾为'语言'、以'学习'开始的非连续的汉字串
['学习 PYTHON 语言']
```

元字符'[\u4e00-\u9fa5]'表示了定长 Unicode 码的一个汉字字符的范围,后跟元字符＋号表示匹配连续一个字符以上的汉字串。元字符'[^\u4e00-\u9fa5]'表示选择非汉字字符。

元字符()表示可单独捕获的子模式,如果有多个子模式,每个子模式会顺序以数字1,2,3,…作为子模式名,可以以转义方式的元字符\1,\2,\3,…来引用捕获到的子串。子模式中使用元字符|表示前后的字符串可以单选,子模式'(C|VB|PYTHON)'表示从 C、VB、PYTHON 三个英文串中选择一个匹配。主模式'学习(C|VB|PYTHON)语言'中的前缀'学习'、后缀'语言'是普通字符必须精确匹配。子模式会单独捕获串,而且 findall 函数的结果中只会包含子模式捕获的串,不包含主模式捕获的串。

元字符(?:)是非单独捕获的子模式,它只帮助主模式捕获目标串。主模式'学习(?:C|VB|PYTHON)语言'在查找串'一起来学习 PYTHON 语言吧'时,findall 函数的结果只包含主模式捕获的串,不包含子模式捕获的串。

元字符^写在整个模式之前,表示模式只能与母串的前缀匹配。元字符＄写在整个模式最后,表示模式只能与母串的后缀匹配。模式'^学习.＋语言'在查找'一起来学习PYTHON 语言'的串时,串首不是以'学习'开始,所以捕获失败。模式'学习.＋语言＄'在查找'一起来学习 PYTHON 语言'的串时,串尾是'语言'结尾,以'学习'开始的'学习 PYTHON 语言'串能匹配成功。

如何同时捕获主模式串和子模式串? 可以使用 search 函数。请看示例:

```
>>>re.findall(r'(.)\1(.)\2','aabbccdd')
           #以两个子模式来捕获两个会连续出现两次的字符,匹配成功两次捕获两个二元组
[('a', 'b'), ('c', 'd')]
>>> m=re.search(r'(.)\1(.)\2','aabbccdd')
           #从 search 函数捕获的结果中取出主模式的串,只得到第一次匹配成功的串
>>>m.group(0)
'aabb'
>>>m.group(1)              #从前面 search 函数捕获的结果中取出第一个子模式的串
'a'
```

模式'(.)\1(.)\2'中有两个子模式'(.)',元字符\1引用了第一个子模式捕获的子串,模

式'(.)\1'表示前面的字符重复出现一次的串,'(.)\1(.)\2'表示连续两个前面的字符重复出现一次的串。findall 函数的结果是两个子模式串构成的元组,主模式可以捕获成功两次,得到两个元组,返回这两个元组组成的列表。

search 函数返回的 match 对象中只有首次匹配成功的结果,使用 match 对象的group()方法可以查看捕获的主模式串和各个子模式串。要继续得到第 2 次匹配成功的结果,需要对串的剩余部分再次执行 search 函数。

元字符\1、\2 与字符串中的转义字符会发生冲突,在模式中会被误认为是转义字符而不是元字符。将模式写成'(.)\\1(.)\\2'或 r'(.)\1(.)\2'可以避免冲突,前面加 r 的字符串是原始字符串,字符串中的字符,如'\1'和'\2',均不会被当作转义字符使用。

【例 6-7】 下面的字符串中有 2020 年国内各大城市的 GDP 数据,请将这些数据以城市为键、GDP 为值建立字典。数据串如下:

北京 36102 长沙 12095 成都 17716 佛山 10816 福州 10020 广州 25019 杭州 16106 合肥 10045 济南 10140 南京 14817 南通 10036 宁波 12408 青岛 12400 泉州 10158 上海 38700 深圳 28000 苏州 20170 天津 14083 无锡 12370 武汉 15623 西安 10020 郑州 12003 重庆 25002 呼和浩特 2800 石家庄 6200

程序代码如下:

```
#liti6-7.py
import re
sdata='北京 36102 长沙 12095 成都 17716 佛山 10816 福州 10020 广州 25019 杭州 16106 合
肥 10045 济南 10140 南京 14817 南通 10036 宁波 12408 青岛 12400 泉州 10158 上海 38700 深
圳 28000 苏州 20170 天津 14083 无锡 12370 武汉 15623 西安 10020 郑州 12003 重庆 25002 呼
和浩特 2800 石家庄 6200'
data=re.findall('([\u4e00-\u9fa5]+)([0-9]+)',sdata)
datadict={}
for city,gdp in data:
    datadict[city]=int(gdp)
print(datadict)
```

前面学过从字符串提取特定子串的程序,本例是使用正则表达式模块 re 完成这项工作。变量 sdata 引用了原始数据串,城市名在前,GDP 在后。城市名是汉字串,re 模式设计为'[\u4e00-\u9fa5]+',GDP 是数字串,re 模式设计为'[0-9]+'。两者需要单独提取串,所以使用元字符()设计为两个单独可捕获子模式,每次捕获成功会产生一对子模式串的二元组。使用 findall 函数扫描整个串会得到二元组列表,将返回的二元组列表赋值给变量 data。变量 datadict 用来引用以字典方式保存的最终结果,初始时 datadict 为空字典,for 循环从列表 data 中迭代取出每一对元组赋值给变量 city 和 gdp,然后添加到字典datadict 中,循环结束时显示字典 datadict 中的数据。与例 6-2 中处理不定长城市名和GDP 串数据的程序相比较,使用 re 的程序更加简单。

预定义元字符如表 6-11 所示,其功能是基于基本元字符实现的,采用转义方式来表示。

表 6-11　正则表达式的预定义元字符

元字符	功 能 说 明
\1\2..\9	1..9 是子模式编号,用于引用前面匹配的对应编号的子模式串
\f,\n,\r	与转义字符含义一样的普通字符,可以直接用于模式匹配
\b,\B	\b 是单词的分隔符号,分隔符一般是空白符号、边界或标点符号,\b 不会捕获字符,只会限制上下文。\B 与\b 正好相反,只匹配非分隔符号
\d,\D	\d 是任意一位数字符号,\D 是任意一位非数字符号,均可捕获字符
\s,\S	\s 是一位空白符号,\S 匹配一位非空白符号,均可捕获字符
\w,\W	\w 是一位英文、数字、汉字符号,\W 匹配一位非英文、数字、汉字符号,均可捕获字符

例如,'\d'元字符可以写成'[0-9]',两者作用是一样的,但使用预定义元字符会更简洁、易理解。所以,设计者应尽量使用预定义元字符设计模式。如果预定义元字符无法满足设计需要,设计者也要有使用基本元字符替代预定义字符设计的能力。例如,'\w'无法只匹配英文,或者只匹配汉字,这时可以使用基本元字符的模式'[a-zA-Z]'来匹配英文,可以使用模式'[\u4e00-\u9fa5]'来匹配汉字。又如,例 6-7 中的字符串提取模式'([\u4e00-\u9fa5]＋)([0-9]＋)'可以使用预定义元字符重新设计为'(\D+)(\d+)',模式显得更为简单、直观。请看下面预定义元字符的使用示例:

```
>>>s='北京\t36102\n长沙\t12095\n成都\t17716\n佛山\t10816\n'
>>>re.findall('(.+)\t(.+)\n',s)
                              #以两个子模式取出\t 和\n 结尾的两个串,结果是串的二元组
[('北京', '36102'), ('长沙', '12095'), ('成都', '17716'), ('佛山', '10816')]
>>> re.findall(r'\b\w+\b',s)   #查找串中以空白符或边界分隔的串,串中不含分隔符自身
['北京', '36102', '长沙', '12095', '成都', '17716', '佛山', '10816']
>>> re.findall(r'\s\w+\s',s)   #查找串中以空白符分隔的串,串中包括分隔符自身
['\t36102\n', '\t12095\n', '\t17716\n', '\t10816\n']
```

模式'\b\w＋\b'中的元字符\b 涵盖了制表符\t 和换行符\n 等空白字符。模式中,'\b'需要写成'\\b'或将模式写成原始字符串,这样,'\b'就不会被误认为是转义字符。模式 r'\b\w＋\b'捕获'北京'串是因为'北京'串的前后分别是首边界和'\t',因为元字符\b 只限制上下文,捕获的串中不会包含'\t'。

元字符\s 表示空白字符,字符'\n'、'\t'、'\f'、'\r'都是空白字符,标点和串边界不是空白字符。模式'\s\w＋\s'查找数据串时,'北京'串的前面是串首边界,不是空白字符,模式不能捕获'北京'。数据串中,'\t36102\n'的前后都是空白字符,可以被模式捕获,元字符\s 不只是限制,还会将空白字符'\t'和'\n'一起捕获到结果串中。'长沙'串前面的'\n'已经被捕获,无法再被\s 匹配,所以模式'\s\w＋\s'的第 2 次查找无法捕获到'长沙'串。第 2 次查找到的串是'\t12095\n'。

【例 6-8】　请从字符串'I like this i.'中提取出所有的单词 i(不区分大小写)。

从字符串中可以发现,有两处出现了单词 i,like 之前的 I 和 this 之后的 i。如何匹配不同大小写的 i? 可以使用(i|I)这种两选一的子模式设计。如何确保是单词 i 而不是单

词中的一部分? 可以使用元字符\b来识别边界,它以非捕获的方式,将首边界和圆点识别为分隔标志。另外,模式要写成原始字符串以避免元字符\b与转义字符的冲突。

程序代码如下:

```
import re
s='I like this i.'
print(re.findall(r'\b(i|I)\b',s))
```

程序的运行结果如下:

```
['I', 'i']
```

不区分大小写的匹配方法还有另一种,那就是在 findall 函数中添加第三个实参,即设置编译标志实参为 re.I 常量。程序可以修改如下:

```
import re
s='I like this i.'
print(re.findall(r'\bi\b',s,re.I))
```

程序中的 re 模式串改成 r'\bi\b',没有考虑大写 I。在 findall 函数中加入了第三个实参 re.I,函数可以不区分字母大小写进行捕获。

最后介绍扩展元字符,如表 6-12 所示。

表 6-12　正则表达式的扩展元字符

元 字 符	功 能 说 明
(?:)	非单独捕获子模式,不会单独捕获子模式串,只会作为主模式的一部分来限制匹配
(?imsx)	可组合使用的编译标志字符。i 表示不区分大小写,m 表示识别\n为不同行,会影响^和 $ 的使用。s 表示使圆点(.)可匹配包括换行符在内的任意字符,x 表示允许内嵌注释和空白符号。编译标志一般要写在模式首部
(?♯)	注释元字符,用于模式中的文字说明
(?P<f>···) (?P=f)	(?P<f>)是将可单独捕获的子模式命名为 f。(?P=f)是引用之前命名为 f 的子模式捕获的串。已命名的子模式仍然可以使用子模式编号来引用
(?<=) (?<!)	(?<=)是限制前文的无捕获子模式。<=后的<前文限制文字>必须是定宽正则式,用来匹配<前文限制文字>的前文串不会被主模式捕获,元字符应该放在主模式之前。(?<!)与(?<=)相反,匹配时串的前文不能匹配<前文限制文字>。同样,前文串不会被主模式捕获
(?=) (?!)	(?=)是限制后文的无捕获子模式。=后的<后文限制文字>可以是不定宽正则式,匹配<后文限制文字>的串只用于限制而不会被主模式捕获,元字符应该放在主模式之后。(?!)与(?=)相反,后文只能是不匹配<后文限制文字>的串,后文不会被主模式捕获

这些扩展的元字符补充了基本元字符的不足。例如,无捕获上下文限制、无单独捕获目标的多选一分组、可捕获子模式的命名等,提高了正则式的模式设计能力。下面来看示例:

```
>>>import re                           #第一个命令
>>>re.findall(r'(?#不区分大小写提取单词)(?i)\bi\b', 'I like this i.')
                              #模式中含注释,匹配时不区分大小写(第二个命令)
['I', 'i']
>>>#下面操作中的模式写成了多行,中间包含空格、#注释,在查找时这些符号会被清除,最后一
行的['I', 'i']是显示的结果
>>>re.findall(r'''(?ix)\b      #第三个命令
#插入了注释行
   i
#插入了空格、换行
\b''', 'I like this i.')
['I', 'i']
>>>re.findall(r'(?P<两次>.+)(?P=两次)','从前有座山,山上有座庙。从前有座山,山上
有座庙。')                        #使用命名子模式,查找重复出现的串(第四个命令)
['从前有座山,山上有座庙。']
>>>re.findall(r'(?<=a{3}).+(?=ab).+','aaaaabbb')
                              #限制上下文的查找(第五个命令)
['aabbb']
```

第二个命令完成了例 6-8 的工作,没有使用 findall 的编译标志常量实参 re.I,而是使用编译标志元字符(?i),同样可以使模式不区分大小写捕获。在模式中还使用了扩展元字符(?#)进行文字注释说明,该注释在模式中的位置可以任意。第三个命令中使用了编译标志元字符(?ix),即使模式中加入的空格、换行符、#注释文字的行都会被忽略,使用三引号界限符可以直接在模式中使用 Enter 键加入换行符,不用转义符'\n'。第四个命令中使用了扩展元字符(?P)来为可捕获子模式命名和引用,使用命名的子模式比使用编号方式的子模式的含义更清晰。前面出现的文字串如果重复出现,则会被模式'(?P<两次>.+)(?P=两次)'捕获。第五个命令中的上文限制为 3 个'a',下文限制为'ab'。模式中的第一个'.+'可以捕获 'aaaaabbb'串中第 4 个'a',由于上文扩展元字符'(?<=a{3})'和下文扩展元字符'(?=ab)'是无捕获的,所以模式中的第二个'.+'会捕获'aaaaabbb'串中第 5 个'a'之后所有字符,捕获的串是'abbb'。这样整个模式的匹配结果是'aabbb'。

从示例中可以发现,如果将下文限制元字符'(?=)'写在主模式之前,可以使匹配主模式的串的首部必须满足'(?=<后文限制文字>)'中<后文限制文字>的要求。如果将多个下文限制元字符顺序写在主模式之前,则匹配主模式的串的首部必须同时满足所有这些下文元字符的要求。例如,re.findall(r'(?=[A-Z])(?=.[a-z]).+','aBc123'),主模式中'.+'之前有两个下文限制元字符'(?=[A-Z])'和'(?=.[a-z])',主模式的捕获串必须同时满足这两个下文元字符的限制,即第一个字母为大写、第二个字母为小写。结果'Bc123'串被捕获。

【例 6-9】 输入一个字符串,检查其中是否同时包含大小写字母、数字和下画线(_),是则显示 yes,否则显示 no。

分析：将下文扩展元字符'(?＝.＊_)'放在主模式之前可以使得被捕获的串中必须包含下画线。同样，可以将大、小写字母、数字的下文限制元字符加入主模式之前，保证多项限制条件同时满足。程序代码如下：

```
import re
s=input("输入一个字符串:")
r=re.findall(r'(?＝.＊[a-z])(?＝.＊[A-Z])(?＝.＊[0-9])(?＝.＊_).＊',s)
                                    #查找满足多个下文限制元字符的串
if r:
    print('yes')
else:
    print('no')
```

程序的运行结果如下：

```
输入一个字符串:Abc_123
yes
```

程序中使用了 4 个下文限制元字符来分别检测变量 s 中是否同时存在小写字母、大写字母、数字、下画线 4 种情况。输入给 s 的字符串'Abc_123'能同时满足这 4 种要求，findall 函数会返回 s 串形成的列表给变量 r。若 s 不能匹配模式则会返回空列表。if 语句以条件变量 r 是否为非空列表为判断依据，是则 s 串满足要求，显示 yes。

6.3.2　正则表达式模块的常用函数

正则表达式可以用于字符串的查找、替换和拆分等处理，正则模块中的函数也根据这些工作分为 3 类，在本节进行详细介绍。正则模块中定义有编译标志常量，例如，re.I、re.M、re.S、re.X 等，主要用于设置函数查找方式，与前面介绍的编译标志元字符'(? imsx)'的作用相同，但也有区别，容易混淆，使用时要注意区分。

1. 用于查找的函数

正则表达式模块 re 中与查找相关的函数如表 6-13 所示。

表 6-13　正则表达式模块的查找函数

函　数　名	功　能　说　明
findall(＜re 模式＞,＜母串＞,＜编译常量组合＞)	根据＜re 模式＞查找＜母串＞中能匹配＜re 模式＞的所有串，如果匹配成功则将捕获的串形成列表返回，如果匹配失败则返回空列表。如果＜re 模式＞中包含有可单独捕获子模式，会将所有子模式串形成元组，然后将捕获的所有串的元组构成列表后返回。＜编译常量组合＞包括 I,M,S,X 等大写字母，其含义与表 6-12 中的编译标志元字符相同，通过＋或|号等运算组合使用。例如，re.findall(r'^abc','Abc\naBc\nabC',re.I|re.M)，结果为['Abc', 'aBc', 'abC']

函　数　名	功　能　说　明
search(＜re 模式＞,＜母串＞,＜编译常量组合＞)	根据＜re 模式＞查找＜母串＞中能匹配＜re 模式＞的第一个串,如果匹配成功则以 match 对象的形式返回捕获的结果,如果匹配失败则返回 None 对象。如果＜re 模式＞中包含可单独捕获子模式,调用返回的 match 对象的 group()方法,以子模式的名字或编号作为实参,可以得到各个子模式串。无参调用 group()方法或以 0 为实参调用,可以得到主模式串
match(＜re 模式＞,＜母串＞,＜编译常量组合＞)	根据＜re 模式＞查找＜母串＞的开始位置是否存在能匹配＜re 模式＞的串,若存在则以 match 对象的形式返回捕获的结果。与 search 函数的不同之处在于要求从＜母串＞的开始位置查找,与在 search 函数的模式最前面加上元字符'^'的查找作用一样。与 fullmatch 函数的不同之处是,fullmatch 必须是＜母串＞整串匹配,match 只要求＜母串＞的前缀匹配,fullmatch 与在 search 函数的模式前后分别加上元字符'^'和'\$'的查找作用一样
＜模式变量名＞＝compile(＜re 模式＞,＜编译常量组合＞)	用于对＜re 模式＞进行预处理,并以预处理的模式赋值给＜模式变量名＞。已处理的模式可以代替 re 这个前缀来调用 re 中的各种函数,调用时不用 import 导入 re 模块,也不用再写函数的＜re 模式＞实参
finditer(＜re 模式＞,＜母串＞,＜编译常量组合＞)	根据＜re 模式＞查找＜母串＞中能匹配＜re 模式＞的所有串,返回的结果是一个可迭代对象。可迭代对象中的每一个迭代项是主模式的一次捕获,迭代项表示为 match 对象的形式。可迭代对象可以转换为 match 对象为成员的列表。如果捕获失败则返回 None
＜串变量名＞＝escape(＜含冲突字符的查找串＞)	如果要查找的模式中全部都是普通字符,没有包含元字符,这个函数会将＜含冲突字符的查找串＞中与元字符相同、会发生冲突的普通字符用转义方式变成无冲突的形式。例如,普通字符'+'会变成'\+'

函数 search 的使用方法请看示例:

```
>>> import re
>>> #下面的主模式捕获'3+4=7'串,3 个子模式捕获'3'、'4'、'7',结果以 match 对象形式赋
    #值给 m
>>> m=re.search(r'(\d+)\+(\d+)=(\d+)','3+4=7\n5+6=11')
>>> m.group(3)                    #取出第 3 个子模式串'7'
'7'
>>> #下面的示例从 m.end()开始继续捕获第 2 个匹配串:'5+6=11',然后取出第 3 个子模式串
    #'11'
>>> re.search(r'(\d+)\+(\d+)=(\d+)','3+4=7\n5+6=11'[m.end():]).group(3)
'11'
```

search 函数每次只能捕获一个串,如果要继续捕获下一个匹配串,可以从母串的剩余部分中继续执行 search 函数,match 对象的 end()方法提供了下一次开始查找的位置下标。下面介绍 match 对象的常用属性方法,如表 6-14 所示。

表 6-14 **match 对象的常用属性方法**

属性方法名	功 能 说 明
group(n)	当主模式捕获成功时,用来获得 match 对象中捕获的主模式串和所有子模式串。如果实参为 0 或不写实参则返回主模式串,否则返回第 n 个子模式串
groups	当主模式捕获成功时,用来获得 match 对象中捕获的所有子模式串组成的元组。如果无子模式时返回空元组
groupdict	主模式中存在命名子模式(? P),当主模式捕获成功时,用来获得 match 对象中捕获的所有命名子模式构成的字典。在字典中,子模式的名为键、捕获的子串为值构成字典成员。若无命名子模式则返回空字典
start(n)	当主模式捕获成功时,用来获得 match 对象中捕获的第 n 个子模式串在母串中的开始下标位置。如果实参为 0 或不写实参,则获得主模式串的开始下标位置
end(n)	当主模式捕获成功时,用来获得 match 对象中捕获的第 n 个子模式串在母串中的结束下标位置加 1 的值。如果实参为 0 或不写实参,则获得主模式串的结束下标位置加 1 的值
span(n)	当主模式捕获成功时,用来获得 match 对象中捕获的第 n 个子模式串在母串中的开始、结束位置的元组。元组包括子模式串的开始下标位置和结束下标位置加 1 的值。如果实参为 0 或不写实参,则获得主模式串的位置元组

下面介绍 match 对象的使用示例:

```
>>>import re
>>> #主模式包括 3 个子模式,其中一个是命名为 Result 的子模式
>>>m= re.search(r'(\d+)\+(\d+)=(? P<Result>\d+)','3+4=7\n5+6=11')
>>>#显示主模式串、主模式串的位置元组、命名子模式串构成的字典
>>>print(m.group(),m.span(),m.groupdict())
3+4=7 (0, 5) {'Result': '7'}
>>>s=m.end(3)            #取出第 3 个子模式(即命名子模式)的结束位置+1 的值到变量 s 中
>>>#从 s 位置开始,继续第 2 次主模式查找
>>>m= re.search(r'(\d+)\+(\d+)=(? P<Result>\d+)','3+4=7\n5+6=11'[s:])
>>>#显示捕获的第 2 个主模式串、主模式串的位置元组、命名子模式串构成的字典
>>> print(m.group(),m.span(),m.groupdict())
5+6=11 (1, 7) {'Result': '11'}
>>>s=s+m.end()          #将串中没有查找的部分的开始位置赋值给变量 s
>>> #从 s 位置开始,继续第 3 次主模式查找
>>> m= re.match(r'(\d+)\+(\d+)=(? P<Result>\d+)','3+4=7\n5+6=11'[s:])
>>>print(m)             #没有找到匹配的串,返回 None 值
None
```

下面介绍 compile 函数的使用示例:

```
>>>import re
>>>pat= re.compile(r'(\d+)\+(\d+)=(? P<Result>\d+)')
                        #预处理主模式,将结果赋值给变量 pat
```

```
>>>m=pat.search('3+4=7\n5+6=11')
                            #使用已预处理的模式 pat 查找,实参为待查找的串
>>>m.group()                #得到主模式串
'3+4=7'
>>>#使用 pat 继续查找第 2 个串,第 2 个实参是查找的开始位置
>>>m=pat.search('3+4=7\n5+6=11',m.end())
>>>m.group()                #得到第 2 次捕获的主模式串
'5+6=11'
>>>m.span()                 #得到第 2 次捕获的主模式串的位置元组,是从头开始的位置
(6, 12)
```

使用预处理后的模式来调用 re 函数,调用参数会有区别。search 函数的调用格式为

<模式变量名>.search(<母串>,<开始查找位置>,<结束位置+1>)

示例中,第 2 次查找是将第 1 次查找到的主模式串的结束位置+1 的值(即 m.end()的值),作为<开始查找位置>实参。第 2 次查找到的主模式串的位置元组(6,12)是在<母串>中从头开始的绝对位置,没有预处理的模式查找是做不到的。

finditer 函数可以捕获所有匹配的串,结果是一个可迭代对象,对象中的每个迭代项都是一个捕获串的 match 对象。下面是使用示例:

```
>>>import re
>>>m= re.finditer(r'(\d+)\+(\d+)=(?P<Result>\d+)','3+4=7\n5+6=11')
                            #可迭代对象赋值给变量 m
>>>its=list(m)              #可迭代对象转换为列表后赋值给变量 its
>>>print(its)              #显示列表中两个 match 对象
[<re.Match object; span=(0, 5), match='3+4=7'>, <re.Match object; span=(6,
12), match='5+6=11'>]
>>>its[0].group()          #取出 its 中第一个 match 对象的捕获串
'3+4=7'
```

在查找'3+4=7'时,为避免模式因为+号是元字符而找不到,需要写成'\+'的转义形式。escape 函数也可以完成同样的工作,示例如下:

```
>>>import re
>>>re.findall(r'3+4=7', '3+4=7\n5+6=11')  #没有将'+'转换为普通字符,查找失败
[]
>>>re.findall(re.escape('3+4=7'), '3+4=7\n5+6=11')
                            #escape 转换后的模式,查找成功
['3+4=7']
```

【例 6-10】 下面的一个字符串包含了一批计算公式,请将这些公式串提取出来并计算出结果,将公式串与结果作为键和值保存到字典中。字符串如下:'3 * 5−2＝ 2−3＋5＝ 12 * 30−200 15 * 15−10 * 10'.

字符串中的公式有如下特点:一串数字后面跟着＋、−、*、/等运算符再跟一串数字,最后的＝号可有可无。据此,模式可以设计为'\d+[＋－ * /]\d+＝? ',其中的运算

符是普通字符,会与元字符发生冲突,需要写成转义字符,模式改为'\d+[\+\-*\/]\d+==?'.公式都是连续式,模式中'[\+\-*\/]\d+'会重复出现,模式再改成'\d+([\+\-*\/]\d+)+=?'.提取出公式后可以使用 eval 函数将公式的结果计算出来,eval 函数计算的公式中不允许有=号,这样模式中'=?'不能捕获,只能作为下文限制元字符'(?==?)'.最终,模式变为'\d+([\+\-*\/]\d+)+(?==?)'.设计好模式后开始编写程序代码:使用 finditer 函数返回的迭代对象,循环取得每个公式串,将取出的公式串和公式的值添加到字典中。编写的程序如下:

```
#liti6-10.py
import re
sdata='3*5-2=  2-3+5=  12*30-200 15*15-10*10'
datadict={}
for expr in re.finditer(r'\d+([\+\-\*\/]\d+)+(?==?)',sdata):
                                        #使用 finditer 返回的可迭代对象循环
    datadict[expr.group()]=eval(expr.group())
print(datadict)
```

程序的运行结果如下:

```
{'3*5-2': 13, '2-3+5': 4, '12*30-200': 160, '15*15-10*10': 125}
```

在程序中,for 循环变量 expr 每次迭代取出一个捕获到的公式的 match 对象,对 expr 无参调用 group()方法可以获得主模式串,将主模式串为键、将主模式串的计算结果为值构成字典成员,添加到字典 datadict 中。最后显示字典 datadict 中的结果。

2. 用于替换的函数

替换需要在查找的基础上完成,正则表达式模块的替换函数如表 6-15 所示。

表 6-15 正则表达式模块的替换函数

函　数　名	功　能　说　明
sub(<re 模式>,<替换串>,<母串>,n)	根据<re 模式>查找<母串>中能匹配<re 模式>的所有串,使用<替换串>替换这些串,将得到的结果串返回。如果<re 模式>中包含可单独捕获子模式或命名子模式,<替换串>中允许通过子模式的编号或命名引用子模式串。n 是整数,表示要从前向后进行最多 n 次替换,如果不提供实参 n 或 n 为 0,则进行全部替换
subn(<re 模式>,<替换串>,<母串>,n)	功能与 sub 函数相同,返回的结果是替换后的结果串与替换次数构成的二元组

例如:

```
>>>import re
>>>s= '1\t\t2\t3\n\n4\t5\t\t6\n\n\n7\t8\t9'
>>>print(s)                    #原始串 s 的显示效果
1    2 3
```

```
    4  5     6

    7  8  9
>>>t=re.sub(r'(\s)+',r'\1',s)    #将连续的多个空白符替换成1个,结果串赋值给变量t
>>>print(t)                       #结果串t的显示效果
1 2 3
4 5 6
7 8 9
>>>re.sub(r'(\s)+',r'\1',s)      #得到sub函数返回的结果串,与print(t)的显示效果
                                  #不同
'1\t2\t3\n4\t5\t6\n7\t8\t9'
>>>re.subn(r'(\s)+',r'\1',s)     #得到subn函数返回的结果串与替换次数的二元组
('1\t2\t3\n4\t5\t6\n7\t8\t9', 8)
```

sub 和 subn 函数的替换与 str 类的 replace() 方法的替换是不同的,它们可以模糊查找,而且替换串不仅可以是字符串,还可以是一个映射函数,用来将母串中查找到的每个 match 对象映射为替换串。

例如:

```
>>>s='0x32 0x45 0x1234 0x456'    #将以空格分隔的一批十六进制数的串赋值给变量s
>>>re.sub(r'0x\d+',lambda x:str(eval(x.group())),s)
                        #将原来串中的十六进制数通过lambda函数替换为十进制数
'50 69 4660 1110'
```

lambda 函数中的 x 是查找到的模式串的 match 对象,x.group() 获得的模式串是十六进制数,通过 eval 函数转换为十进制数值,再用 str 函数将十进制数值转换为十进制字符串。sub 函数利用 lambda 函数返回的替换串,将所有找到十六进制串替换为十进制串,并返回结果串。

3. 用于拆分的函数

拆分需要通过将查找到的串作为分隔符来完成,正则表达式模块的拆分函数如表 6-16 所示。

表 6-16　正则表达式模块的拆分函数

函　数　名	功　能　说　明
split(<re 模式>,<母串>,n)	根据<re 模式>查找<母串>中匹配<re 模式>的所有串,将这些串作为分隔符,将<母串>拆成串的列表,列表中不包括作为分隔符的串。实参 n 是一个整数,表示要拆分的最大次数,如果不提供实参 n 或 n 为 0,则对<母串>进行完全拆分

例如:

```
>>>import re
```

```
>>>s= '1\t\t2\t3\n\n4\t5\t\t6\n\n\n7\t8\t9'
>>>re.split(r'\s+',s)                          #查找连续的空白符串作为拆分的分隔符
['1', '2', '3', '4', '5', '6', '7', '8', '9']
>>>s= '1\t\t2\t3\n\n4\t5\t\t6\n\n\n7\t8\t9\t\n'   #串尾包含空白符\t\n
>>>re.split(r'\s+',s)                          #串尾的空白符串作为分隔符会拆分出空串
['1', '2', '3', '4', '5', '6', '7', '8', '9', '']
```

6.3.3　正则表达式应用举例

下面通过两个实例来学习正则表达式在实际工作中的应用。

【例 6-11】　下面有一个字符串是 html 语言书写的网页，请清除网页字符串中的空白符号，将网页中的标记(由一对尖括号构成)作为分隔符号将网页中的内容拆分成列表，如果是多个连续的标记则作为一个分隔符号。网页字符串为'<html>\n<head>\n<title>我的第一个网页</title>\n</head>\n<body>\n 最简单的网页从这里开始\n</body>\n</html>'.

设计思路：查找空白符号的模式为'\s+',清除串中空白符号可以使用替换函数 sub,替换串为空串就是删除串。查找网页中的标志的模式为'<.+>',但这样写将取最长的一对尖括号,从而捕获整个串,使用最短匹配可以解决这个问题,模式改为'<.+?>'.要捕获连续多个标志,模式可以写成'(<.+?>)+'.元字符'()+'表示重复出现 1 次以上的分组,这是可单独捕获的子模式,会影响捕获分隔符,需要改为无捕获子模式,模式设计为'(?:<.+?>)+'.模式设计好后,编写处理程序如下：

```
#liti6-11.py
import re
s='<html>\n<head>\n<title>我的第一个网页</title>\n</head>\n<body>\n 最简单
的网页从这里开始\n</body>\n</html>'
s1=re.sub(r'\s+','',s)                          #删除空白符后赋值给 s1
s2=re.split(r'(?:<.+?>)+',s1)                   #使用网页标志拆分后,得到的列表赋值给 s2
print(s2)
```

程序的运行结果如下：

```
['', '我的第一个网页', '最简单的网页从这里开始', '']
```

由于网页串中首尾都有网页标志,所以在列表首尾会拆分出两个空串,可以用推导式去除列表中的空串成员。这项工作在网络爬虫等应用领域可以得到使用,因为爬取网页源代码时会因为标志过多影响阅读,使用这个程序可以清除网页中的标志。

【例 6-12】　假设 C:\windows 目录下有不少程序文件(扩展名为 exe),请找出这些程序文件中文件名以数字结尾的文件。

设计思路：Python 使用标准模块 os 对磁盘文件夹或目录进行管理,os 模块的函数 listdir 可以列举指定目录下的所有文件和文件夹名,将结果构建为一个迭代对象。如何找出这些名字中扩展名为 exe、以数字结尾的文件名？需要设计一个合适的模式。查找

这类文件名的模式设计如下：'.＊\d＋\.exe＄'，元字符＄可以保证 exe 为文件名的后缀，即扩展名为 exe，扩展名前的圆点与元字符"."有冲突，需要写成转义字符\.'，模式中'.＊\d＋'表示文件名最后是数字串。设计好模式后，编写处理代码如下：

```
#liti6-12.py
import re,os              #导入模块 re,os
for fn in os.listdir(r'c:\windows'):
                          #循环取出 listdir 返回的可迭代对象中的每一个文件名到 fn 中
    m=re.findall(r'.＊\d+\.exe$',fn)
                          #查找 fn 串是否匹配模式，是则返回非空列表
    if m:
        print(fn)
```

程序的运行结果如下：（在不同的运行环境下，结果会有差异）

```
RtCamU64.exe
splwow64.exe
twunk_16.exe
twunk_32.exe
winhlp32.exe
xinstaller.1.3.0.22.exe
```

要学好正则表达式模块必须不断练习、大胆实践，认真体会和理解各种元字符的用法，这样才能设计好模式，进而感受到正则表达式模块的强大之处。

习　　题

一、选择题

1. 字符串必须在文字的前后使用限界符，字符串限界符不包括_____。
    A. '   B. "   C. '"   D. ♯
2. 将字符串转换为字节串的过程称为_____。
    A. 译码   B. 编码   C. 解码   D. 存储
3. 将字节串转换为字符串的过程称为_____。
    A. 译码   B. 编码   C. 解码   D. 提取
4. 比较字符的大小就是比较字符代码的大小，Python 的字符代码默认采用_____。
    A. big5   B. gb2312   C. ansi   D. Unicode
5. 字符串数据可以使用的运算符不包括_____。
    A. ＊   B. ＝＝   C. ＋   D. ─
6. 可以计算形如'2**10'的字符串形式的表达式的函数是_____。
    A. input()   B. int()   C. eval()   D. print()

7. 下面程序段的运行结果是_____。

```
s=0
for t in 'box':
  s+=eval('0'+t+'110')
print(s)
```

    A. 18   B. 216   C. 350   D. 816

8. 表达式 chr(ord('\x59cb'[0])) 的运算结果是_____。

    A. '江'   B. ' Ycb'   C. '0x59'   D. 'Y'

9. 表达式 format(10,'<010b') 的运算结果是_____。

    A. '1010000000'   B. '0000001010'   C. '0b01010'   D. '0b10010'

10. 表达式 ' '.join('a\tb\nc\x20d'.split()) 的运算结果是_____。

    A. 'abc20d'   B. 'a\tb\nc d'   C. 'a b c d'   D. 'a b c d'

11. 下面程序段的运行结果是江西师大，spl 中存放的是_____码。

```
def fun(spl):
  cnl=[]
  for i in range(0,len(spl),2):
    x=bytes([spl[i]+160,spl[i+1]+160]).decode('gbk')
    cnl.append(x)
  return cnl
spl=[29,13,46,87,42,6,20,83]
print(''.join(fun(spl)))
```

    A. gbk   B. unicode   C. 区位   D. ansi

12. 下面程序段的运行结果是_____。

```
def fun(cnl):
  spl=[]
  for ch in cnl:
    spl.extend(map(lambda x:x-160,ch.encode('gbk')))
  return spl
cns='江西'
print(''.join(map(str,fun(cns))))
```

    A. 4974716   B. 51794952   C. 29134687   D. 36471893

13. 下面表达式的运算结果不为'A'的是_____。

    A. format(65,'c')   B. chr(65)   C. '\x41'   D. str(65)

14. 下面表达式不能使'ABC'前后增加一个空格的是_____。

    A. format('ABC','^5')   B. 'ABC'.center(5)

    C. '{:^5}'.format('ABC')   D. '%^5s'%'ABC'

15. 假设 s=' ABC\t\n '，下面表达式不能从 s 获得'ABC'的是_____。

    A. s[2:5]   B. s.strip()

C. s.lstrip().rstrip()   D. s.strip('\t\n')

16. 下面表达式的结果不为 True 的是_____。

     A. r'\.'=='\\.'   B. r'\.'=='\.'   C. r'\b'=='\\b'   D. r'\b'=='\b'

17. 下面表达式的结果不是'py'的是_____。

     A. '作业 5.1.py'.split('.')[2]   B. '作业 5.1.py'.rsplit('.')[2]

     C. '作业 5.1.py'.partition('.')[2]   D. '作业 5.1.py'.rpartition('.')[2]

18. 下面表达式不能得到正确结果的是_____。

     A. 'abcdabc'.find('ac')==-1   B. 'abcdabc'.index('ac')==-1

     C. 'abcdabc'.count('ac')==0   D. 'ac' not in 'abcdabc'

19. 下面程序段的运行结果是_____。

```
def fun(s):
  r=''.join(filter(lambda x: x.isalpha() and not '\u4e00'<=x<='\u9fa5',s))
  return r
print(fun('北京 BeiJing36102'))
```

     A. 北京   B. BeiJing   C. 北京 Beijing   D. 36102

20. 选择补充下面的程序段的两个空格的选项,能让每列数据左对齐显示的是_____。

```
for x,y,z in (('北京','Beijing',36102),('呼和浩特','Huhhot',2800)):
    print(x.ljust(__),y.ljust(__),z)
```

     A. 10   10   B. 10-len(x)   10

     C. 10   15-len(y)   D. 10-len(x)   15-len(y)

21. 下面程序段的运行结果是_____。

```
s='abbbbbbc'
while True:
  s1=s.replace('bb','b')
  if len(s)==len(s1):
    break
  else:
    s=s1
print(s)
```

     A. abbbc   B. abc   C. ac   D. 运行异常

22. 表达式 len(re.findall('a.c','a.cabcac'))的运算结果是_____。

     A. 0   B. 1   C. 2   D. 3

23. 表达式''.join(re.findall('(.)c(.)','a.cabcac')[1])的运算结果是_____。

     A. '.a'   B. 'ab'   C. 'ba'   D. '.ca'

24. 表达式 re.search('(?:.+)c(.)','a.cabcab').end(1)的运算结果是_____。

     A. 4   B. 5   C. 6   D. 7

25. 表达式 re.findall('(\w+?)([a−zA−Z]+)(\d+)','北京 BJ1234 上海 SH5678')
的运行结果是_____。

    A. [('北京', 'BJ', '1234'), ('上海', 'SH', '5678')]

    B. [('北京 B', 'J', '1234'), ('上海 S', 'H', '5678')]

    C. [('北京 BJ1234 上海 S', 'H', '5678')]

    D. 运行异常

二、填空题

1. 字符串常量使用限界符包括_____、_____和_____,第三种限界符可以包含多行。

2. 字符串中的字符在计算机内部采用_____默认编码,是一种可变长的 1~4 字节 Unicode 编码,与英文 ASCII 兼容,通过字符串的_____方法可以生成该串的编码字节串。

3. 转义字符(escape)使用_____符号引导,后面使用 x 和 2 位十六进制数可以表示英文 ASCII 对应的字符,后面使用_____和 4 位十六进制数可以表示定长 Unicode 对应的非英文字符。

4. 汉字定长 Unicode 的范围是_____到_____,使用_____内置函数可以获得一个汉字的定长 Unicode,使用_____内置函数可以将一个定长 Unicode 转换成对应的汉字。

5. 有特殊的控制字符需要通过转义字符方式表示,例如,Enter 键表示为_____,退格符表示为_____,制表符表示为_____,其中的字母必须小写,还有多重含义的受限字符也需要使用转义字符表示,例如,单引号表示为_____,双引号表示为_____,转义引导符自身表示为_____。

6. 假设 s= 'abcd\b\d\t\n(＋)1234',请设计正则搜索模式(pattern)。搜索 s 中的'\b\d'的正则式为_____,搜索 s 中的'\t\n'的正则式为_____,搜索 s 中的'(＋)'的正则式为_____,搜索 s 中的数字串的正则式为_____。

7. 下面程序的运行结果是_____。

```
def fun(s,subs):
  r=[]
  p=s.find(subs)
  while p!=-1:
    r.append(p)
    p=s.find(subs,p+len(subs))
  return r
print(fun('abcabcdeabcdefg','abc'))
```

8. 下面程序的运行结果是_____。

```
table=''.maketrans('1234567890sbqw','一二三四五六七八九零十百千万')
d='2021年5月2s4日'.translate(table)
```

```
print(d)
```

9. 下面程序的运行结果是_____。

```
from functools import reduce
import re
def fun(s):
    tlst=re.findall('([\u4e00-\u9fa5]+)(\d+)',s)
    lst=reduce(lambda x,y:x+y,tlst,tuple())
    return lst
print(fun('北京 36102 长沙 12095 成都 17716'))
```

10. 下面程序的运行结果是_____。

```
import re
def fun(s,subs):
    r=[]
    fi=re.finditer(subs,s)
    for x in fi:
        r.append(x.end())
    return r
print(fun('abcabcdeabcdefg','abc'))
```

三、编程题

1. ISBN-13 是国际标准书号,它包含了 13 个数字用 4 个"-"分隔,其中第 13 位是校验数,由前面 12 位数计算得到,具体计算公式是 $10-(d1+3d2+d3+3d4+d5+3d6+\cdots+d11+3d12)\%10$,$d1\sim d12$ 是 ISBN 中各位置上的数,当结果为 10 时,校验数为 0。编写一个程序,键盘输入一个 ISBN 号,将前面 12 位数提取出来计算出校验数并与第 13 位数比较,如果相等则显示"验证成功",否则显示"验证失败"。例如,输入 978-7-302-41580-0,会显示验证成功。

2. 编写一个程序,找出键盘输入的两个字母串的最长公共前缀并显示,判断时不区分大小写。例如,输入 They 和 their 两个子串,会显示 the。

3. Excel 中的列号是用字母表示的,A 列表示 1 列,AA 列表示 27 列,请编写一个程序,将键盘输入的字母串列标变成数字列号并显示结果。

4. 编写一个程序,从输入的一串字符中找出连续字母组成的单词,将这些单词组成列表后显示。

5. 编写一个程序,将输入的一串字符的首尾空白格去除,然后判断其是否为回文串,即字符串倒序后仍为该字符串,若是则显示"是回文串",否则显示"不是回文串"。

6. 编写一个程序,从输入的一串字符中找出数字串,将这些数字串在输入串的位置元组组成列表后输出。位置元组由数字串在输入串中的开始下标和结束下标+1 两个数字组成。

7. 中国古代的纪年法称为干支纪年法,天干包括"甲乙丙丁戊己庚辛壬癸",地支包括"子丑寅卯辰巳午未申酉戌亥",已经知道公元 0 年是庚申年。编写一个程序,从键盘输入一个公元年份,可以计算出其干支纪年结果并显示。

8. 编写一个函数,从参数提供一个城市名和 GDP 组成的原始串,再提供一个城市名作参数,该函数能将原始串中该城市后的 GDP 值加 1,并作为结果串返回。编写一个主程序,使用下面的数据中验证该函数。数据串如下:

北京 36102 长沙 12095 成都 17716 佛山 10816 福州 10020 广州 25019 杭州 16106 合肥 10045 济南 10140 南京 14817 南通 10036 宁波 12408 青岛 12400 泉州 10158 上海 38700 深圳 28000 苏州 20170 天津 14083 无锡 12370 武汉 15623 西安 10020 郑州 12003 重庆 25002 呼和浩特 2800 石家庄 6200

第7章

文 件

学习目标：

- 了解文件的概念和分类，掌握文件的打开、关闭、读/写、定位等方法。
- 理解数据维度的概念，掌握一维、二维、高维等维度数据的存储、表示和处理的方法。
- 掌握利用 os、shutil 等模块对文件/文件夹进行遍历、复制、移动、删除、重命名等各种操作的方法。

7.1 文件基本处理

7.1.1 文件概述

1. 文件类型

文件是计算机系统中的重要概念之一，用于存放用户的各种信息。文件中存放的信息可以是文字、图像、声音、视频、程序等各种类型的信息。用户经常需要将文件读入内存进行处理，或将处理的结果输出到外存进行永久保存。信息最终是由编码表示的，根据信息的编码规则，文件可以分为文本文件和二进制文件两种类型。

1）文本文件

文件的内容是由指定的字符编码表示的，如 ASCII 码、GBK 码、UTF-8 码等，这样的文件就是文本文件，典型的如 txt 格式的文件，即文本文件内容是由连续的字符构成的，形成一个字符流。字符流中一般包含若干换行符，因此文本文件也可以称为是由若干文本行构成的。文本文件的最后会放置一个文件结束标志来指明文件的结束。

2）二进制文件

二进制文件的内容不是按照字符的方式组织，而是按照特定用途以字节流的形式组织，典型的如图像文件、视频文件、机器指令程序文件等。

文本文件和二进制文件的主要区别在于，文本文件可以通过文本编辑软件进行创建、浏览和编辑，二进制文件不能通过普通的文本处理软件进行处理，内容无法直接被用户阅读和理解。因此,二者的根本区别在于文件内容是否采用了字符编码。

2. 文件基本处理流程

无论是文本文件还是二进制文件,Python 对文件的处理步骤基本是一致的,即"打开—处理—关闭"。利用内置函数 open() 打开指定文件并返回一个文件对象,然后通过文件对象的各种方法对文件进行所需的处理,最后通过文件对象的 close() 方法关闭文件。

【例 7-1】 对文本文件和二进制文件的理解。

程序代码如下:

```
#liti7-1.py
textFile = open('7.1.txt','rt')          #将文件以文本方式打开
print(textFile.read())
textFile.close()
binaryFile = open('7.1.txt','rb')        #将文件以二进制方式打开
print(binaryFile.read())
binaryFile.close()
```

程序运行结果如下:

悠悠华夏,灿烂文明。
b'\xd3\xc6\xd3\xc6\xbb\xaa\xcf\xc4\xa3\xac\xb2\xd3\xc0\xc3\xce\xc4\xc3\xf7\xa1\xa3'

例 7-1 将一个 txt 文件按两种不同方式打开,以'rt'方式打开,则将文件内容看成字符流,以'rb'方式打开,则将文件内容看成字节流,因此两种方式输出的结果不同。由于文本文件中的中文字符默认采用 GBK(cp936)编码,该编码以 2 字节存储一个中文符号,因此输出的字节流总共有 20 字节。

7.1.2 文件的访问

一般情况下,经常需要对文本文件进行访问,因此本节主要对文本文件的处理进行具体介绍,二进制文件的处理方式与之类似。

1. 文件的打开和关闭

1) 文件的打开

文件处理流程的第一个步骤是打开操作,Python 提供了一个内置函数 open 来实现。open 函数调用格式如下:

文件对象名 = open(文件名, 打开模式)

文件打开成功,返回一个文件对象,程序可以通过该对象对文件进一步访问。该函数主要需要提供两个参数,一个是文件名,若打开的文件位于当前目录下,则只需提供文件

名,否则要提供完整的文件路径;另一个是打开模式,用于指明文件打开后的处理方式,如只读、只写、追加等。具体打开模式如表 7-1 所示。

表 7-1　打开模式

模　　式	说　　　　明
r	读模式(默认模式),如果文件不存在,则抛出异常
w	写模式,若文件存在,则覆盖原有内容;否则创建文件
a	追加模式,若文件存在,则在后面追加内容;否则创建文件
t	将文件以文本文件方式打开(默认方式)
b	将文件以二进制文件方式打开
＋	可与 r/w/a 组合使用,增加读/写功能

　　r、w、a 可与 t、b、＋组合使用,用以表示读写方式和文件打开类型,说明如下:
　　open('7.1.txt','rt')、open('7.1.txt','r')和 open('7.1.txt')三种打开方式等价,都是将文件以文本方式打开,并设为只读模式。
　　open('7.1.txt','r＋')表示将文件按文本方式打开,并可读可写。
　　open('test1.dat','wb')表示将指定文件以二进制方式打开,并设为只写模式,若文件存在,则覆盖,否则创建文件。
　　2) 文件的关闭
　　文件处理完毕,需要进行关闭,以释放文件的使用权,并将更新的数据保存到文件中,调用格式为

```
文件对象名.close()
```

【例 7-2】　文件的打开和关闭。
　　程序代码如下:

```
#liti7-2-1.py
file = open('7.2.txt','r')                #文件以只读文本的方式打开
text = file.read()
print(text)
file.close()                             #关闭文件
```

程序运行结果如下:

这是文件打开和关闭的例子。

　　文件打开后,程序对文件访问时,由于各种原因,可能会产生访问异常,程序运行中断,导致"file.close()"语句不能执行;有时,用户可能会漏写文件关闭语句。因此,由于种种原因,可能会出现文件不能正常关闭的现象。如何保证不论发生什么情况,打开的文件都能被关闭呢? 此时可以考虑使用 with 语句,格式如下:

```
with open(filename, mode) as fp:
```

```
<文件处理语句>
```

with 结构语句可以保证在文件处理过程中，无论是否发生异常都能执行关闭操作。上述例子可以修改如下：

```
#liti7-2-2.py
with open('7.2.txt','r') as file:
    text = file.read()
    print(text)
```

2. 文件的读写

open 函数成功打开文件后，返回一个文件对象，通过调用该对象的相应方法实现对文件内容的读/写。下面先了解文件对象的常用读方法。

1) 读文件

读文件主要是通过如表 7-2 所示的文件对象的读方法实现的。

表 7-2　文件对象的读方法

方　　法	说　　明
read([n])	read()或 read(−1)读取文件当前位置之后的所有内容，read(n)读取文件当前位置之后的 n 个字符或字节(含当前位置)
readline([n])	readline()或 readline(−1)读取文件当前行的所有内容，readline(n)读取文件当前行的前 n 个字符或字节
readlines([n])	readlines()返回一个包含文件中所有行的列表，readlines(n)返回一个包含文件中前 n 行的列表
seek(offset,whence)	seek()方法移动文件位置指针，指向新的读/写位置；offset 表示文件指针相对参考位置的偏移量；whence 指定参考位置，可以是 0—文件开头(默认值)，1—当前位置，2—文件结尾

【例 7-3】　输出文件的全部内容，并单独输出文件中长度最长的行及其字符个数。

打开文件后，利用 read()方法得到文件全部内容并输出，然后用 readlines()方法得到包含所有行的列表，通过 max 函数找到最长的行并输出。

程序代码如下：

```
#liti7-3-1.py
with open('7.3.txt','r') as file:
    print(file.read())
    ls = file.readlines()
    s = max(ls, key=len)
    print(len(s),s)
```

程序运行结果如下：

小时候
乡愁是一枚小小的邮票

我在这头

母亲在那头

```
Traceback (most recent call last):
  File "E:\Program Files\Python37\liti7\liti7-3.py", line 4, in <module>
    s = max(ls, key=len)
ValueError: max() arg is an empty sequence
```

程序输出了文件的所有内容,但没有输出最长行,并且触发了异常。原因是"file.read()"执行后,文件指针指向了文件尾,再执行"file.readlines()"时,读不到任何内容,返回一个空列表,max 函数不能对空列表进行处理,因此触发异常。改进的方法是在 read() 方法执行后,将文件指针重新指向文件首部,需要利用 seek() 方法实现,具体调用为 seek(0,0)。第 2 个参数 0 的意思在表 7-2 中有介绍,表示指针移动的起始参考位置,0 表示起始位置为文件开头;第 1 个参数表示相对于起始位置的偏移量,此处要将指针移到文件开头处,即相对于起始位置的偏移量为 0,所以第 1 个参数为 0。由于第 2 个参数的默认值为 0,则 seek(0,0)可简写为 seek(0)。程序改进如下:

```
#liti7-3-2.py
with open('7.3.txt','r') as file:
    print(file.read())
    file.seek(0)                          #将文件指针重新指向文件头部
    ls = file.readlines()
    s = max(ls, key=len)
    print(len(s),s)
```

程序运行结果如下:

小时候

乡愁是一枚小小的邮票

我在这头

母亲在那头

11 乡愁是一枚小小的邮票

改进后的程序不但输出了文件的所有内容,还输出了最长行的字符个数及其内容。但此处有个小问题,"乡愁是一枚小小的邮票"只有 10 个字符,为何程序输出的是 11 个?

当然,此题不用 seek() 方法也能实现,请读者思考。

【例 7-4】 逐行遍历文件中的每一行。

文件对象的 readline() 方法每次读出一行,可以采用循环的方式依次读出,直到读到空串时结束。

程序代码如下:

```
#liti7-4-1.py
with open('7.3.txt','r') as file:
    s = file.readline()
    while s!='':
        print(s)
```

```
        s = file.readline()
```

上述程序可进一步简化如下：

```
#liti7-4-2.py
with open('7.3.txt','r') as file:
    for line in file:
        print(line)
```

两个程序的运行结果一样：

小时候

乡愁是一枚小小的邮票

我在这头

母亲在那头

运行结果存在一个问题，相邻行间多了一个空行，这是什么原因导致的，如何去除相邻行间的空行呢？感兴趣的读者可以思考。

2) 写文件

写文件主要是通过如表 7-3 所示的文件对象的写方法进行的。

表 7-3　文件对象的写方法

方　　法	说　　明
write(s)	往文件中写入一个字符串或字节串
writelines(ls)	将一个列表中的所有串写入文件中

【例 7-5】　在文件末尾添加内容。

文件已包含诗句"白日依山尽，黄河入海流。"要在后面添加"欲穷千里目，更上一层楼。"可以用'a'追加方式打开文件，然后调用文件对象的 write()方法将指定文本添加到末尾。

程序代码如下：

```
#liti7-5.py
file = open('7.5.txt','a+')
file.seek(0)
print('添加前:')
print(file.read())
file.write('欲穷千里目,更上一层楼。')
print('添加后:')
file.seek(0)
print(file.read())
file.close()
```

程序运行结果如下：

添加前：

白日依山尽,黄河入海流。

添加后：

白日依山尽,黄河入海流。
欲穷千里目,更上一层楼。

程序中有两处调用 seek(0)方法,第 1 次调用是因为以'a'追加的方式打开文件后,文件指针自动指向文件末尾,此时调用 read()方法将返回空,因此必须将指针指向文件头部,再调用 read()方法;将字符串添加到文件尾部后,文件指针依然指向文件末端,为了读出文件的全部内容,需要再次将文件指针指向文件头部,这就是第 2 次调用 seek(0)的原因。另外要注意的是,用'a'追加方式打开的文件,无论文件指针指向什么位置,write()方法写入的内容都一律添加在文件末尾。这里有个问题,读者可以思考:在例 7-5 中,需要以追加方式打开文件,为何要用'a+',而不是'a'?

【例 7-6】 将一个列表中的字符串写入文件中。

以'w+'的方式新建或打开一个文件,用文件对象的 writelines()方法将列表中的内容写入文件中,并显示写入的结果。

程序代码如下:

```
#liti7-6.py
file = open('7.6.txt','w+')
ls = ['北京', '华盛顿', '莫斯科', '伦敦']
file.writelines(ls)
file.seek(0)
print(file.read())
file.close()
```

程序运行结果如下:

北京华盛顿莫斯科伦敦

为何 4 个城市位于同一行,没有分成 4 行呢? 读者可以思考如何修改程序,得到如下的输出结果:

北京
华盛顿
莫斯科
伦敦

7.2 数 据 维 度

数据本质是对编码的一种抽象和理解。7.1.1 节将文件分为文本文件和二进制文件,其分类的原则就是基于对编码的理解方式:将文件中的编码理解为一个个的字符,就可以看成文本文件;将文件中的内容理解为一个个的字节型数据,形成一个字节流,就可以看成二进制文件。但这种划分方式过于简单,不利于反映文件中数据的结构和内涵。尤其是文本文件,其中包含的数据信息不仅丰富而且具有结构层次,因此如何反映出其中包含的信息意义非常重要。当前主要采用维度的方式组织数据来反映数据的内涵。

7.2.1　维度概述

文本文件往往用于存储具有各种意义的信息,如何根据信息的具体情况,合理、规范地将数据组织起来,从而更好地反映信息内涵则显得非常重要。"维度"是目前实现这一要求的最佳方案。数据维度是一种简单、高效、灵活的数据组织方式,具体有一维、二维,以及高维等多种形式。无论是几维数据,实际是在语义层面的理解。

一维数据是指采用线性方式组织的有序或无序数据,类似于数组或集合的概念。例如,我国一些城市:北京、上海、广州、深圳、南京、武汉、杭州、成都等都是并列的线性关系,这样的数据就是一维数据。

二维数据由多个一维数据构成,是一维数据的组合形式,形式上类似于表格。例如表 7-4 表示的是某上市公司近 4 年的财务情况。

表 7-4　某上市公司近 4 年财务情况表

指　　标	2018 年	2019 年	2020 年	2021 年
营业收入(百万)	8 683.38	8 973.27	11 658.02	14 973.71
净利润(百万)	3 078.88	2 575.00	3 303.82	3 775.40
每股收益(元)	1.430	1.198	1.538	1.757
净资产收益率	19.04%	13.74%	14.98%	14.62%
市盈率	14.96	17.85	13.91	12.17

高维数据很容易与多维数据混淆,二者是不同的。表 7-4 反映的是一个公司的财务情况,但上市公司有很多,每个上市公司都可以有一个这样的二维表,这样就形成了多维数据。高维数据的特征是"键值对",以"键值对"的形式描述和组织的数据才叫作"高维数据"。典型的如 HTML 网页,例如:

```
<html>
  <head>
    <title>网站标题</title>
  </head>
  <body>
    <p>这是一个段落</p>
    <a href="http://www.baidu.com">百度一下</a>
  </body>
</html>
```

可以看出,网页是由＜html＞…＜/html＞、＜head＞…＜/head＞、＜body＞…＜/body＞、＜a＞…＜/a＞等各种标签对组成的,这些标签实际是一种"键值对",采用的是＜key＞value＜/key＞的形式,如"＜title＞网站标题＜/title＞",键(key)由"＜title＞＜/title＞"表示,值(value)为"网站标题"。各键值对之间可以灵活嵌套包含,以此来表示丰富的数据内涵。在具体实现上,键值对的形式除了采用 HTML 语法外,还可以采用别的形式,如 JSON。

7.2.2　各维度数据的存储

为便于处理,数据一般都需要存放在文件中。下面分别介绍各种维度的数据在文件中的存储格式。

一维数据的形式最简单,在文件中存放时,只需用特定的字符(如空格、逗号、分号等)将各并列数据进行分隔即可,如:

北京 上海 广州 深圳 南京 武汉 杭州 成都
北京,上海,广州,深圳,南京,武汉,杭州,成都
北京;上海;广州;深圳;南京;武汉;杭州;成都

二维数据是由多条一维数据构成的,因此二维数据的存储很容易由一维数据的存储格式扩展而来。国际上采用一种通用的格式——CSV(Comma-Separated Values)格式来存储二维数据,这种格式结构简单,基本规则如下。

(1) 内容为纯文本,采用某种字符集,如 ASCII、Unicode、GBK。

(2) 每行表示一个一维数据,多行表示二维数据。

(3) 一般用逗号(英文、半角)作为各列数据的分隔符,列为空也要保留逗号,具体情况下也可以用其他的分隔符。

(4) 可含或不含表格列名,若含列名,则居文件第一行。

(5) 开头不留空行,行与行之间也不留空行。

表 7-4 中的二维数据采用 CSV 存储格式如下:

指标;2018 年;2019 年;2020 年;2021 年
营业收入(百万);8,683.38;8,973.27;11,658.02;14,973.71
净利润(百万);3,078.88;2,575.00;3,303.82;3,775.40
每股收益(元);1.430;1.198;1.538;1.757
净资产收益率;19.04%;13.74%;14.98%;14.62%
市盈率;14.96;17.85;13.91;12.17

由于原表中的数据用逗号作为千分位,则分隔符不能采用逗号,此处用分号分隔各列数据。CSV 格式的文件扩展名为 csv,可以直接用记事本或 Excel 打开编辑。

高维数据的存储目前主要有两种格式:XML 和 JSON。前面给出的 HTML 网页的例子本质是一种 XML 格式,HTML 是 XML 的一种变种,没有 XML 严格。下面主要介绍 JSON 格式。

JSON(JavaScript Object Notation)是一种轻量级的数据交换格式,相对于 XML 格式,其语法更为简洁,易于阅读和编写。JSON 也是围绕"键值对"来组织语法的,但其表示的语法为"key":"value"的形式,键和值都保存在双引号中,具体约定如下。

(1) 多个键值对构成一个对象,各键值对之间用逗号分隔,对象由一对花括号括起来。

(2) 多个对象可以形成一个数组,对象间用逗号分隔,数组由一对方括号括起来。

根据上述规定,前面给出的 HTML 网页可以用 JSON 格式表示如下。

```
"html":[
        {"head":{"title":"网站标题"}},
        {"body":[
                {"p":"这是一个段落"},
                {"a href="http://www.baidu.com""":"百度一下"}
                ]}
        ]
```

JSON 格式的简洁性不言而喻,感兴趣的读者可以思考表 7-4 中二维数据如何用 JSON 格式表示。JSON 格式的内容一般保存在.json 文件中。

7.2.3 各维度数据的表示和处理

存储在文件中的各种维度的数据,在读入内存后,为便于处理,要进一步转换为相应的数据类型。在 Python 中,一维数据一般用列表表示,二维数据可以用二维列表表示。对于存放在 csv 文件中的表 7-4 中的二维数据,可以编程导入 csv 文件,然后将其转换为二维列表。

【例 7-7】 将 csv 文件中的数据导入为二维列表。

以'r'方式打开一个 csv 文件,依次循环读入每一行,按指定分隔符将当前行转换为列表,并将该列表添加到事先创建的空列表中。循环结束,即得到 csv 文件中的二维数据对应的二维列表。这就是 csv 数据转换为对应表示数据的过程。

程序代码如下:

```
#liti7-7.py
file = open('7.7.csv','r')
ls = []
for line in file:
    line = line[:-1]
    ls.append(line.split(';'))
print(ls)
file.close()
```

由于每行最后都有一个换行符'\n',这个换行符对于转换为内部的表示数据来说是多余的,因此可以用切片操作将其去掉,当然也可以用其他的方法。处理后得到的每一行都是一维数据,再用字符串的split()方法按指定的分号(;)分隔符得到一维列表,并添加到二维列表ls中。程序运行结果如下:

[['指标', '2018年', '2019年', '2020年', '2021年'], ['营业收入(百万)', '8,683.38', '8,973.27', '11,658.02', '14,973.71'], ['净利润(百万)', '3,078.88', '2,575.00', '3,303.82', '3,775.40'], ['每股收益(元)', '1.430', '1.198', '1.538', '1.757'], ['净资产收益率', '19.04%', '13.74%', '14.98%', '14.62%'], ['市盈率', '14.96', '17.85', '13.91', '12.17']]

上述例子是将csv文件中的数据读入并转换为表示数据。那么,如何将Python程序中的一维或二维列表转换为CSV格式的数据并保存到csv文件中呢?

【例7-8】 将一维列表写入csv文件中。

一个一维列表对应到一条CSV格式的数据行,该数据行实际是一个字符串。转换时要注意字符串中用什么样的分隔符,以及最后要添加一个换行符。

程序代码如下:

```
#liti7-8.py
def is_float(s):                #判断字符串的内容是否为实数
    try:
        float(s)
        return True
    except:
        return False
file = open('7.8.csv','w')
ls = ['营业收入(百万)', '8683.38', '8973.27', '11658.02', '14973.71']
for i in range(len(ls)):         #以下标方式遍历每一个列表元素
    if is_float(ls[i]):          #是实数,则以千分位数字串替换当前列表元素
        ls[i] = '{:,}'.format(float(ls[i]))
file.write(';'.join(ls)+'\n')    #写入以分号分隔,后跟一换行符的字符串到csv文件中
file.close()
```

先设计一个函数判断字符串是否为实数数字串;程序调用该函数,将实数串转换为千分位数字串。程序运行后,打开7.8.csv文件,可以得到以下内容。

营业收入(百万);8,683.38;8,973.27;11,658.02;14,973.71

将一个二维列表转换为二维的CSV格式数据并写入一个csv文件中,只需将上述写入一维数据的方式,通过一个循环,将多个一维列表进行依次写入即可,感兴趣的读者可以自行尝试。

7.2.4 基于模块的维度数据处理

1. csv模块

前面对csv文件的输入、输出处理都是用户直接编程实现的,用户需要考虑所有细

节,有时显得不太方便。Python有一个专门处理csv文件的csv模块,用它可以对CSV格式的文件进行各种处理,简化用户的工作。csv模块的主要方法如表7-5所示。

表7-5　csv模块的主要方法

方　　法	说　　明
reader(fileobj)	reader函数返回一个csv_reader迭代器,通过该迭代器可以遍历打开的csv文件(fileobj)中的每一行
writer(fileobj)	writer函数返回一个csv_writer对象,该对象有writerow()和writerows()两个方法,可以用一行或多行的方式写入csv文件

【例7-9】　利用csv模块对CSV格式文件进行读写。

程序代码如下:

```
#liti7-9.py
import csv
headline = ['学号','姓名','性别','语文','数学','英语']
content = [('26001','张君','男','85','96','88'),
           ('26002','陈宏','女','90','92','86'),
           ('26003','赵亮','男','76','87','65'),
           ('26004','刘梅','女','82','95','91')]
with open('7.9.csv','w',newline='') as file:          #以写方式打开文件
    csv_writer=csv.writer(file)
    csv_writer.writerow(headline)                     #写入标题行
    csv_writer.writerows(content)                     #写入多行记录
with open('7.9.csv','r',newline='') as file:          #以读方式打开文件
    csv_reader=csv.reader(file)                        #csv_reader是个迭代器
    for row in csv_reader:                             #遍历输出各行
        print(row)
```

csv模块在逐行写入文件时,会自动在每行的后面加上换行符,因此针对这种特点,在用open函数打开文件时,要指定newline参数为" "(空串)。csv文件每列的间隔符默认为逗号,csv模块可以指定所需列分隔符,如csv.writer(file,delimiter=';')可以指定写入时列分隔符为分号,读入时,同样指定delimiter参数为分号即可。

2. json模块

json模块提供了序列化和反序列化的方法。序列化是将程序运行中的数据对象转换为易于存储或传输形式的过程;反序列化是指将存储区中或接收到的已序列化的对象信息还原为数据对象的过程。序列化有JSON、Protobuf、XML等多种方式。JSON是一种轻量级的数据交换格式,易于阅读和编写,同时也易于机器解析和生成,这些特性使JSON成为理想的数据交换语言。Python内置的json模块提供了针对JSON格式的序列化和反序列化方法,主要方法如表7-6所示。

表 7-6 json 模块的主要方法

方　　法	说　　明
dumps(obj,indent＝None)	dumps 函数将 Python 程序中的字典或列表对象转换为 JSON 字符串并返回该 JSON 串
dump(obj, fp, indent＝None)	dump 函数将 Python 程序中的字典或列表对象转换为 JSON 字符串并写入打开的 fp 文件中
loads(s)	loads 函数将指定的 JSON 格式字符串的内容转换为 Python 程序中的字典或列表对象,并返回该对象
load(fp)	load 函数将文件 fp 中的 JSON 格式内容转换为 Python 程序中的字典或列表对象,并返回该对象

indent 参数可以使得生成的 JSON 格式字符串更具可读性。

```
>>> import json
>>> d1 = {'a':1,'b':2,'c':3}
>>> s1 = json.dumps(d1)          #将字典对象序列化为默认格式的 JSON 字符串
>>> print(s1)
{"a": 1, "b": 2, "c": 3}
>>> s2 = json.dumps(d1, indent=4)   #将字典对象序列化为缩进格式的 JSON 字符串
>>> print(s2)
{
    "a": 1,
    "b": 2,
    "c": 3
}
>>> s1 == s2                     #两个字符串是不同的
False
>>> d2 = json.loads(s2)          #将 JSON 格式字符串 s2 转换为字典对象
>>> d2; type(d2)
{'a': 1, 'b': 2, 'c': 3}
<class 'dict'>
```

上面例子简要说明了 json 模块中的 dumps 和 loads 函数的用法,dump 和 load 函数的用法类似,但要针对相关文件进行处理。

【例 7-10】 将 CSV 格式转换为 JSON 格式。

利用 csv 模块读入 7.9.csv 文件的内容,以二维列表数据对象表示,将列表元素转换为字典对象数据后,利用 json 模块实现序列化。

程序代码如下:

```
#liti7-10.py
import csv
import json
with open('7.9.csv','r',newline='') as file:   #以读方式打开文件
    csv_reader=csv.reader(file)                 #csv_reader 是个迭代器
```

```
    ls = list(csv_reader)                       #得到包含学生信息的二维列表
with open('7.10.json','w') as file:             #以写方式打开文件
    for i in range(1,len(ls)):                  #跳过第一行列标题
        #将第一行列标题与当前行对应元素合并得到一个字典对象
        ls[i] = dict(zip(ls[0],ls[i]))
    #将所有由合并得到的字典对象序列化写入 json 文件中
    json.dump(ls[1:],file)
```

感兴趣的读者可以思考如何将 JSON 格式文件转换为 CSV 格式文件。

7.3　文　件　管　理

本节内容主要介绍以文件/文件夹为整体所进行的各种管理性操作,如文件/文件夹的遍历、复制、移动、删除、重命名等常规操作,以及一些有关文件的系统运维操作。这些操作都是依赖一些模块来实现的,下面先介绍相关模块。

7.3.1　相关模块

1. os 模块

os 模块是 Python 的标准模块,提供了许多基础级的文件操作函数,其常用方法如表 7-7 所示。

表 7-7　os 模块的常用方法

方　　法	说　　　明
chdir(path)	把 path 设为当前工作目录
getcwd()	返回程序的当前工作目录
listdir(path)	返回 path 目录下的文件/文件夹列表,若 path 为空,则返回当前目录下的文件/文件夹列表
mkdir(path)	创建指定目录
remove(path)	删除指定的文件,要求用户拥有删除文件的权限
rmdir(path)	删除指定的目录,被删目录必须是空目录
rename(src, dst)	重命名文件或文件夹,可以实现文件的移动,若目标文件已存在,则抛出异常,不能跨越磁盘或分区
stat(path)	返回指定文件/文件夹的所有属性

下面对 os 模块的一些方法举例说明。

```
>>> import os
>>> os.getcwd()                                 #返回当前目录
```

```
'E:\\Program Files\\Python37'
>>> os.mkdir('test')                        #在当前目录下创建 test 子文件夹
>>> os.chdir('test')                        #将新建立的 test 文件夹设为当前目录
>>> os.getcwd()                             #当前目录发生变化
'E:\\Program Files\\Python37\\test'
>>> os.mkdir('folder1'); os.mkdir('folder2')   #在当前目录下新建两个子目录
>>> os.listdir()                            #返回当前目录下所有文件/文件夹名称组成的列表
['folder1', 'folder2']
>>> with open('file1.txt','w') as fp:       #在当前目录下新建一个文本文件
    pass
>>> os.listdir()                            #再次显示当前目录下的内容
['file1.txt', 'folder1', 'folder2']
>>> os.rename('file1.txt', '文件 1.txt')     #对文件进行重命名
>>> os.listdir()
['folder1', 'folder2', '文件 1.txt']
>>> os.remove('文件 1.txt')                  #删除指定文件
>>> os.rmdir('folder1')                     #删除指定目录,被删目录必须是空目录
>>> os.listdir()
['folder2']
```

2. os.path 模块

os 模块包括了一个 path 子模块,导入 os 模块时自动导入该子模块,该模块用于对文件路径进行各种处理,常用方法如表 7-8 所示。

表 7-8　os.path 模块的常用方法

方　　法	说　　明
abs(path)	返回给定路径的绝对路径
basename(path)	返回指定路径的最后一个组成部分
dirname(path)	返回给定路径的文件夹部分
exists(path)	判断指定路径是否存在
getsize(path)	返回文件大小
isdir(path)	判断指定路径是否为文件夹
isfile(path)	判断指定路径是否为文件
join(path, * paths)	将两个或多个子路径连接成一个完整路径
split(path)	以路径中的最后一个斜线路径分隔符为分隔点,将路径分隔为两部分,并以元组形式返回
splitext(path)	从路径中分隔出文件扩展名,并以元组形式返回
splitdrive(path)	从路径中分隔出驱动器名称,并以元组形式返回

下面对 os.path 模块的一些方法举例说明。

```
>>> import os
>>> route = r'E:\Program Files\Python37\test\file1.txt'
>>> os.path.exists(route)                    #判断文件是否存在
True
>>> os.path.isfile(route)                    #判断是否为文件
True
>>> os.path.dirname(route)                   #得到文件的路径部分
'E:\\Program Files\\Python37\\test'
>>> os.path.basename(route)                  #得到路径的最后一个部分
'file1.txt'
>>> os.path.splitext(route)                  #分隔出文件扩展名,以元组形式提供
('E:\\Program Files\\Python37\\test\\file1', '.txt')
>>> os.path.split(route)                     #分隔出最后的文件名,以元组形式提供
('E:\\Program Files\\Python37\\test', 'file1.txt')
>>> os.path.join( r'E:\Program Files\Python37\test', 'file1.txt')    #路径连接
'E:\\Program Files\\Python37\\test\\file1.txt'
```

3. shutil 模块

shutil 模块提供了一些功能更为强大的文件操作方法,具体如表 7-9 所示。

表 7-9　shutil 模块的常用方法

方　法	说　明
copy(src, dst)	复制文件,如果目标文件已存在则抛出异常
copyfile(src, dst)	复制文件,如果目标文件已存在则覆盖
copytree(src, dst)	递归复制文件夹
move(src, dst)	移动文件或递归移动文件夹,也可以给文件和文件夹重命名
rmtree(path)	递归删除文件夹

下面对 shutil 模块的一些方法举例说明。

```
>>> import shutil
#folder0 目录中包含多级子目录和文件,将该目录树整个复制为 folder1 目录
>>> shutil.copytree(r'C:\folder0', r'C:\folder1')
'C:\\folder1'
#删除整个 folder1 目录
>>> shutil.rmtree(r'C:\folder1')
#文件复制
>>> shutil.copyfile(r'C:\folder0\sub1\grade.xlsx', r'C:\folder2\grade.xlsx')
'C:\\folder2\\grade.xlsx'
```

7.3.2　文件管理案例

【例 7-11】　删除某目录下存储空间为 0 的所有文件。

程序代码如下：

```
#liti7-11.py
from os import listdir,remove
from os.path import join,isfile,getsize
#指定包含文件的目录
dir_path = r'C:\directory'
#得到指定目录下所有文件组成的列表
file_list = [name for name in listdir(dir_path)]
for f in file_list:
    file = join(dir_path,f)                    #得到文件的绝对路径
    if isfile(file) and getsize(file)==0:      #删除存储空间为 0 的文件
        remove(file)
```

【例 7-12】 将指定目录下的所有文件名称，批量改为统一的、连续编号的形式，如 file1.<扩展名>,file2.<扩展名>,…,filen.<扩展名>的形式，原文件扩展名保持不变。

程序代码如下：

```
#liti7-12.py
import os
#指定包含文件的目录
dir_path = r'E:\Program Files\Python37\test'
#为以后处理方便,将程序的当前工作目录指定为上述路径
os.chdir(dir_path)
#得到指定目录下所有文件名组成的列表,不包括子目录
file_list = [name for name in os.listdir() if os.path.isfile(name)]
count = 1
#通过循环批量改名
for f in file_list:
    name,ext = os.path.splitext(f)              #分隔出扩展名
    os.rename(f, 'file'+str(count)+ext)         #只改主文件名,扩展名不变
    count += 1
```

【例 7-13】 将某目录及其各级子目录中的所有文件统一复制到某指定文件夹中。

程序代码如下：

```
#liti7-13.py
from os import listdir
from os.path import isfile,isdir,join
from shutil import copyfile
top_dir = r'E:\Program Files\Python37\test'    #指定的顶层目录
dst_dir = r'E:\Program Files\Python37\temp'    #转存所有文件的目标文件夹
#以递归的方式将各级目录中的文件复制到目标文件夹中
def deepcopy(src_dir):
    for f in listdir(src_dir):
        src_file = join(src_dir,f)
```

```
        if isfile(src_file):                    #是文件则复制
            dst_file = join(dst_dir,f)
            copyfile(src_file,dst_file)
        elif isdir(src_file):                    #是目录则递归
            deepcopy(src_file)
    deepcopy(top_dir)                            #启动递归函数调用
```

习　　题

一、填空题

1. 文本文件是由_____构成的，二进制文件可以看成_____形式。

2. 要移动打开文件的位置指针，应使用文件对象的_____方法。

3. 根据 JSON 格式的内容组织特点，对 JSON 文件内容进行处理，一般要先转换为 Python 程序中的_____和_____类型的数据。

4. 对文件进行移动可以使用_____和_____两种方法。

5. _____模块的_____方法可以得到文件的扩展名。

6. _____模块的_____方法可以得到某目录下所有目录项组成的列表。

二、思考题

1. 打开模式'r＋'和'w＋'都允许对文件进行读写，二者完全等价吗？

2. 如何在文件的指定位置插入字符串？

3. 由于例 7-7 所示的程序是直接输出转换后的二维列表的内容，导致不能很好地以矩阵的方式显示二维列表，如何改写程序，得到以下的输出结果？

```
[
    ['指标', '2018年', '2019年', '2020年', '2021年']
    ['营业收入(百万)', '8,683.38', '8,973.27', '11,658.02', '14,973.71']
    ['净利润(百万)', '3,078.88', '2,575.00', '3,303.82', '3,775.40']
    ['每股收益(元)', '1.430', '1.198', '1.538', '1.757']
    ['净资产收益率', '19.04%', '13.74%', '14.98%', '14.62%']
    ['市盈率', '14.96', '17.85', '13.91', '12.17']
]
```

4. 将例 7-10 中得到的 JSON 文件转换为 CSV 格式文件。

5. 设某目录下含有多级子目录，请编程将各级目录中包含的某种指定类型的文件（如.txt 文件）全部删除。

Python 语言程序设计基础教程

第 8 章

Python 面向对象编程

学习目标：

- 了解对象型数据的特点和成员构成，理解类对象和实例对象的关系，掌握 Python 类和实例的创建方法。
- 理解 Python 对象成员的类型和特点，并能灵活设计所需要的对象成员。
- 了解面向对象的继承概念，理解继承关系下的类之间的层次结构，以及类之间的成员共享关系，并能用 Python 语言以继承的方式进行程序设计。
- 了解面向对象的多态概念，并能用 Python 语言以方法重载的方式实现多态。

8.1　面向对象概述

8.1.1　面向过程和面向对象

程序的组织方式主要有面向过程和面向对象两种方式，Python 是一种面向对象的程序设计语言，但也支持面向过程编程。程序的本质是算法和数据，无论是面向过程还是面向对象都无法改变这一点。只不过面向过程中的算法和数据保持着相对的独立性；而面向对象则将算法和数据建立了联系。为了更好地理解面向对象的思想，有必要将两者做个比较。

1. 面向过程

面向过程（procedure oriented programming）以功能为中心，对于需求解的问题分解出一个个的过程，并分别用不同的函数实现，使用时对函数依次调用即可。例如，某问题是根据半径求圆的周长和面积。按照面向过程的思想，可以先设计两个函数，area(r) 用于求面积，girth(r) 用于求周长，根据需要调用相关函数。本章前面的例子基本都是按照这种方式设计的。面向过程是一种最基础的方法，设计出的程序结构简单，当程序规模不大时，面向过程的方法具有相应的优势。

但是面向过程方法也存在不足之处，该设计方法会导致函数与数据的分离，不利于代码复用，当程序规模较大时，面向过程会大大降低开发速度，增加程序的修改和维护难度。

例如,要开发一款网络游戏,里面会有很多人物角色,采用面向过程的方法就很难应对,这时应该采用面向对象的开发方法。

2. 面向对象

面向对象(object oriented programming)以对象为中心,通过对象将数据以及处理这些数据的相关函数关联起来,这种组织方式便于代码复用和快速开发。对象中的数据和函数都是对象的成员,也可以称为"属性"和"方法"。一般来说,简单的处理问题适合采用面向过程的方法;复杂的问题,尤其是存在多种客体关系的问题,适合采用面向对象的方法。

"面向过程"中列举的根据半径求圆面积和周长的问题,适合采用面向过程的方法,但为了说明对象思想,也可以用面向对象的方式实现。具体来说,要先设计一个圆类,然后根据该类去创建一个圆对象,并初始化半径,然后调用该圆对象的相应方法得到所需结果。现在很多编程语言都是面向对象的,说明面向对象思想在程序设计方法中具有重要的地位,下面对面向对象的相关概念进行具体介绍。

8.1.2 面向对象相关概念

1. 对象

现实世界中存在着各种各样的客体,人类习惯于以客体为单元来认识世界,与之对应,面向对象提倡用对象的方式来设计程序,让对象成为程序的构成单元,探索出一种易于理解、结构合理、便于快速开发的程序设计思路。

在程序范畴中,对象是由数据和作用于数据的操作构成的。对象的数据成员也可以称为属性,用于描述对象的特征或状态;操作描述对象的动态行为,以函数实现,也可以称为方法。在 Python 中,对象无处不在,甚至方法也是对象。

2. 类

在面向对象程序中,对象由类创建而来。类是具有相同特性和行为的对象的抽象,对象是类的具体化,因此可以认为类是对象的模板,也可以说对象是类的实例。类所具有的属性和方法被其创建的所有对象共享,当然对象也可以具有自己不同于其他对象的属性。

将一组对象的共同特性进行抽象并放入一个类中,是面向对象思想中最重要的一点。一种语言是否具有丰富的类库,是衡量该语言面向对象技术是否成熟的重要标志。

3. 封装

封装是对象的一种重要特性,是指将数据和加工该数据的方法封装为一个整体,实现了对象的独立性。用户只能见到对象的外部特性(对象能接收哪些消息,具有哪些处理能力),而对象的内部特性(保存内部状态的私有数据和实现加工能力的算法)对用户是隐蔽的。封装把对象的设计者和使用者分开,使用者不必知晓对象的内部细节,只需通过对象提供的方法接口来访问对象。

4. 继承

继承是面向对象的另一种重要特性。继承通过类之间的层次结构来实现,任何类都可以从上层类中继承属性和方法,使得上下层类之间可以共享资源,极大地提高了代码的重用性。例如,当类 X 继承了类 Y 后,此时类 X 是一个派生类(子类),而类 Y 是一个基类(父类)。继承是从一般演绎到特殊的过程,可以减少冗余,有利于衍生复杂的系统。当然,类除了可以继承上层类的成员外,本身还可以添加新的成员。

5. 多态

不同的对象对收到的相同消息可以产生不同的反应,这种现象称为多态。多态是指基类的同一个方法在派生类中具有不同的表现和行为,主要是通过方法重载来实现的。多态允许每个对象以适合自身的方式去响应共同的消息,从而增强了程序的灵活性。

8.2　类对象与实例对象

对象本质也是一种数据,但这种数据的特殊性是关联了方法及其处理的数据,这是对象型数据区别于其他类型数据的关键特征。对象的结构如图 8-1 所示。

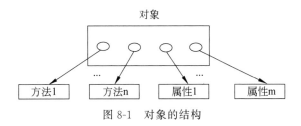

图 8-1　对象的结构

从图 8-1 可以看出,对象实际是一种特殊的数据,其本质是将逻辑上有关联的算法和数据组织到一起。算法就是函数,对象中的函数也称为方法,方法处理的数据也可以称为属性。根据对象性质的不同,Python 中的对象分为两种:类和实例。类可以称为类对象,实例也可以称为实例对象,对象分为类和实例两种是面向对象的重要特性,下面分别进行介绍。

8.2.1　类

一般来说,要先有类,才有实例,实例由类创建,类是实例的模板。Python 中设计一个类的语法如下。

```
class 类名:
    类属性
```

方 法

关键字 class 用于创建一个由类名表示的类,类名后跟一个冒号,按下回车键后会自动缩进,形成类体,类体中可以包括类属性和方法的声明。这里要注意的是,类属性不是实例属性,两者的不同会在后面给出说明。

【例 8-1】 类的定义。

程序代码如下:

```python
#liti8-1.py
class Person:
    def __init__(self,name,gender,age):
        self.name=name
        self.gender=gender
        self.age=age
    def displayPerson(self):
        print(f'姓名:{self.name} 性别:{self.gender} 年龄:{self.age}')
```

运行上述程序,首先通过 class 关键字得到一个名为 Person 的类(该类没有定义类属性),接着通过 def 关键字创建两个方法成员,两个方法都是实例方法。__init__()方法是一种特殊方法,也称为"构造方法",在通过类创建实例时被自动调用,用于初始化当前实例的属性;displayPerson()方法用于输出当前 Person 实例的各项属性,f'姓名:{self.name} 性别:{self.gender} 年龄:{self.age}'等价于'姓名:{} 性别:{} 年龄:{}'.format(self.name,self.gender,self.age)。

类是面向对象程序中的一种重要数据,Python 运行环境中事先提供了很多类,如 int、float、list、tuple、dict、set 等,之前都把它们称为函数,是因为它们使用起来像函数,但它们并不是函数,本质都是 Python 预定义的类。可以通过 type 函数来查看某对象是什么类型的,如:

```python
>>> type(int)
<class 'type'>
```

从上可以看到,int 是一个类(class)。在 Python 中,类也是一种对象,程序可以通过 class 关键字,以及相关的类体 def 等关键字去创建一个新的类。

8.2.2 实例

定义类后,需要通过类来创建对象,即进行类的实例化,得到相关的实例。创建实例对象的语法格式如下:

```python
objname = 类名([实参表])
```

"类名([实参表])"可以称为类的实例化表达式,该表达式创建一个实例对象后,将其赋给变量 objname,之后可通过"对象名.成员名"的方式来访问其中的属性和方法。

从创建实例的表达式看,和函数调用很相似,但还是有所不同。类中一般都包含两个特殊方法__new__()和__init__(),__new__()方法一般从父类中直接继承过来。在类的实例化过程中,先调用类的__new__()方法,得到一个初步的实例,然后调用实例的__init__()方法完成实例的初始化,从而得到一个可以使用的实例。

【例 8-2】 实例的创建和访问。

程序代码如下:

```
#liti8-2.py
class Person:                              #定义类 Person
    def __init__(self,name,gender,age):    #构造方法,初始化实例属性
        self.name=name
        self.gender=gender
        self.age=age
    def displayPerson(self):               #实例方法,输出各实例属性
        print(f'姓名:{self.name} 性别:{self.gender} 年龄:{self.age}')
p1=Person('小明','男',20)                  #创建实例 p1
p2=Person('小红','女',19)                  #创建实例 p2
p1.displayPerson()                         #调用实例 p1 的方法输出其属性
p2.displayPerson()                         #调用实例 p2 的方法输出其属性
```

程序运行如下:

```
姓名:小明 性别:男 年龄:20
姓名:小红 性别:女 年龄:19
```

上述程序创建 Person 类后,通过实例化表达式先后创建两个不同实例,并分别调用 displayPerson()方法输出各自的属性值。

本例是通过新设计的类来创建实例对象,其实也可以通过已有的类来得到实例对象。

```
>>> list('abcd')                           #通过内置的 list 类创建一个列表对象
['a', 'b', 'c', 'd']
```

在 Python 中,几乎一切都是对象,甚至对象的成员也是对象,程序以对象型数据为中心,各种对象间会形成错综复杂的关系。因此,要理解面向对象的程序设计方法,对对象的结构和相互关系等特点要有较深入的认识。

8.3　对　象　成　员

对象的成员包括属性和方法,对象的特性是由其成员决定的。设计类时,对类的成员进行相关的定义或修饰,将使得类及其创建的实例表现出相应的特性。

8.3.1　对象成员安全级别

出于安全目的,对象成员可以分为公有成员和私有成员。一般定义的对象成员都是

公有成员，公有成员可以通过"对象名.成员名"的方式进行访问。

Python规定以"两个下画线开头但不以两个下画线结尾"的形式定义的成员是私有成员。私有成员不能通过"对象名.成员名"的方式直接访问，但可以通过对象的其他公有方法间接访问。公有成员和私有成员既可以是属性，也可以是方法。

【例8-3】 对象的私有方法与公有方法。

程序代码如下：

```
#liti8-3.py
class Car:                                 #定义类Car
    def __prifun(self):                    #定义私有方法
        print("This is a red flag car")
    def pubfun(self):                      #定义公有方法
        self.__prifun()                    #公有方法访问私有方法

car1 = Car()                               #创建实例
car1.pubfun()                              #通过公有方法访问私有方法
```

程序运行结果如下：

```
This is a red flag car
```

上述类中定义了一私有方法__prifun()，但不能对该方法直接访问，需通过其他的公有方法进行。如果直接对私有方法进行访问，如 car1.__prifun()，则会报如下异常AttributeError：'Car' object has no attribute '__prifun'，说明私有成员对外是不可见的。

8.3.2 属性成员

属性是对象的一种特有成员，属性可以认为是表示对象特点、状态的数据。对象的属性分为两种：类属性和实例属性。

类属性是属于类的，由类以及类所创建的所有实例对象共享；实例属性一般由实例的构造方法__init__()创建，不同的实例拥有不同的实例属性。二者的关系如图8-2所示。

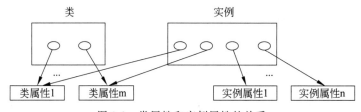

图8-2 类属性和实例属性的关系

从图8-2可以看出，面向对象的程序中，数据之间存在着较复杂的关系。类属性可以通过类名或实例对象名访问；实例属性属于具体的实例对象，只能通过实例名访问，可以对类和实例动态添加或删除属性。下面的例子展示如何创建和访问类属性和实例属性。

【例8-4】 类属性和实例属性的创建和访问。

程序代码如下：

```
#liti8-4.py
class Person:                                   #定义类 Person
    number=0                                     #定义类属性 number,用于统计实例数量
    def __init__(self,name,gender,age):          #__init__()方法创建实例属性
        self.name = name
        self.gender = gender
        self.age = age
        Person.number += 1                       #每创建一个实例,类属性 number 加 1
    def displayPerson(self):                     #输出各实例属性
        print(f'姓名:{self.name} 性别:{self.gender} 年龄:{self.age}')


p1=Person('小明','男',20)                         #创建实例 p1
p1.displayPerson()                               #输出 p1 的所有实例属性
print('当前实例数量:',Person.number)              #输出当前实例数量
p2=Person('小红','女',19)                         #创建实例 p2
p2.displayPerson()                               #输出 p2 的所有实例属性
print('当前实例数量:',Person.number)              #再次输出当前实例数量
print('通过实例访问类属性 number:',p1.number,p2.number)    #实例中访问类属性
Person.nation='中国'                             #动态添加类属性
print('通过类和实例访问动态添加的类属性 nation:',end=' ')
print(Person.nation,p1.nation,p2.nation)         #类和实例访问动态添加的类属性
p1.score=90                                      #实例对象动态添加实例属性
print('访问实例 p1 动态添加的实例属性 score:',p1.score)
```

程序运行结果如下：

```
姓名:小明 性别:男 年龄:20
当前实例数量: 1
姓名:小红 性别:女 年龄:19
当前实例数量: 2
通过实例访问类属性 number: 2 2
通过类和实例访问动态添加的类属性 nation: 中国 中国 中国
访问实例 p1 动态添加的实例属性 score: 90
```

例 8-4 很好地展示了如何创建类属性和实例属性，以及二者之间的关系。从例 8-4 中还可以看到，在实例中动态添加的实例属性 score，对象方法 displayInfo() 不能输出，只能对其单独安排输出操作，有没有办法使 displayInfo() 方法能自动查找到当前实例的所有属性并输出，感兴趣的读者可以思考。

前面提到对象的成员具有不同的安全级别，下面举例说明 Python 中的属性安全访问机制。

【例 8-5】 公有属性和私有属性。

程序代码如下：

```
#liti8-5.py
class Car:
    salesPrice=300000                    #公有类属性
    __costPrice=200000                   #私有类属性
    def __init__(self,brand,serial):
        self.brand=brand                 #公有实例属性
        self.__serial=serial             #私有实例属性
car1 = Car('一汽','红旗')
print(Car.salesPrice)                    #访问公有类属性,也可以用 car1.salesPrice
print(car1.brand)                        #访问公有实例属性
print(car1.__serial)                     #不能直接访问私有属性
```

程序运行结果如下:

```
300000
一汽
Traceback (most recent call last):
  File "E:\Program Files\Python37\liti8\liti8-5.py", line 10, in <module>
    print(car1.__serial)                 #不能直接访问私有属性
AttributeError: 'Car' object has no attribute '__serial'
```

从以上代码可以看到,类属性 salesPrice(销售价格)和实例属性 brand(品牌名称)都是公有属性,外部可以直接访问。但类属性__costPrice(成本价格)和实例属性__serial(产品名称)都是私有属性,外部不能直接访问,所以上述程序中的"print(car1.__serial)"语句执行中就抛出了异常。如何才能访问到对象中的私有属性呢? 请感兴趣的读者思考。

8.3.3　方法成员

方法本质是函数,只不过这种函数不是独立存在的,是依附于某个对象的,这样的函数称为"方法"。根据性质的不同,方法可以分为 3 种: 实例方法、类方法和静态方法。

1. 实例方法

实例方法是指和 Python 实例对象关联的方法,类中以通常方式定义的函数就是实例方法。实例方法在定义时必须至少有一个名为 self(也可以采用其他的名字,但通常用默认名称)的形参,并且必须是方法的第一个形参,该形参用于指向当前实例,目的是让方法能自动访问到当前实例。为了体现实例方法的特性,在通过实例调用某实例方法时,Python 通过内部机制,锁定该实例方法只能访问当前实例,因此通过实例对象调用实例方法时,不需要为 self 形参提供实参,系统会自动将当前实例对象作为实参传递给 self 形参。但通过类调用实例方法时,等同于调用普通函数,实例方法的所有参数则必须一一提供。

【例 8-6】　实例方法的特性及调用。

程序代码如下:

```
#liti8-6.py
class Person2:
    def __init__(self, name, age):      #构造方法也是实例方法,第一个形参为 self
        self.name = name
        self.age = age
    def say(self):                      #实例方法的第一个形参必须为形如 self 的形参
        print("我叫%s,今年%d岁." % (self.name, self.age))
p1 = Person2('小明', 20)                #创建实例对象 p1
p2 = Person2('小红', 19)                #创建实例对象 p2
#通过实例调用实例方法时,不需对形参 self 提供实参
print('通过实例 p1 调用实例方法:',end='')
p1.say()
print('通过实例 p2 调用实例方法:',end='')
p2.say()
#通过类调用实例方法时,需要传入相关的实例参数
print('通过类调用实例方法访问实例 p1:',end='')
Person2.say(p1)
print('通过类调用实例方法访问实例 p2:',end='')
Person2.say(p2)
```

程序运行结果如下:

通过实例 p1 调用实例方法:我叫小明,今年 20 岁.
通过实例 p2 调用实例方法:我叫小红,今年 19 岁.
通过类调用实例方法访问实例 p1:我叫小明,今年 20 岁.
通过类调用实例方法访问实例 p2:我叫小红,今年 19 岁.

从上述程序可以看到,通过实例调用实例方法,可以自动锁定不同的当前实例,因此该方法称为"实例方法"是非常贴切的。但实例方法也可以通过类来访问,此时必须传入指定的实例参数,这样访问实例很不方便,因此很少采用这样的方式调用实例方法。

2. 类方法

类方法是属于类的方法,为了区别于其他的方法,定义类方法时,要用修饰器classmethod 进行声明。类方法的第一个形参必须是一个名为 cls(也可以采用其他的名字,一般用默认名称)的形参,该形参的作用是指向该类方法所属的类。Python 通过内部机制,能锁定类方法只能访问所属的类,因此无论是通过类还是实例调用类方法,都不需给形参 cls 传递实参,Python 会自动将类方法所属的类作为实参传给 cls。因此,类方法的关键特点是类方法只能访问类中的成员,不能访问任何实例中的成员。

3. 静态方法

静态方法也是对象的一种方法,定义静态方法要用修饰器 staticmethod 进行声明。作为对象的方法,静态方法也可以访问类或实例中的任何成员,但与实例方法和类方法不同的是,调用静态方法时,不会自动传入任何默认对象实参,一切参数都要一一指定转入。

【例 8-7】 类方法与静态方法的定义及比较。

程序代码如下：

```python
#liti8-7.py
class Root:                          #定义类对象 Root
    __total = 0                      #定义私有类属性__total 和__id
    __id = 'Root001'
    def __init__(self, v):           #构造方法也是实例方法
        self.__id = v                #初始化实例对象的私有属性
        Root.__total += 1            #类的私有属性__total 用于统计实例数量
    @classmethod                     #用 classmethod 修饰器声明
    def classShowTotal(cls):         #classShowTotal()为类方法
        print(cls.__total)
    @staticmethod                    #用 staticmethod 修饰器声明
    def staticShowId(obj):           #staticShowId()为静态方法
        print(obj.__id)
r1 = Root('A001')                    #创建实例对象 r1
r2 = Root('B002')                    #创建实例对象 r2
#类和实例共享类方法,无论是通过类还是实例调用类方法,都是默认传入类作为实参
print('通过类调用类方法:',end='')
Root.classShowTotal()
print('通过实例 r1 调用类方法:',end='')
r1.classShowTotal()
print('通过实例 r2 调用类方法:',end='')
r2.classShowTotal()
#类和实例也共享静态方法,但调用静态方法时,所有参数必须一一传入,不能默认
print('通过类调用静态方法:',end='')
Root.staticShowId(Root)
print('通过实例 r1 调用静态方法:',end='')
r1.staticShowId(r1)
print('通过实例 r2 调用静态方法:',end='')
r2.staticShowId(r2)
```

程序运行结果如下：

```
通过类调用类方法:2
通过实例 r1 调用类方法:2
通过实例 r2 调用类方法:2
通过类调用静态方法:Root001
通过实例 r1 调用静态方法:A001
通过实例 r2 调用静态方法:B002
```

从上述程序可以看到,无论通过什么对象调用类方法,类方法只能对所属的类进行访问,相当于类方法锁定了相关的类。静态方法无论是通过类还是实例对其进行访问,都需要传入相应的对象参数,静态方法的这种特性使得其和普通函数几乎一样。对本例,读者

可以进一步思考 Root.staticShowId(r1)、r1.staticShowId(r2)、r2.staticShowId(r1)等形式的静态方法调用,分析它们的运行结果。

至此,Python 的对象成员介绍完毕,读者应对各种成员的特点进行总结和比较,以进一步加深对 Python 对象的理解。

8.4 继承和多态

8.4.1 继承

继承是从已有类创建新类的过程,已有类称为基类或父类,新类称为派生类或子类。继承是实现代码复用、快速开发的重要机制,是面向对象程序设计的重要特性之一。

派生类可以从一个或多个基类继承,派生类可以继承基类的公有成员,但不能继承其私有成员。派生类也可以作为其他类的基类或父类,这个过程可以一直进行下去,从而形成多个类的层次结构。图 8-3 举例说明类之间的层次结构。

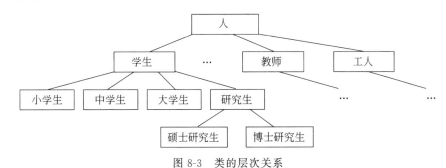

图 8-3 类的层次关系

在多个类形成的层次结构中,下层类可以继承上层类的属性和方法,每个类还可以定义自己特有的属性和方法,这样不但实现了代码共享,提高了软件开发效率,同时还保证了每个类可以具有自己的特色和灵活性。

【例 8-8】 类的继承和派生类的使用。
程序代码如下:

```
#liti8-8.py
class Person:                              #Person 人基类
    def __init__(self,name,gender,age):    #基类构造方法
        self.name = name
        self.gender = gender
        self.age = age
    def displayPerson(self):               #基类实例方法
        print(f'姓名:{self.name} 性别:{self.gender} 年龄:{self.age}')
class Student(Person):                      #Student 学生类,继承自 Person 类
    def __init__(self,name,gender,age,num,grade):  #学生类构造方法
```

```
            Person.__init__(self,name,gender,age)        #调用基类构造方法
            self.num = num                               #学生类新增学号实例属性 num
            self.grade = grade                           #学生类新增年级实例属性 grade
        def displayStudent(self):                        #学生类新增实例方法
            Person.displayPerson(self)                   #调用基类方法
            print(f'学号:{self.num} 年级:{self.grade}')
class CollegeStudent(Student):             #CollegeStudent 大学生类,继承自 Student 类
    def __init__(self,name,gender,age,num,grade,major):    #大学生类构造方法
        Student.__init__(self,name,gender,age,num,grade)   #调用学生类构造方法
        self.major = major                               #大学生类新增专业实例属性 major
    def displayCollegeStudent(self):                     #大学生类新增实例方法
        Student.displayStudent(self)                     #调用学生类方法
        print(f'专业:{self.major}')
ColStu1=CollegeStudent('王强','男',20,'201902001','大二','通信工程')
ColStu1.displayCollegeStudent()
ColStu2=CollegeStudent('刘红','女',19,'202003002','大一','教育学')
ColStu2.displayCollegeStudent()
```

程序运行结果如下:

```
姓名:王强 性别:男 年龄:20
学号:201902001 年级:大二
专业:通信工程
姓名:刘红 性别:女 年龄:19
学号:202003002 年级:大一
专业:教育学
```

上述程序中,定义了 Person、Student、CollegeStudent 三个类,它们之间形成一种层次的继承关系,从而极大地降低了代码冗余,提高了代码利用率。由于各个类中的方法实现了功能分工,所以有时下层类需要调用上层类中的方法来实现处理需求。如为了输出某大学生实例的信息,大学生类中的 CollegeStudent()方法在执行中调用学生类(父类)中的 displayStudent()方法,该方法在执行中又调用人类(基类)中的 displayPerson()方法。各个类的构造方法__init__()在初始化实例的过程中,也存在这种跨类调用的现象。

子类调用父类的方法,除了采用"父类名.方法名()"的形式外,还可以通过内置函数 super 实现对父类或基类中方法的调用。如上面程序中,Student 类中的 displayStudent()方法对基类 Person 中 displayPerson()方法的调用也可以用 super(Student,self).displayPerson()来实现。读者可以尝试将程序中其他对父类方法的访问都改成 super()的形式,并仔细比较两者的不同。

由于继承的关系,Student 类共享了 Person 类中的 displayPerson()方法,即 Student 类也拥有 displayPerson()方法,因此 Student 类的 displayStudent()方法对 Person.displayPerson(self)的调用也可以写为 Student.displayPerson(self)。由于继承过来的方法也成为子类的实例方法,因此还可以写为 self.displayPerson()的形式。感兴趣的读者可以将程序中与上述访问相似之处进行等价修改,以进一步理解对象的继承机制。

最后要指出的是，Python 中有一个内置的名为 object 的类，新设计的类在不指定父类的情况下，都默认派生自该类，因此上例中 Person 类的父类是 object，当然也可以在定义时用"class Person(object)"指定父类是 object。由于多个类的继承会形成较长的层次关系，因此 Python 中的类都提供了一个 mro() 方法，用于得到某个类的继承关系。如例 8-8 中的 CollegeStudent 类，可以通过以下方式得到自身的继承关系。

```
>>> CollegeStudent.mro()
[<class '__main__.CollegeStudent'>, <class '__main__.Student'>, <class '__main__.Person'>, <class 'object'>]
```

8.4.2 多态

在例 8-8 中，displayPerson、displayStudent、displayCollegeStudent 等方法名称不同，各个类对它们形成共享的继承关系；与之不同的是，3 个类中都有一个名称为__init__()的方法，但该方法在各个类中都有不同的实现，显然这不是一种继承关系，在面向对象中，这种现象称为"多态"。

所谓"多态"，一般是指同一个方法在不同的派生类中具有不同的表现和行为，例 8-8 中的__init__()方法就具有这种特点。Python 中的多态现象很常见，如很多运算符就具有多态的特点。如"＋"运算符，对数字而言是算术运算，对字符串而言是连接运算；"－"运算符，对数字而言是算术运算，对集合而言是差集运算。另外，派生类在继承了基类或父类的属性和方法后，还会增加若干特定的方法和属性，这也是一种多态的表现形式。不过，"多态"主要是指同一个方法在不同类中具有不同的行为方式，即在某个类中重新设计与基类、父类或其他子类名称相同但功能不同的方法，这种现象称为"方法重载"。

【例 8-9】 方法重载。

程序代码如下：

```
#liti8-4.py
class Mammal():                                    #哺乳类动物基类 Mammal
    def show(self):
        print('This is a mammal.')
class Tiger(Mammal):                               #派生类 Tiger
    def show(self):                                #方法重载
        print('This is a tiger.')
class Monkey(Mammal):                              #派生类 Monkey
    def show(self):                                #方法重载
        print('This is a monkey.')
class Horse(Mammal):                               #派生类 Horse
    def show(self):                                #方法重载
        print('This is a horse.')
ls = [animal() for animal in (Mammal,Tiger,Monkey,Horse)]
for animal in ls:                                  #调用各实例的重载方法 show()
```

```
animal.show()
```

程序运行结果如下：

```
This is a mammal.
This is a tiger.
This is a monkey.
This is a horse.
```

上述程序中，基类 Mammal 定义了一个方法 show()，其派生出的 3 个子类均对 show()方法进行了重载，即 show()方法实现了多态。

8.4.3　特殊方法重载

特殊方法是指以"两个下画线开头并以两个下画线结尾"的方法，前面定义类时设计的 __init__()方法就是一种特殊方法。Python 中各种运算符(如＋、－、＊、\、＜、＝＝等)表示的运算功能，实际上也是由各种特殊方法实现的。特殊方法是公有方法，特殊方法非常重要，常用的重载方法如表 8-1 所示。

表 8-1　常用的重载方法

方　　　法	说　　　明
__new__	在 __init__()方法之前调用，用于创建实例对象
__init__	构造方法，用于对实例对象进行初始化
__del__	析构方法，在释放对象前调用
__add__、__sub__、__mul__、__truediv__	用于实现＋、－、＊、/等算术运算符表示的运算功能
__eq__、__ne__、__lt__、__le__、__gt__、__ge__	用于实现＝＝、!＝、＜、＜＝、＞、＞＝等关系运算符表示的运算功能
__repr__、__str__	返回对象转换为 str 类型的数据，用于在控制台交互方式下输出对象的值，并与内置函数 print()对应
__call__	包含该特殊方法的类的实例可以像函数一样调用

根据需要，派生类往往需要对特殊方法进行重载，下面举例说明。

【例 8-10】　定义一个向量类，向量在数学中是指一种既有大小又有方向的量。
程序代码如下：

```
#liti8-10.py
class Vector:                            #定义向量类 Vector
    def __init__(self, a, b):            #重载构造方法 __init__()
        self.a = a
        self.b = b
v1 = Vector(3, 5)                        #创建一个向量实例
print(v1)                                #输出向量实例
```

程序运行结果如下：

```
<__main__.Vector object at 0x0000000002FA6C48>
```

上述程序定义了一个向量类 Vector，该类通过重载特殊方法 __init__()实现向量实例的初始化。实际在调用 __init__()方法之前，要先调用 __new__()方法，该方法用于创建类的实例，然后再调用 __init__()方法完成实例的初始化。__new__()方法没有在 Vector 类中定义，因此是从父类中继承过来的。由于定义时没有指定 Vector 类的父类，则 Vector 的父类是 object，因此 Vector 继承了 object 中的所有方法，自然也包括 __new__()方法。

程序中要输出向量实例 v1，但输出的却是该实例在内存中的地址信息，读者可能会对此感到不解。利用 print 函数输出某对象，实际是调用该对象的 __repr__()方法，输出该方法的返回值。__repr__()方法在 Vector 类中无定义，显然也继承自 object 类，object. __repr__()方法的功能就是返回当前对象的地址信息。由于 Vector 类继承了 object 类的 __repr__()方法，所以利用 print 函数对 Vector 实例进行输出，输出的也是当前向量实例的地址信息。要改变输出结果，就必须在 Vector 类中对 __repr__()方法进行重载，以达到所需要的输出效果。

【例 8-11】 对向量类 Vector 的特殊方法 __repr__()进行重载。

程序代码如下：

```
#liti8-11.py
class Vector:                                   #定义向量类 Vector
    def __init__(self, a, b):                   #重载构造方法 __init__()
        self.a = a
        self.b = b
    def __repr__(self):                         #重载特殊方法 __repr__()
        return 'vector(%d,%d)' % (self.a, self.b)
v1 = Vector(3, 5)                               #创建一个向量实例
print(v1)                                       #输出向量实例的值
```

程序运行结果如下：

```
vector(3,5)
```

从上述程序可以看到，由于对 Vector 类的特殊方法 __repr__()进行了重新设计，对向量实例的输出就达到了所需要的结果。

数学中的向量是可以做加、减运算的，为此还需要对 Vector 类的 __add__()、__sub__()等特殊方法进行重载。

【例 8-12】 对向量类 Vector 的特殊方法 __add__()进行重载。

程序代码如下：

```
#liti8-12.py
class Vector:                                   #定义向量类 Vector
    def __init__(self, a, b):                   #重载构造方法 __init__()
```

```
            self.a = a
            self.b = b
        def __repr__(self):                         #重载特殊方法__repr__()
            return 'vector(%d,%d)' % (self.a, self.b)
        def __add__(self,other):                    #重载实现'+'的特殊方法__add__()
            return Vector(self.a + other.a, self.b + other.b)
v1 = Vector(3, 5)                                   #创建向量实例 1
v2 = Vector(4, 6)                                   #创建向量实例 2
print(v1+v2)                                        #输出两个向量实例的和
```

程序运行结果如下：

```
vector(7,11)
```

上述程序在 Vector 类中，对__add__()特殊方法进行了重载，因此实现了任意两个向量实例的加运算，感兴趣的读者还可以对该类添加支持向量减、乘的运算。

特殊方法__init__()和__del__()犹如一对如影随形的兄弟，当创建实例时，__init__()方法被调用；当删除实例时，__del__()方法被调用。下面举例说明这两个方法的执行时机。

【例 8-13】 构造方法与析构方法。

程序代码如下：

```
#liti8-13.py
class Person:                                       #定义类对象 Person
    number=0                                         #类属性 number 用于统计实例数量
    def __init__(self,name,gender,age):             #重载__init__()构造方法
        self.name = name
        self.gender = gender
        self.age = age
        Person.number += 1                          #每创建一个实例,类属性 number 加 1
    def __del__(self):                              #重载__del__()析构方法
        Person.number -= 1                          #每销毁一个实例,类属性 number 减 1
    def displayPerson(self):                        #输出各实例属性
        print(f'姓名:{self.name} 性别:{self.gender} 年龄:{self.age}')
print('当前实例数量:',Person.number)
p1=Person('小明','男',20)                           #创建实例 p1
print('创建实例 p1-->',end='')
p1.displayPerson()
print('当前实例数量:',Person.number)
p2=Person('小红','女',19)                           #创建实例 p2
print('创建实例 p2-->',end='')
p2.displayPerson()
print('当前实例数量:',Person.number)
del p1                                               #删除实例 p1
print('删除实例 p1')
print('当前实例数量:',Person.number)
```

```
del p2                                      #删除实例 p2
print('删除实例 p2')
print('当前实例数量:',Person.number)
```

程序运行结果如下:

当前实例数量:0
创建实例 p1-->姓名:小明 性别:男 年龄:20
当前实例数量:1
创建实例 p2-->姓名:小红 性别:女 年龄:19
当前实例数量:2
删除实例 p1
当前实例数量:1
删除实例 p2
当前实例数量:0

从上述程序可见,程序初始时的实例数量为 0,随着实例的逐步创建,实例数量在逐步增加,说明每创建一个实例,__init__()方法都会被调用一次;随着实例的逐步删除,实例数量在逐步减少,说明每删除一个实例,__del__()方法都会被调用一次。但每次执行"del <对象>"语句,就一定会执行到对象的__del__()方法吗? 如对于下面的语句,在依次执行完两次 del 语句后,类属性 number 的值分别是多少? 感兴趣的读者请思考,从中能发现什么?

```
>>> p1 = Person('wewer','m',30)
>>> Person.number
1
>>> p2 = p1
>>> del p1
>>> Person.number
?
>>> del p2
>>> Person.number
?
```

习　　题

一、填空题

1. 面向对象程序设计的三要素是 _____ 、_____ 和 _____。

2. 定义类时,若某成员以两个下画线开头,但不以两个下画线结尾,则该成员是 _____。

3. 一般使用 _____ 作为对象实例方法的第一个形参名称。

4. 在 Python 类中,与运算符"!="对应的特殊方法名为 _____,与运算符 in 对应的特殊方法名为 _____。

5. 不论是什么对象,构造方法的名称都为_____。

二、判断题

1. Python 使用 Class 关键字来定义类。　　　　　　　　　　　　　(　)

2. 特殊方法也是一种私有成员。　　　　　　　　　　　　　　　(　)

3. 定义类时,必须指定父类。　　　　　　　　　　　　　　　　(　)

4. 私有成员无法被派生类所继承。　　　　　　　　　　　　　　(　)

5. 在 Python 中,函数和方法是一样的,调用时都必须为所有参数传递数据。(　)

6. 定义类时若没有编写析构方法,则 Python 会提供一个默认的析构方法。(　)

三、编程题

1. 设计一球类 Sphere,根据下面的运行结果,分析该类应包含什么属性和方法。

请输入半径:5
球的表面积 = 314.16
球的体积 = 523.60

编写相应程序,得到上面的运行结果。

注意:方法不要有任何输入或输出,只要有返回值。

2. 例 8-5 中的类属性__costPrice 和实例属性__serial 都是私有属性,外部不能直接访问,将程序中的类进行改进,使得用户可以访问到对象的私有属性。

3. 例 8-8 中的 Student 和 CollegeStudent 两个类各自最终拥有哪些方法?并对这两个派生类利用上层类方法输出信息的调用形式进行改写,至少采用两种形式。

4. 对例 8-12 中的 Vector 类重载实现-、* 运算符的特殊方法,使得向量实例能进行向量的减和叉乘运算。向量的叉乘运算规则为(x1,y1) * (x2,y2) = x1 * y2 - x2 * y1。

5. 设计一个汽车类 Vehicle,实例属性有 wheels(车轮个数)和 weight（车重）。Bus 类是基类 Vehicle 的派生类,在继承 Vehicle 类的基础上,新增实例属性 passengers(载客数)。Truck 类也是基类 Vehicle 的派生类,在继承 Vehicle 类的基础上,新增实例属性 payload(载重量)。每个类都有自己的构造方法;每个类都有自己的信息输出方法,如 Vehicle 类的 displayVehicle()方法,Bus 类的 displayBus()方法,Truck 类的 displayTruck()方法。编写相关代码,完成各类的设计、实例的创建、方法的调用。

第**9**章

科学计算与可视化

学习目标：

- 了解数组的基本概念，熟练掌握 numpy 数组的创建方式、运算类型、数组访问以及常用成员方法。
- 理解 Series 和 DataFrame 两种数据类型的结构特点，掌握这两种 pandas 数据类型的创建和元素访问方式，并熟练掌握 DataFrame 的统计和排序等操作。
- 了解 matplotlib 下的 pyplot 子模块绘制图形的基本方式，熟练掌握 pyplot 绘制折线图、柱形图、散点图等图形的方法。

9.1　数值计算模块

9.1.1　numpy 库概述

程序中往往需要将数据组织成"数组"的形式进行处理，所谓"数组"是指同种类型的数据在物理空间上的顺序排列，这样的数据结构便于快速对批量数据进行处理。根据数组内部元素的排列规则，可以将数组分为一维、二维、三维等各种维度的数组，数组的维度（dimensions）也称为轴（axes）。一维数组轴数为 1，编号为 0；二维数组轴数为 2，编号为 0、1；三维数组轴数为 3，编号为 0、1、2；以此类推，具体如图 9-1 所示。

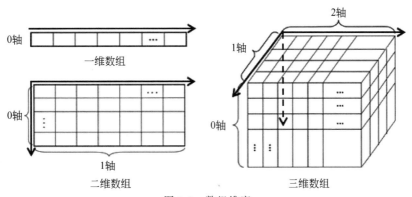

图 9-1　数组维度

从图 9-1 可以看出数组维度（轴）的排列方式，轴具有方向性，数组中的元素可以通过元素在每个轴上的下标位置进行访问，每个轴上的下标均从 0 开始，如一维数组的 a[0]、a[2]，二维数组的 b[0][0]、b[1][3]，三维数组的 c[0][0][0]、c[1][2][3] 等。第 1 个 [ ] 代表 0 轴，第 2 个 [ ] 代表 1 轴，以此类推，[ ] 中的整数为元素在轴上的下标，读者可以分析前面的例子具体访问数组中的哪些元素。

Python 中可以用列表来表示数组，但列表中其实保存的是元素的指针（引用），并没有真正实现数组元素的物理顺序排列，因此用列表实现的数组，无论是存储还是访问效率都较低。Python 本身自带一个标准库 array，其中提供了实现真正数组的数据类型 array，但该类型只能实现一维数组，不能实现多维数组，并且提供的数组处理方法也不够丰富。因此上述两种数组实现方式都不适合科学数据运算。

Python 第三方库 numpy 实现了一维数组、多维数组、矩阵等多种数组类型，并且提供了大量功能强大的数组处理方法，numpy 一经推出，就成为了科学计算、数据分析、机器学习等领域的重要基础软件包，是 SciPy、pandas、sklearn、tensorflow 等扩展库的基础。为了使用方便，numpy 库一般按 import numpy as np 的方式导入，采用 np 作为模块的别名，后文中的 np 均指代 numpy 模块。下面对如何使用 numpy 库进行详细介绍。

9.1.2　创建数组

数组是 numpy 中最重要的数据类型，为了方便用户使用，numpy 库提供了多种灵活快捷的数组创建方法，具体如表 9-1 所示。

表 9-1　numpy 常用数组创建函数

函　　数	说　　明
np.array(object[,dtype])	将指定的列表或元组转换为数组，dtype 用于指定数组元素类型，一般为默认类型
np.arange([a,] b [,i])	用法类似 range 函数，创建在 [a,b) 区间内，步长为 i 的所有数据构成的一维数组
np.linspace(a,b,n)	将闭区间 [a,b] 内 n 个等距离的数据创建一个一维数组，即等差数列
np.zeros((m,n),dtype)	创建一个 m 行 n 列的全 0 数组，dtype 用于指定元素类型
np.ones((m,n),dtype)	创建一个 m 行 n 列的全 1 数组，dtype 用于指定元素类型
np.identity(n)	创建一个 n 行 n 列的单位矩阵
np.random.rand(d_1,…,d_n)	创建一个由位于 [0,1) 区间内均匀分布的随机小数构成的 n 维数组
np.random.randn(d_1,…,d_n)	创建一个由位于 [0,1) 区间内标准正态分布的随机小数构成的 n 维数组
np.random.randint(a,b,(m,n))	创建一个 m 行 n 列的由位于闭区间 [a,b] 内的随机整数构成的二维数组

表 9-1 中的函数均会创建并返回一个 ndarray 类型的数组，该数组包括一些基本属

性,具体如表 9-2 所示。

表 9-2   ndarray 类型数组基本属性

属　　性	说　　明
ndarray.ndim	数组的维度个数,也称为数组的"秩"
ndarray.shape	返回一个包含各维度长度的元组
ndarray.dtype	返回数组元素的数据类型
ndarray.size	返回数组的元素个数
ndarray.itemsize	返回数组的每个元素所占字节数

数组的 dtype 属性一般有 int32、int64、float32、float64、complex64、complex128 等类型,整型数组一般默认为 int32,实型数组一般默认为 float64。

下面对 numpy 数组的创建方式和属性进行举例说明。

```
>>> import numpy as np
>>> a = np.array([1,2,3,4,5,6])          #一维列表转换为一维数组
>>> a
array([1, 2, 3, 4, 5, 6])
>>> a.ndim,a.shape,a.dtype,a.size        #数组的各基本属性
(1, (6,), dtype('int32'), 6)
>>> b = np.array([[1,2,3],[4,5,6]],dtype='float64')
                                         #二维列表转换为二维数组
>>> b
array([[1., 2., 3.],
       [4., 5., 6.]])
>>> b.ndim,b.shape,b.dtype,b.size        #数组的各基本属性
(2, (2, 3), dtype('float64'), 6)
>>> b.shape = (6,)                       #将二维数组转变为一维数组,等价于 b.shape = 6
>>> b
array([1., 2., 3., 4., 5., 6.])
>>> b.shape = (3,2)                      #将一维数组转变为二维数组
>>> b
array([[1., 2.],
       [3., 4.],
       [5., 6.]])
>>> np.arange(10)                        #以类似于 range 函数的形式创建一维数组
array([0, 1, 2, 3, 4, 5, 6, 7, 8, 9])
>>> np.arange(1,10,2)
array([1, 3, 5, 7, 9])
>>> np.linspace(1,10,8)                  #[1,10]闭区间内 8 个等差数据构成的一维数组
array([ 1.        ,  2.28571429,  3.57142857,  4.85714286,  6.14285714,
        7.42857143,  8.71428571, 10.        ])
```

```
>>> np.ones(3)                      #全 1 的一维数组
array([1., 1., 1.])
>>> np.ones((1,3))                  #全 1 的 1 行 3 列的二维数组
array([[1., 1., 1.]])
>>> np.ones((3,1))                  #全 1 的 3 行 1 列的二维数组
array([[1.],
       [1.],
       [1.]])
>>> np.ones((3,4))                  #全 1 的 3 行 4 列的二维数组
array([[1., 1., 1., 1.],
       [1., 1., 1., 1.],
       [1., 1., 1., 1.]])
>>> np.identity(3)                  #3 行 3 列的单位矩阵
array([[1., 0., 0.],
       [0., 1., 0.],
       [0., 0., 1.]])
>>> np.random.rand(5)               # [0,1)内的 5 个随机小数构成的一维数组
array([0.44706626, 0.87077182, 0.41932333, 0.49886301, 0.88232035])
>>> np.random.rand(3,4)             # [0,1)内的 12 个随机小数构成的 3 行 4 列的二维数组
array([[0.81567496, 0.77422849, 0.54417289, 0.78782175],
       [0.7863725 , 0.12240446, 0.0421056 , 0.93954259],
       [0.0849263 , 0.34718152, 0.33346621, 0.05116765]])
>>> np.random.randn(2,2,3)          #创建一个三维数组,其中的元素服从标准正态分布
array([[[-0.70693047, -0.83146812, -1.38258121],
        [ 2.27465289,  0.87984345,  0.65593725]],

       [[ 0.12891809, -2.20061638, -0.0880307 ],
        [ 0.51150353, -0.3004801 ,  0.10382882]]])
>>> np.random.randint(10,40,5)      # [10,40]内的 5 个随机整数构成的一维数组
array([37, 33, 33, 24, 17])
>>> np.random.randint(10,40,(2,3))  #6 个随机整数构成的 2 行 3 列的二维数组
array([[35, 17, 36],
       [12, 19, 25]])
```

9.1.3　数组运算

numpy 支持与数组有关的各种运算符形式的运算,包括加(+)、减(−)、乘(* 、**)、除(/、\、//、%)、关系(>、>=、<、<=、==、!=)、布尔(~、&、|)等运算符形式,这些运算符既可用于数组与数值的运算,也可用于数组与数组的运算,运算结果一般仍为数组。另外,numpy 库还提供了一些实用的数学函数,进一步丰富了 numpy 数组的处理功能。下面分别具体说明。

1. 数组与数值的运算

```
>>> x = np.arange(1,10,2)
```

```
>>> x
array([1, 3, 5, 7, 9])
>>> x + 3                           #数组与数值相加
array([ 4,  6,  8, 10, 12])
>>> x - 3                           #数组与数值相减
array([-2,  0,  2,  4,  6])
>>> x * 2                           #数组与数值相乘
array([ 2,  6, 10, 14, 18])
>>> x / 2                           #数组与数值相除
array([0.5, 1.5, 2.5, 3.5, 4.5])
>>> 2 / x                           #注意数值在前运算的不同
array([2.        , 0.66666667, 0.4       , 0.28571429, 0.22222222])
>>> x // 2                          #数组与数值整除
array([0, 1, 2, 3, 4], dtype=int32)
>>> x ** 2                          #数组与数值幂运算
array([ 1,  9, 25, 49, 81], dtype=int32)
>>> 2 ** x
array([  2,   8,  32, 128, 512], dtype=int32)
```

从上述例子不难理解数组与数值的运算规则,但要注意数值在数组前后运算时的不同。numpy 数组还支持关系和布尔运算,布尔运算即逻辑运算,但运算符是~、&、|,不是 Python 标准的 not、and、or。numpy 数组的布尔运算结果是一个由 True、False 构成的数组,具体示例如下。

```
>>> y = np.random.randint(-50,50,10)
>>> y
array([ 27,  40, -10,   9, -20, -29,  44,  30,  -5,  34])
>>> y < 0                           #判断数组中的每个元素是否小于 0
array([False, False,  True, False,  True,  True, False, False,  True, False])
>>> (y>0) & (y%2==0)                #判断每个元素是否为大于 0 的偶数
array([False,  True, False, False, False, False,  True,  True, False,
       True])
```

2. 数组与数组的运算

```
>>> x = np.array([1, 2, 3, 4])
>>> y = np.array([5, 6, 7, 8])
>>> x + y                           #两个等长数组相加
array([ 6,  8, 10, 12])
>>> x - y                           #两个等长数组相减
array([-4, -4, -4, -4])
>>> x * y                           #两个等长数组相乘
array([ 5, 12, 21, 32])
>>> x / y                           #两个等长数组相除
array([0.2       , 0.33333333, 0.42857143, 0.5       ])
```

```
>>> x ** y                                  #两个等长数组幂运算
array([    1,    64,  2187, 65536], dtype=int32)
>>> x > y                                    #两个等长数组布尔运算
array([False, False, False, False])
>>> x = np.array([[1,2,3],[4,5,6]])
>>> y = np.array([[2,4,6],[5,7,9]])
>>> x * y                                    #两个二维数组对应位置上的元素分别进行乘法运算
array([[ 2,  8, 18],
       [20, 35, 54]])
```

从上述例子不难看出,若两边运算的数组均是等维等长的,则生成的数组中的元素都是两个数组对应位置上元素的运算结果,运算规则很好理解;但若两个数组的维度或形状不同,能否进行运算呢?

```
>>> x = np.array([[1, 2, 3],[4, 5, 6],[7, 8, 9]])   #创建二维数组 x
>>> x
array([[1, 2, 3],
       [4, 5, 6],
       [7, 8, 9]])
>>> y = np.array([2, 4, 6])                  #创建一维数组 y
>>> y
array([2, 4, 6])
>>> x * y                                    #通过广播机制实现两个数组的相乘
array([[ 2,  8, 18],
       [ 8, 20, 36],
       [14, 32, 54]])
>>> np.array([1, 2, 3, 4, 5]) + np.array([6])       #广播机制
array([ 7,  8,  9, 10, 11])
```

在上面的例子中,x 和 y 两个数组的维度不同,但也可以相乘,因为二者是通过广播机制实现的。所谓广播(broadcasting)是指当两个数组的形状并不相同的时候,可以通过扩展数组的方法来实现加、减、乘等操作。但广播机制不是无条件的,例如下面的例子就不能通过广播进行数组间的运算。

```
>>> np.array([1, 2, 3, 4, 5]) + np.array([6, 7])
ValueError: operands could not be broadcast together with shapes (5,) (2,)
>>> np.array([[1, 2, 3],[4, 5, 6]]) + np.array([7, 8])
ValueError: operands could not be broadcast together with shapes (2,3) (2,)
```

广播发生的条件:如果两个数组的后缘维度(trailing dimension),即从末尾开始算起的维度的轴长度相等,或其中一方的长度为 1,则认为它们是可以广播的,广播会在缺失和(或)长度为 1 的维度上进行。

3. 数组函数运算

仅依赖运算符的形式还不足以满足用户对数组运算的更高需求,为此,numpy 库提

供了大量的专门数学函数,以更好地支持对数组的各种处理需求,具体如表 9-3 所示。

表 9-3　numpy 常用数学运算函数

函　　　数	说　　　明
np.sqrt(x)	计算每个元素的平方根
np.square(x)	计算每个元素的平方
np.sign(x)	计算每个元素的符号,正为 1,0 为 0,负为 -1
np.ceil(x)	得到大于或等于每个元素的最小整数
np.floor(x)	得到小于或等于每个元素的最大整数
np.round(x,n)	对每个元素按指定小数位数进行四舍五入
np.sin(x)、np.cos(x)	对每个元素计算正弦值或余弦值
np.dot(x,y)	两个数组对应元素乘积的和,也称为数组的内积运算
np.where(cond[, x, y])	若 3 个参数都有,则返回的数组中,原数组中满足条件的元素替换为 x,否则替换为 y;若参数只有条件 cond,则返回一个元组,其中包含满足条件的数组元素的索引

下面对上述函数的用法进行举例说明。

```
>>> x = np.array([1, 2, 3, 4])
>>> np.sqrt(x)                    #计算每个元素的平方根
array([1.        , 1.41421356, 1.73205081, 2.        ])
>>> np.square(x)                  #计算每个元素的平方
array([ 1,  4,  9, 16], dtype=int32)
>>> y = np.array([-12.073, 31.4265, -25.764, 6.5382])
>>> np.sign(y)                    #计算每个元素的符号
array([-1.,  1., -1.,  1.])
>>> np.ceil(y)                    #对每个元素向上取整
array([-12.,  32., -25.,   7.])
>>> np.floor(y)                   #对每个元素向下取整
array([-13.,  31., -26.,   6.])
>>> np.round(y,2)                 #对每个元素四舍五入
array([-12.07,  31.43, -25.76,   6.54])
>>> np.sin(y)                     #计算每个元素的正弦值
array([ 0.47359721,  0.01057327, -0.59016141,  0.25225963])
>>> a = np.array([1, 2, 3, 4])
>>> b = np.array([5, 6, 7, 8])
>>> np.dot(a,b)                   #等价于 1 * 5+2 * 6+3 * 7+4 * 8
70
>>> a.shape=2,2                   #两数组均转换为二维矩阵
>>> b.shape=2,2
>>> a
array([[1, 2],
```

```
             [3, 4]])
>>> b
array([[5, 6],
       [7, 8]])
>>> np.dot(a,b)              #19=1 * 5+2 * 7,22=1 * 6+2 * 8,43=3 * 5+4 * 7,50=3 * 6+4 * 8
array([[19, 22],
       [43, 50]])
>>> a = np.random.randint(1, 20, 10)  #创建一维数组
>>> a
array([ 4,  6, 11, 15,  2, 19,  4,  5, 18,  3])
>>> np.where(a>10)                      #数组中大于 10 的元素下标
(array([2, 3, 5, 8], dtype=int64),)
>>> np.where(a>10,1,0)                  #大于 10 的元素改为 1,否则改为 0
array([0, 0, 1, 1, 0, 1, 0, 0, 1, 0])
>>> b = np.random.randint(1,50,(3,4))  #创建二维数组
>>> b
array([[18, 45, 12, 18],
       [26, 39, 25, 30],
       [34, 10, 22, 13]])
>>> np.where(b>20)                      #注意符合条件的元素下标用两个数组表示
(array([0, 1, 1, 1, 1, 2, 2], dtype=int64), array([1, 0, 1, 2, 3, 0, 2], dtype=
int64))
>>> np.where(b>20,1,0)                  #大于 20 的元素改为 1,否则改为 0
array([[0, 1, 0, 0],
       [1, 1, 1, 1],
       [1, 0, 1, 0]])
```

9.1.4　访问数组元素

　　与列表类似,nupmy 数组也可以通过下标和切片的方式对数组元素进行访问,并且方式更为灵活。与列表不同的是,列表切片得到的是一个新列表,对该列表操作不会影响原列表;但对数组切片得到的是原数组的一个视图,对该数组视图的操作会直接影响到原数组。

```
>>> a = np.arange(1,11)                 #创建一维数组
>>> a
array([ 1,  2,  3,  4,  5,  6,  7,  8,  9, 10])
>>> a[0]                                #访问一维数组的第一个元素
1
>>> a[:5]                               #通过切片得到原数组前 5 个元素构成的一个视图数组
array([1, 2, 3, 4, 5])
>>> a[-1:-6:-1]                         #反向切片得到一个原数组的视图
array([10,  9,  8,  7,  6])
```

```
>>> b = np.arange(1,25)
>>> b.shape= (4,6)              #将一维数组转换为二维数组
>>> b
array([[ 1,  2,  3,  4,  5,  6],
       [ 7,  8,  9, 10, 11, 12],
       [13, 14, 15, 16, 17, 18],
       [19, 20, 21, 22, 23, 24]])
>>> b[1,3]                      #访问数组第2行第4列的元素,等价于b[1][3]
10
>>> b[0]                        #得到二维数组第一行元素的数组视图
array([1, 2, 3, 4, 5, 6])
>>> b[[1,3,2],[2,0,1]]          #第2行第3列、第4行第1列、第3行第2列的元素
array([ 9, 19, 14])
>>> b[:,3]                      #二维数组第4列的所有元素
array([ 4, 10, 16, 22])
>>> b[:3]                       #前3行的所有元素
array([[ 1,  2,  3,  4,  5,  6],
       [ 7,  8,  9, 10, 11, 12],
       [13, 14, 15, 16, 17, 18]])
>>> b[[1,3]]                    #第2行和第4行所有元素,等价于b[[1,3],:]
array([[ 7,  8,  9, 10, 11, 12],
       [19, 20, 21, 22, 23, 24]])
>>> b[:3,:4]                    #前3行和前4列包括的所有元素
array([[ 1,  2,  3,  4],
       [ 7,  8,  9, 10],
       [13, 14, 15, 16]])
>>> b[[1,3],2:]                 #第2行和第4行与第3列后面所有列包括的元素
array([[ 9, 10, 11, 12],
       [21, 22, 23, 24]])
>>> b[:,[1,3]]                  #第2列和第4列的所有元素
array([[ 2,  4],
       [ 8, 10],
       [14, 16],
       [20, 22]])
>>> b[[0,2]][:,[1,3]]           #第1行、第3行与第2列、第4列上的所有元素
array([[ 2,  4],
       [14, 16]])
```

下标与切片操作不但可以读取数组,也可以修改数组元素。

```
>>> a = np.arange(1,11)
>>> a
array([ 1,  2,  3,  4,  5,  6,  7,  8,  9, 10])
>>> a[0] = 0                    #通过下标修改某个元素
>>> a[1:3] = [11,12]           #通过切片修改若干元素
```

```
>>> a[4:8] = 13                          #通过广播修改若干元素
>>> a                                    #修改结果
array([ 0, 11, 12,   4, 13, 13, 13, 13,   9, 10])
>>> b = np.arange(12)
>>> b.shape = 3,4                        #得到 3 行 4 列的二维数组
>>> b
array([[ 0,   1,   2,   3],
       [ 4,   5,   6,   7],
       [ 8,   9, 10, 11]])
>>> b[0,1] = 0                           #第 1 行第 2 列的元素改为 0
>>> b
array([[ 0,   0,   2,   3],
       [ 4,   5,   6,   7],
       [ 8,   9, 10, 11]])
>>> b[1] = 1                             #通过广播将第 2 行的元素都改为 1
>>> b
array([[ 0,   0,   2,   3],
       [ 1,   1,   1,   1],
       [ 8,   9, 10, 11]])
>>> b[1:,1:] = [4,5,6]                   #通过广播将切片映射的两行元素都改为 4,5,6
>>> b
array([[0, 0, 2, 3],
       [1, 4, 5, 6],
       [8, 4, 5, 6]])
>>> b[1:,1:] = [[2,3,4],[5,6,7]]         #一一对应修改切片映射的多行元素
>>> b
array([[0, 0, 2, 3],
       [1, 2, 3, 4],
       [8, 5, 6, 7]])
>>>
>>> c = b[:2,:3]                         #得到数组 b 的一个视图 c
>>> c
array([[0, 0, 2],
       [1, 2, 3]])
>>> c[0,0] = 9                           #对数组视图 c 的修改会反映到原数组上
>>> c
array([[9, 0, 2],
       [1, 2, 3]])
>>> b                                    #原数组 b 的对应元素发生了变化
array([[9, 0, 2, 3],
       [1, 2, 3, 4],
       [8, 5, 6, 7]])
```

另外，还可以通过布尔数组得到一个新的数组，如：

```
>>> x = np.random.randint(-50,50,10)
>>> x                              #得到位于[-50,50]内的10个随机整数
array([ -9,  32, -30,   6, -24, -15,  13,  23,  12,  -7])
>>> y = x[(x>0)&(x%2==0)]
>>> y                              #得到大于0的偶数
array([32,  6, 12])
```

通过这种方式得到的数组 y 是一个新数组,对该数组的修改不会影响原数组 x,这与切片操作得到的视图数组不同。

9.1.5　数组方法

numpy 数组也是一种对象,为进一步方便对数组的处理,该数组还包含了一系列的成员方法,具体如表 9-4 所示。

表 9-4　ndarray 数组的常用方法

方　法	说　明
ndarray.resize(shape)	将数组改变为指定维度,对数组本身进行修改,等价于对 ndarray.shape 属性的赋值
ndarray.reshape(shape)	得到一个指定维度的新数组,原数组不变
ndarray.swapaxes(ax1,ax2)	得到一个按两个指定轴进行交换的新数组,原数组不变;可用于对二维数组的转置
ndarray.flatten()	对数组降维,返回一个新的一维数组,原数组不变
ndarray.max([ax]) ndarray.min([ax])	在指定的轴方向上求最大值或最小值,无参数则求所有元素的最大值或最小值
ndarray.mean([ax])	在指定的轴方向上求元素的平均值,无参数则求所有元素的平均值
ndarray.sum([ax])	在指定的轴方向上求元素的和,无参数则求所有元素的和

下面针对上述数组方法举例说明。

```
>>> a = np.arange(1,13)
>>> a                              #创建一个一维数组 a
array([ 1,  2,  3,  4,  5,  6,  7,  8,  9, 10, 11, 12])
>>> a.resize(3,4)                  #改变 a 数组的维数,等价于 a.shape = 3,4
>>> a                              #a 数组变为一个 3 行 4 列的数组
array([[ 1,  2,  3,  4],
       [ 5,  6,  7,  8],
       [ 9, 10, 11, 12]])
>>> a.swapaxes(0,1)                #将二维数组的 0 轴和 1 轴交换,相当于矩阵转置
array([[ 1,  5,  9],
       [ 2,  6, 10],
       [ 3,  7, 11],
```

```
       [ 4,  8, 12]])
>>> a.flatten()                      #将多维数组无条件降维成一维数组
array([ 1,  2,  3,  4,  5,  6,  7,  8,  9, 10, 11, 12])
>>> a                                #swapaxes()和 flatten()方法都不会改变原数组 a
array([[ 1,  2,  3,  4],
       [ 5,  6,  7,  8],
       [ 9, 10, 11, 12]])
>>> a.mean()                         #无参数则对所有元素求平均
6.5
>>> a.mean(axis=0)                   #按 0 轴方向求平均值,即纵向求平均
array([5., 6., 7., 8.])
>>> a.mean(axis=1)                   #按 1 轴方向求平均值,即横向求平均
array([ 2.5,  6.5, 10.5])
```

数组的 max()、min()、sum()等方法的用法与 mean()类似,读者可自行尝试。

9.2　数据分析模块

　　pandas 扩展库基于 numpy 库和 matplotlib 库,是一种高效、易于使用的数据分析工具。pandas 名字来自术语"panel data"(面板数据)和"Python data analysis"(Python 数据分析)。pandas 可以从 Excel、CSV、JSON、SQL 等各种格式的文件中导入数据。pandas 导入的数据主要以 Series 与 DataFrame 两种形式表示,两者均提供了丰富的数据分析方法,下面分别对这两种数据类型进行具体介绍。为了使用方便,pandas 库一般按 import pandas as pd 的方式导入,采用 pd 作为该库的别名,后文中的 pd 均指代 pandas 模块。

9.2.1　Series 数据

　　Series 可以称为"系列",是 pandas 中一种类似于一维数组的结构,这种一维数组可以看成表格中的一个列。与一般数组不同的是,Series 中还包括一个标签列,其中的每个标签对应到数组中的一个元素,标签可以为数字或字符串,通过标签可以访问到对应的元素,类似于字典的按键访问。因此,Series 是由标签列和包含元素的一维数组构成的,如图 9-2 所示。

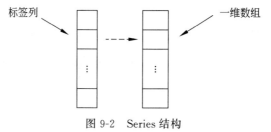

图 9-2　Series 结构

1. Series 创建

创建 Series 的一般方法如下：

```
pd.Series( data, index, dtype)
```

参数说明如下。

data：一组数据，可以是 ndarray、range、list、tuple、dict 等类型。

index：数据索引标签，如果不指定，默认从 0 开始。

dtype：指明数据类型，默认会自己判断。

下面举例说明 Series 的创建和基本使用。

```
>>> se = pd.Series([83,65,74,91,78])
>>> se                          #左侧是索引标签,没有指定则标签默认以整数从 0 开始
0    83
1    65
2    74
3    91
4    78
dtype: int64
>>> se.index = ['张三','李四','王五','赵六','田七']        #改变 se 的索引标签
>>> se
张三    83
李四    65
王五    74
赵六    91
田七    78
dtype: int64
```

以下两种方式也能达到相同的标签设置效果，读者可自行测试。

```
pd.Series([83,65,74,91,78],index=['张三','李四','王五','赵六','田七'])
pd.Series({'张三':83,'李四':65,'王五':74,'赵六':91,'田七':78})
```

下面举例说明 Series 数据的一些基本处理方式，与 numpy 类似。

```
>>> se + 5                      #se 与数值的算术运算,返回一个新的 Series,原 Series 不变
张三    88
李四    70
王五    79
赵六    96
田七    83
dtype: int64
>>> se.mean()                   #返回所有成绩的平均值
78.2
>>> se.argmax()                 #返回最大值的索引
```

```
3
>>> se > 80                    #se 与数值的关系运算
张三      True
李四      False
王五      False
赵六      True
田七      False
dtype: bool
>>> se[se>80]                  #返回满足条件的元素构成的 Series
张三      83
王五      91
dtype: int64
```

2. Series 访问

对 Series 元素的访问一般通过索引进行,索引可以分为"显式索引"和"隐式索引"两种。上例中的'张三','李四','王五','赵六','田七'都是显式索引,即标签是显式索引。隐式索引即通常所说的下标,固定以 0,1,2,… 连续编号,即下标是隐式索引。隐式索引和标签无关,标签可以改变,隐式索引不会改变。这里要特别注意的是,标签和隐式索引很容易混淆,因为有时它们完全相同,导致初学者认为它们是同一个。在前面的例子中,开始创建 Series 的时候没有指定标签,则 pandas 用从 0 开始的连续整数作为 Series 的标签。而下标本身也是从 0 开始的一系列整数,此时标签(显式索引)与下标(隐式索引)完全相同,但二者却是两个不同的概念,只是此时内容相同而已。正确区分这两个概念很重要,因为经常需要通过标签或者下标的方式对 Series 或 DataFrame 进行访问。下面通过举例具体说明二者的不同。

```
>>> se['张三']                  #显式索引访问,即按标签访问
83
>>> se[0]                      #隐式索引访问,即按下标访问
83
```

上述两种访问方式,pandas 能分别做出不同的解释,因为标签是字符串,下标是数字,两者不存在冲突。但若标签也是整数,并且内容与下标不同,则如何正确访问呢?

```
>>> se = pd.Series([83,65,74,91,78],index=range(3,8))
>>> se                         #设置 Series 的标签为从 3 开始的整数序列
3     83
4     65
5     74
6     91
7     78
dtype: int64
>>> se[4]                      #标签是整数,此处将 4 看成标签,而不是下标
65
```

```
>>> se[1]                        #65 在数组中排第 2,因此下标为 1,但此处不支持下标访问
KeyError: 1
```

由于该 Series 数据 se 的标签是整数,与下标冲突,se[x]的访问均被解释为按标签访问。所以 se[1]会抛出 KeyError 异常,因为 se 中没有为 1 的标签。

但若需要按下标访问数据元素,对上述情况如何解决呢? 由于上述情况的特殊性,仅靠 Series[x]的方式很容易混淆按标签访问还是按下标访问。这时可以使用 Series 数据的两个成员: loc 和 iloc。它们也称为访问器,loc 访问器只能按标签访问,iloc 访问器只能按下标访问,二者分工明确,很好地避免了混淆问题。继续用上面的例子对访问器进行说明。

```
>>> se.loc[3]              #按标签访问
83
>>> se.iloc[3]             #按下标访问
91
>>> se.loc[3:5]            #按标签切片,左闭右闭
3    83
4    65
5    74
dtype: int64
>>> se.iloc[3:5]           #按下标切片,左闭右开,等价于 se.iloc[3:]
6    91
7    78
dtype: int64
```

要特别注意的是,按标签切片的区间是两端闭区间,而按下标切片的区间是传统的左闭右开区间。se.iloc[3:5]是按下标切片,但数组 se 中只有 5 个元素,下标最大为 4,下标 5 不存在,按照下标切片规则,此处是对下标 3 开始至最后的所有元素进行切片,因此等价于 se.iloc[3:]。下面对 Series 数据的访问形式进一步举例说明。

```
>>> se = pd.Series({'张三':83, '李四':65, '王五':74, '赵六':91, '田七':78})
>>> se.loc[:'王五']        #左闭右闭,等价于 se[:'王五']
张三    83
李四    65
王五    74
dtype: int64
>>> se.iloc[:3]            #左闭右开,等价于 se[:3]
张三    83
李四    65
王五    74
dtype: int64
>>> se.loc['赵六']         #用标签访问器访问,等价于 se['赵六']
91
>>> se.iloc[3]            #用下标访问器访问,等价于 se[3]
```

3. Series 应用

【例 9-1】 得到系列 A 在系列 B 中的元素的位置标签。

通过布尔数组得到系列 A 在系列 B 中的所有元素的系列，再通过该系列的 index 属性得到每个元素的标签。

程序代码如下：

```
#liti9-1.py
import pandas as pd
se_A = pd.Series([10,35,24,18,27,18])
se_B = pd.Series([7,26,10,40,18])
se_C = se_A[se_A.isin(se_B)]        #得到系列 A 在系列 B 中所有元素构成的系列 C
print([x for x in se_C])            #输出系列 C 中每个元素的值
print([i for i in se_C.index])      #输出系列 C 中每个元素的标签
```

程序运行结果如下：

```
[10, 18, 18]
[0, 3, 5]
```

运行结果第一行是系列 A 包含在系列 B 中的元素，允许重复值，第二行是元素在系列 A 的标签索引。

【例 9-2】 将两个 Series 中不相同的元素放入一个新 Series 中，含重复元素。

先得到两个 Series 的并集，然后从中去掉两个 Series 的交集元素，得到一个补集，补集中就是两个 Series 中的不相同的元素；再依据补集分别从两个 Series 中筛选出两者不相同的可重复的元素，把筛选的结果合并即得到所需结果。

程序代码如下：

```
#liti9-2.py
import numpy as np
import pandas as pd
se_A = pd.Series([2, 5, 6, 4, 3, 4, 5])
se_B = pd.Series([4, 3, 8, 6, 8, 7, 9])
se_union = pd.Series(np.union1d(se_A,se_B))
                                #得到两个系列的并集系列，即两个系列的全集
se_inter = pd.Series(np.intersect1d(se_A,se_B))
                                #得到两个系列的交集系列，即两个系列的相同元素
se_comp = se_union[~se_union.isin(se_inter)]
                                #得到两个系列的补集，即两个系列不相同元素的集合
se_A_diff = se_A[se_A.isin(se_comp)]        #得到系列 A 在补集中的元素系列
se_B_diff = se_B[se_B.isin(se_comp)]        #得到系列 B 在补集中的元素系列
print(pd.concat([se_A_diff,se_B_diff],axis=0))
                                #将两个筛选出的系列按 0 轴合并即得所需结果
```

程序运行结果如下：

```
0    2
1    5
6    5
2    8
4    8
5    7
6    9
dtype: int64
```

重复的元素是 3、4、6,从两个系列筛选出的不相同的元素合并得到一个新系列,该系列允许保留重复元素。系列标签编号不规则,是因为来自原来所在系列的标签编号。程序中用到了 numpy、pandas 中的一些方法,读者结合程序注释不难理解。

【例 9-3】 将以下系列中的分数大于或等于 80 分的减 5 分,小于 80 分的加 5 分。

张三	83
李四	65
王五	74
赵六	91
田七	78

一般的方法是对系列中的分数进行遍历,逐个判断并修改相应分数;还可以用系列对象的 map() 方法非常简单地实现。

方法一：将系列转换成字典,然后遍历修改字典元素的值,其程序代码如下：

```
#liti9-3-1.py
import pandas as pd
ls = ['张三','李四','王五','赵六','田七']
se = pd.Series([83,65,74,91,78], index=ls)
print('初始系列:', se, sep='\n')
se_dict = se.to_dict()                      #将系列转换为字典
for key in se_dict:
    if se_dict[key]>=80:
        se_dict[key] -= 5                   #80分以上的减5分
    else:
        se_dict[key] += 5                   #小于80分的加5分
se = pd.Series(se_dict)                      #将字典转换为系列
print('修改后系列:', se, sep='\n')
```

方法二：直接按行标签遍历系列中的每个分数来修改分数,其程序代码如下：

```
#liti9-3-2.py
import pandas as pd
ls = ['张三','李四','王五','赵六','田七']
se = pd.Series([83,65,74,91,78], index=ls)
```

```
print('初始系列:', se, sep='\n')
for idx in se.index:                    #按行标签遍历系列中的每个分数
    if se[idx]>=80:
        se[idx] -= 5
    else:
        se[idx] += 5
print('修改后系列:', se, sep='\n')
```

方法三：利用系列的 map()方法快速修改分数，其程序代码如下：

```
#liti9-3-3.py
import pandas as pd
ls = ['张三','李四','王五','赵六','田七']
se = pd.Series([83,65,74,91,78], index=ls)
print('初始系列:', se, sep='\n')
se = se.map(lambda x: x-5 if x>=80 else x+5)
print('修改后系列:', se, sep='\n')
```

无论采用哪种方法，程序运行结果如下：

```
初始系列:
张三     83
李四     65
王五     74
赵六     91
田七     78
dtype: int64
修改后系列:
张三     78
李四     70
王五     79
赵六     86
田七     83
dtype: int64
```

3 种方法代码的简洁性逐步增强，但运行结果都一样。

9.2.2 DataFrame 数据

DataFrame 叫作"数据帧"，是一种二维数据结构，可以看成由一组系列(Series)构成，每个系列的数据类型必须相同，系列与系列之间的数据类型可以不同。DataFrame 中除了包括一个二维数组外，还包括一个行标签和一个列标签，标签可以是数字或字符串。DataFrame 的结构如图 9-3 所示。

1. DataFrame 创建

创建 DataFrame 的语法格式如下：

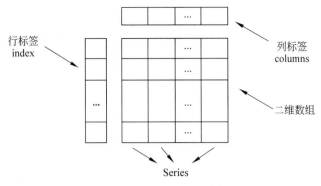

图 9-3　DataFrame 的结构

```
pd.DataFrame(data, index, columns, dtype)
```

参数说明如下。

data：一组数据，可以是 ndarray、Series、map、list、dict 等类型。

index：行标签，默认从 0 开始。

columns：列标签，默认从 0 开始。

dtype：数据类型，默认会自己判断。

下面举例说明 DataFrame 的创建。

```
>>> import pandas as pd
>>> import numpy as np
>>> df = pd.DataFrame(np.arange(12).reshape(3,4))
>>> df                          #根据 np 数组创建数据帧,行、列标签都是默认的整数编号
   0  1   2   3
0  0  1   2   3
1  4  5   6   7
2  8  9  10  11
>>> df = pd.DataFrame([['John',83],['Tom',75],['Henry',92]])
>>> df                          #用列表创建数据帧
       0   1
0   John  83
1    Tom  75
2  Henry  92
>>> df = pd.DataFrame({'col1':range(5,8),'col2':list('ABC')})
>>> df                          #用字典创建数据帧,字典的键作为列标签
   col1 col2
0     5    A
1     6    B
2     7    C
>>> data = {'语文':[83,65,74,91,78],
            '数学':[78,70,81,86,73],
            '物理':[81,68,83,88,75]}
```

```
>>> idx = ['张三','李四','王五','赵六','田七']
>>> df = pd.DataFrame(data,index=idx)
>>> df                                    #用字典创建数据帧,同时指定了行、列标签
      语文   数学   物理
张三    83    78    81
李四    65    70    68
王五    74    81    83
赵六    91    86    88
田七    78    73    75
```

pandas 处理的数据还可以来自 Excel、csv、json 等类型的文件,下面主要介绍如何从 Excel 文件中导入数据创建 DataFrame,从其他类型文件导入的方式类似。从 Excel 文件将数据导入 DataFrame 中的方法如下:

```
pd.read_excel(io, sheet_name, header, names, index_col, usecols)
```

参数说明如下。

io:指定要读取的 Excel 文件。

sheet_name:指定要读取 Excel 文件中的哪个工作表,可以用工作表的序号或工作表的名称来表示;默认是 0,即第一个工作表。

header:指定工作表中的哪一行作为列标签,默认是第 0 行;若工作表没有表头行,则 header 必须指定为 None。

names:若工作表没有表头行,或者表头行不适合作为列标签,则可以通过 names 指定列标签,一般用列表表示。

index_col:指定工作表中的哪一列作为行标签。

usecols:指定将工作表的哪几列读入,可用列表存放要读入的列号,默认读入所有列。

read_excel()方法的使用举例如下:

```
>>> import pandas as pd
>>> pd.set_option('display.unicode.ambiguous_as_wide', True)
>>> pd.set_option('display.unicode.east_asian_width', True)
>>> df = pd.read_excel('样例 1.xlsx')      #采用默认方式读入文件中的所有数据
>>> df.head()                            #限于篇幅,默认输出前 5 条记录
      商场    柜台       品名     单价    数量
0     城乡    k01    扇牌洗衣皂    2.0    3000
1    亿客隆    d22    金鱼领洁净    4.5    3000
2     城乡    k02    奥妙洗衣粉    5.8    2500
3     联泰    g03    高露洁牙膏   10.0    1500
4    天客隆    m16    熊猫洗衣粉    4.0    3000
… …
>>> ls = ['柜台','品名','数量']             #设定从文件中读取的列
>>> df = pd.read_excel('样例 1.xlsx',usecols=ls,index_col='柜台')
>>> df.head()                            #上面语句将"柜台"列设为行标签;输出前 5 行记录
```

```
柜台        品名      数量
k01     扇牌洗衣皂   3000
d22     金鱼领洁净   3000
k02     奥妙洗衣粉   2500
g03     高露洁牙膏   1500
m16     熊猫洗衣粉   3000
… …
>>> df.index.name                   #上面显示的行标签名就是行标签的 name 属性
'柜台'
```

如何查看列标签的 name 属性，以及如何修改标签的 name，感兴趣的读者可以自行思考。

2. DataFrame 访问

对 DataFrame 中的元素进行访问要通过索引进行，索引分为"显式索引"和"隐式索引"两种。与 Series 不同的是，DataFrame 中的显式索引分为行标签和列标签两种；隐式索引，无论行、列，仍是从 0 开始的连续整数序列。与 Series 类似，DataFrame 也提供了 loc 标签访问器，以及 iloc 下标访问器，这两种访问器主要以多行多列的方式访问 DataFrame 中的多个元素。DataFrame 还提供了 at 和 iat 两种访问器，它们只能以单行、单列的方式访问 DataFrame 中的一个元素。pandas 还提供了其他一些方便的访问方式，下面举例说明。

```
>>> import pandas as pd
>>> pd.set_option('display.unicode.ambiguous_as_wide', True)
>>> pd.set_option('display.unicode.east_asian_width', True)
>>> df = pd.read_excel('样例 1.xlsx')     #读入文件中的所有数据
>>> df
      商场  柜台        品名    单价    数量
0     城乡  k01    扇牌洗衣皂   2.0   3000
1    亿客隆  d22    金鱼领洁净   4.5   3000
2     城乡  k02    奥妙洗衣粉   5.8   2500
3     联泰  g03    高露洁牙膏  10.0   1500
4    天客隆  m16    熊猫洗衣粉   4.0   3000
5     联泰  g01    力士香皂    4.0   2000
6     城乡  k01    力士香皂    4.0   2000
7     联泰  g01    汰渍洗衣粉   5.0   1000
8     联泰  g03   高露洁超感白  10.5   2000
9    天客隆  m13    汰渍洗衣粉   5.0   2000
10    双安  y01    飘柔绿色装  21.0   1000
… …  (限于篇幅，后面记录省略)
>>> df['品名']                #返回一个 Series,等价于"df.品名"和"df.loc[:,'品名'] "
0        扇牌洗衣皂
1        金鱼领洁净
```

```
2       奥妙洗衣粉
3       高露洁牙膏
4       熊猫洗衣粉
```
…… (限于篇幅,后面记录省略)
```
>>> df[['柜台','品名','数量']]                    #访问多列数据,返回一个 DataFrame
     柜台         品名    数量               #不能写为"df['柜台','品名','数量']"形式
0    k01      扇牌洗衣皂   3000
1    d22      金鱼领洁净   3000
2    k02      奥妙洗衣粉   2500
3    g03      高露洁牙膏   1500
4    m16      熊猫洗衣粉   3000
```
…… (限于篇幅,后面记录省略)
```
>>> df[7:11]                          #直接对 df 切片只能是行下标形式,区间左闭右开
       商场 柜台          品名    单价   数量
7      联泰  g01     汰渍洗衣粉    5.0  1000
8      联泰  g03    高露洁超感白   10.5  2000
9     天客隆  m13     汰渍洗衣粉    5.0  2000
10     双安  y01    飘柔绿色装   21.0  1000
>>> df.loc[4]                         #以标签访问器访问行标签为 4 的行,返回一个 Series
商场          天客隆
柜台          m16
品名       熊猫洗衣粉
单价           4
数量        3000
Name: 4, dtype: object
>>> df.iloc[4]                        #以下标访问器访问下标为 4 的行,返回一个 Series
商场          天客隆
柜台          m16
品名       熊猫洗衣粉
单价           4
数量        3000
Name: 4, dtype: object
```

注意:df.loc[4]与 df.iloc[4]中的索引相同,都是 4,是因为当前 df 的行标签(显式索引)与行下标(隐式索引)正好相同,所以二者索引表示相同,但一定要区分"标签"和"下标",二者本质上是两个不同的概念。

```
>>> df.loc[[1,3,5],['商场','品名']]        #访问位于指定行、列上的元素
      商场        品名
1    亿客隆    金鱼领洁净
3     联泰    高露洁牙膏
5     联泰     力士香皂
>>> df.loc[:3, :'品名']                    #按标签访问,遵循左闭右闭
      商场 柜台         品名
0     城乡  k01    扇牌洗衣皂
```

```
1   亿客隆   d22   金鱼领洁净
2    城乡   k02   奥妙洗衣粉
3    联泰   g03   高露洁牙膏
>>> df.iloc[:3, :2]                          #按下标访问,遵循左闭右开
     商场 柜台
0    城乡   k01
1   亿客隆   d22
2    城乡   k02
```

注意：df.loc[:3, :'品名']与 df.iloc[:3, :2]分别返回的 Series 在行数和列数上的不同。

```
>>> df[df['数量']>2000]                       #通过布尔数组筛选符合条件的记录
     商场 柜台        品名    单价   数量
0    城乡   k01  扇牌洗衣皂   2.0  3000
1   亿客隆   d22  金鱼领洁净   4.5  3000
2    城乡   k02  奥妙洗衣粉   5.8  2500
4   天客隆   m16  熊猫洗衣粉   4.0  3000
19  天客隆   m11        拉芳  15.0  4000
24  亿客隆   d22  金鱼洗涤灵   3.0  2500
25    双安  y02        拉芳  15.0  3000
>>> df[df['商场'].isin(['城乡','双安'])]
     商场 柜台        品名    单价   数量
0    城乡   k01  扇牌洗衣皂   2.0  3000
2    城乡   k02  奥妙洗衣粉   5.8  2500
6    城乡   k01   力士香皂   4.0  2000
10    双安  y01  飘柔绿色装  21.0  1000
11    双安  y01   力士香皂   4.0  1300
14    双安  y02  奥妙洗衣粉   5.8  2000
15    双安  y03  潘婷去屑装  21.0  1500
18    城乡   k03 海飞丝薄荷装  21.0  1800
20    双安  y02  汰渍洗衣粉   5.0  1600
25    双安  y02        拉芳  15.0  3000
26    城乡   k02        拉芳  15.0  1000
```

上述 isin()方法返回一个布尔数组 Series,数组中对"城乡"和"双安"两个商场的对应记录设为 True,其他商场为 False,然后根据该布尔数组筛选出符合条件的记录。读者可以对"df['商场'].isin(['城乡','双安'])"返回的布尔数组进行测试,此处限于篇幅不进行展示。

此外,通过访问器还可以方便地对数据进行修改。

```
>>> data = {'语文':[83,65,74,91,78],
            '数学':[78,70,81,86,73],
            '物理':[81,68,83,88,75]}
>>> idx = ['张三','李四','王五','赵六','田七']
```

```
>>> df = pd.DataFrame(data,index=idx)
>>> df
      语文    数学    物理
张三    83     78     81
李四    65     70     68
王五    74     81     83
赵六    91     86     88
田七    78     73     75
>>> df.loc['张三'] = [94, 85, 93]              #修改'张三'的所有课程成绩
>>> df.loc['李四':'赵六'] += 5                  #将'李四','王五','赵六'的所有课程加 5 分
>>> df.at['田七','数学'] = 80                   #将'田七'的数学成绩改为 80 分
>>> df                                         #最终成绩如下
      语文    数学    物理
张三    94     85     93
李四    70     75     73
王五    79     86     88
赵六    96     91     93
田七    78     80     75
```

3. DataFrame 统计

在实际工作中,经常需要对数据进行各种统计,如计数、求平均值、最大值、最小值、求和、分组统计等,对此 DataFrame 提供了非常丰富的统计方法。下面先了解 DataFrame 的一般统计方法。

```
>>> df['数量'].describe()
count      28.000000
mean     1921.428571
std       759.316039
min      1000.000000
25%      1450.000000
50%      1900.000000
75%      2200.000000
max      4000.000000
Name: 数量, dtype: float64
```

describe()方法能一次性得到记录数量、平均值、标准差、最大数、最小数、四分位数等信息。当然,用户也可以通过系列"df['数量']"的 count、mean、std、max、min、quantile 等方法分别得到所要的结果。

```
>>> df['数量'].sum()                           #求和
53800
>>> df['数量'].median()                        #求中值
1900.0
>>> df['数量'].idxmin()                        #求最小值的行标签,最小值有重复返回第一个
```

```
7
>>> df.loc[df['数量'].idxmin()]          #得到等于数量最小值的第一条记录信息
商场              联泰
柜台             g01
品名        汰渍洗衣粉
单价               5
数量            1000
Name: 7, dtype: object
```

此外,在数据分析中,经常需要将数据根据某列或多列的内容划分为不同的组(group)进行分析。如上面的例子中,可能需要将数据记录按不同的商场进行分组,以商场为类别进行相应的统计分析。DataFrame 的 groupby()方法得到一个 DataFrameGroupBy 对象,该对象是由按指定列分成不同组的子 DataFrame 构成。例如,上述例子中,按"商场"列分组后,groupby()方法可以得到由"亿客隆""双安""城乡""天客隆""联泰"划分的 5 个子 DataFrame。了解了 DataFrameGroupBy 对象的内部结构,就能较好地理解 agg()、apply()等方法的功能。下面举例说明。

```
>>> df = pd.read_excel('样例1.xlsx')
>>> gr = df.groupby(by='商场')          #按"商场"字段创建分组对象
>>> gr['数量'].sum()                    #对不同商场的"数量"列分别汇总求和
商场
亿客隆      12400
双安       10400
城乡       10300
天客隆      12700
联泰        8000
Name: 数量, dtype: int64
>>> gr.agg('sum')                      #利用分组对象的agg()方法按不同商场分组统计
商场      单价     数量
亿客隆   41.5   12400
双安     71.8   10400
城乡     47.8   10300
天客隆   54.0   12700
联泰     33.0    8000
>>> gr.agg({'单价':'mean', '数量':'sum'})      #对不同分组的指定列按指定方式统计
商场          单价      数量
亿客隆    6.916667   12400
双安     11.966667   10400
城乡      9.560000   10300
天客隆    9.000000   12700
联泰      6.600000    8000
#对不同分组的指定列均指定多种统计方式
>>> gr.agg({'单价':['mean','max','min'], '数量':['sum','max','min']})
```

	单价			数量		
商场	mean	max	min	sum	max	min
亿客隆	6.916667	21.0	3.0	12400	3000	1100
双安	11.966667	21.0	4.0	10400	3000	1000
城乡	9.560000	21.0	2.0	10300	3000	1000
天客隆	9.000000	21.0	4.0	12700	4000	1000
联泰	6.600000	10.5	3.5	8000	2000	1000

```
#按多列创建分组对象
>>> gr = df.groupby(by=['商场','柜台'])
>>> gr.agg({'品名':'sum', '数量':'sum'})        #统计结果具有复合索引
```

商场	柜台	品名	数量
亿客隆	d20	舒肤佳香皂熊猫洗衣粉	3100
	d22	金鱼领洁净飘柔绿色装金鱼洗涤灵	7200
	d30	舒肤佳香皂	2100
双安	y01	飘柔绿色装力士香皂	2300
	y02	奥妙洗衣粉汰渍洗衣粉拉芳	6600
	y03	潘婷去屑装	1500
城乡	k01	扇牌洗衣皂力士香皂	5000
	k02	奥妙洗衣粉拉芳	3500
	k03	海飞丝薄荷装	1800
天客隆	m10	海飞丝薄荷装	1500
	m11	汰渍洗衣粉拉芳	5000
	m13	汰渍洗衣粉熊猫洗衣粉	3200
	m16	熊猫洗衣粉	3000
联泰	g01	力士香皂汰渍洗衣粉	3000
	g03	高露洁牙膏高露洁超感白中华牙膏	5000

上述按多列创建分组的目的,是想查看**商场**柜台的所有销售商品类型,以及所售商品总数,两个列指定的汇总方式都是求和。对于"数量"列而言,求和就是数字的相加;对"品名"列而言,求和就是字符串的连接。美中不足的是,虽然汇总了**商场**柜台的所售商品种类,但商品名称之间没有顿号,导致很难对商品进行区分。感兴趣的读者可以思考:如何改进操作,在相邻的商品名称间加上顿号。

4. DataFrame 排序

在数据处理中,有时需要对数据进行排序,Series 和 DataFrame 都提供了 sort_index() 和 sort_values()两种排序方法。两者的语法格式如下。

```
sort_index(axis=0, ascending=True, inplace=False)
sort_values(by, axis=0, ascending=True, inplace=False)
```

sort_values()比 sort_index()多了一个 by 参数,因为需要指定一个或多个列作为排序的依据;axis 指定排序的方向,默认是按 0 轴方向排序;ascending 指定升序还是降序,默认升序;inplace 指定是原地排序,还是返回一个新的排序结果,默认是返回新的排序结果。下面举例说明。

```
>>> pd.set_option('display.unicode.ambiguous_as_wide', True)
>>> pd.set_option('display.unicode.east_asian_width', True)
>>> data = {'语文':[83,65,74,91,78],
            '数学':[78,70,81,86,73],
            '物理':[81,68,83,88,75]}
>>> idx = ['张三','李四','王五','赵六','田七']
>>> df = pd.DataFrame(data,index=idx)
>>> df
      语文  数学  物理
张三    83    78    81
李四    65    70    68
王五    74    81    83
赵六    91    86    88
田七    78    73    75
>>> df.sort_index(ascending=False)          #按行标签(姓名)降序排列
      语文  数学  物理
赵六    91    86    88
田七    78    73    75
王五    74    81    83
李四    65    70    68
张三    83    78    81
>>> df.sort_index(axis=1)          #按列标签(数学、物理、语文)升序排列
      数学  物理  语文
张三    78    81    83
李四    70    68    65
王五    81    83    74
赵六    86    88    91
田七    73    75    78
>>> df.sort_values(by='语文',ascending=False)  #按语文分数降序排列
      语文  数学  物理
赵六    91    86    88
张三    83    78    81
田七    78    73    75
王五    74    81    83
李四    65    70    68
>>> df.sort_values(by='赵六',axis=1)          #按赵六各科成绩升序排列
      数学  物理  语文
张三    78    81    83
李四    70    68    65
王五    81    83    74
赵六    86    88    91
田七    73    75    78
```

要注意的是,如果列与列之间的数据类型不同,则按 1 轴方向排序会出错,因为同行

的数据类型不一致,无法比较大小。

5. DataFrame 应用

【例 9-4】 在"样例 1. xlsx"清单的最右侧增加一列"总金额",由"单价"乘以"数量"得到,并将新的清单保存到"样例 2. xlsx"中。

程序代码如下:

```python
#liti9-4.py
import pandas as pd
df = pd.read_excel('样例 1.xlsx')
df['总金额'] = df['单价'] * df['数量']
writer = pd.ExcelWriter('样例 2.xlsx')          #保存在当前目录下
df.to_excel(writer,sheet_name='销售记录',index=False)
writer.save()
writer.close()
```

to_excel 方法有两个参数 index 和 header,默认都为 True,在将 DataFrame 数据保存到 Excel 文件中时,两个标签也同时保存,若不想将某个标签写入文件中,将对应的 index 或 header 置为 False 即可。

【例 9-5】 将数据帧中的两列互换,对应的列内容和列名都要交换。

程序代码如下:

```python
#liti9-5.py
import pandas as pd
#设置输出列对齐
pd.set_option('display.unicode.ambiguous_as_wide', True)
pd.set_option('display.unicode.east_asian_width', True)

def swap_col(df,col1,col2):                        #col1 和 col2 是两列的名称
    print('将'+col1+'和'+col2+'两列交换')
    df[[col1,col2]] = df[[col2,col1]]              #交换两列的内容
    i1 = df.columns.get_loc(col1)                  #col1 列的列标签下标
    i2 = df.columns.get_loc(col2)                  #col2 列的列标签下标
    ls = df.columns.to_list()                      #将列标签转换为列表
    ls[i1],ls[i2]=ls[i2],ls[i1]                     #将两个指定标签交换
    df.columns = ls                                #更新列标签

data = {'语文':[83,65,74,91,78],
    '数学':[78,70,81,86,73],
    '物理':[81,68,83,88,75]}
idx = ['张三','李四','王五','赵六','田七']
df = pd.DataFrame(data, index=idx)
print('初始数据帧:',df,sep='\n')
swap_col(df, '语文', '数学')                      #调用函数,完成指定两列的交换
```

```
print('交换数据帧:',df,sep='\n')
```

程序运行结果如下:

初始数据帧:

	语文	数学	物理
张三	83	78	81
李四	65	70	68
王五	74	81	83
赵六	91	86	88
田七	78	73	75

将语文和数学两列交换
交换数据帧:

	数学	语文	物理
张三	78	83	81
李四	70	65	68
王五	81	74	83
赵六	86	91	88
田七	73	78	75

注意: 上述程序中 "df[[col1,col2]]＝df[[col2,col1]]" 的交换不能用 "df[col1],df[col2]＝df[col2],df[col1]" 进行替代。本题是将两列交换,如果要交换指定的两行,该如何实现呢? 感兴趣的读者可以进一步思考。

【例 9-6】 求数据帧中每行的和,输出和大于 100 的最后一行的行下标。

程序代码如下:

```
#liti9-6.py
import numpy as np
import pandas as pd
df = pd.DataFrame(np.random.randint(10,40,(5,4)))    #创建数据帧
df.index = list('ABCDE')
print(df)                                            #输出数据帧
rowsums = df.apply(np.sum,axis=1)                    #求每行的和
idx = np.where(rowsums>100)[0][-1]                   #得到和大于100的最后一行的行下标
ls = list(df.iloc[idx])                              #转换成列表输出
print()
print(df.index[idx], ls, sep=':')
```

程序运行结果如下:

	0	1	2	3
A	12	18	31	13
B	28	26	24	33
C	33	18	18	30
D	37	21	25	29
E	14	31	26	22

```
D:[37, 21, 25, 29]
```

求每行的和可以用"df.sum(axis＝1)"，np.where()方法用于获得所有和大于 100 的行下标。

9.3　数据可视化模块

matplotlib 是一种非常强大的 Python 画图工具，可与 numpy、pandas、scipy 一起使用，它提供了一种有效的 MATLAB 开源替代方案，能让使用者很轻松地将数据以更为直观的图表形式呈现出来。pyplot 是 matplotlib 的子库，是 matplotlib 中最常用的绘图模块，能很方便地让用户绘制出折线图、散点图、柱形图、饼状图、雷达图等各种 2D 图形。为了方便使用，一般采用"import matplotlib.pyplot as plt"的形式导入 pyplot 子模块，并为之取别名 plt，后文中的 plt 均指代 pyplot 子模块。下面对 pyplot 进行具体介绍。

9.3.1　图形制作过程概述

用 pyplot 绘制图形基本遵循如下过程。

（1）准备数据。

（2）创建图形窗口。

（3）在图形窗口中创建绘图区域。

（4）根据提供的数据，在绘图区域中创建所需图形类型。

（5）根据需要，在绘图区域中添加或修改坐标轴标签、坐标轴刻度、标题、图例等各种图形元素。

（6）显示绘图结果。

下面举例具体说明创建图形的过程。

【例 9-7】　pyplot 图形绘制过程。

程序代码如下：

```python
#liti9-7.py
import numpy as np
from matplotlib import pyplot as plt
x = np.arange(1,11)                    #自变量 x 的取值范围
y = 3 * x + 7                          #自变量 y 的取值范围(一元函数 y=3x+7)
plt.figure()                           #创建图形窗口
plt.plot(x, y)                         #根据数组 x、y 的值，画出该一元函数的图像
plt.title("Matplotlib Demo")           #为图形添加标题
plt.xlabel("x axis")                   #为图形添加 x 轴标签
plt.ylabel("y axis")                   #为图形添加 y 轴标签
plt.show()
```

程序运行结果如图 9-4 所示。

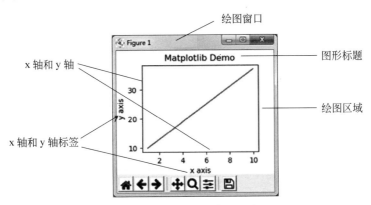

图 9-4 pyplot 图形窗口组成

从图 9-4 可以看到，在 matplotlib 的绘图窗口中，最重要的就是"绘图区域"，该区域可以包括图形、坐标轴、坐标轴标签、标题、图例等各种图形元素，图形的制作过程就是对上述元素创建和修改的过程。

默认情况下，图形窗口的绘图区域只有一个，如例 9-7 中的情况；根据需要，可以在图形窗口中创建多个绘图区域，分别在不同的区域中绘制图形。pyplot 创建绘图区域的函数为 subplot，其语法格式如下：

```
subplot(nrows, ncols, number)
```

参数说明如下。

nrows 和 ncols：将窗口分成 nrows×ncols 个区域。

number：指定其中的一个区域，区域编号从 1 开始。

如 subplot(2, 2, 3)，将窗口分成 2 行 2 列共 4 个区域，指定第 3 个区域作为当前的绘图区域，第 3 个即左下角那个区域，subplot(2, 2, 3) 也可以简写为 subplot(223)。默认情况下，只有一个绘图区域，相当于 subplot(1, 1, 1)。

【例 9-8】 在图形窗口中创建多个绘图区域。

程序代码如下：

```
#liti9-8.py
import numpy as np
from matplotlib import pyplot as plt
x = np.arange(1,11)                          #自变量 x 的取值范围
y1 = 3 * x + 7                               #设置 3 个不同的一元函数
y2 = -2 * x + 5
y3 = 4 * x - 3
plt.figure()                                 #创建图形窗口
plt.subplot(2,2,1)                           #指定绘图区域 221
plt.plot(x, y1)                              #在区域 221 中画出 y=3x+7 的图像
plt.title("y=3x+7")
```

```
plt.subplot(2,2,2)                              #指定绘图区域 222
plt.plot(x, y2)                                 #在区域 222 中画出 y=-2x+5 的图像
plt.title("y=-2x+5")
plt.subplot(2,1,2)                              #指定绘图区域 212
plt.plot(x, y3)                                 #在区域 212 中画出 y=4x-5 的图像
plt.title("y=4x-5")
plt.show()                                      #显示图形
```

程序运行后,结果如图 9-5 所示。

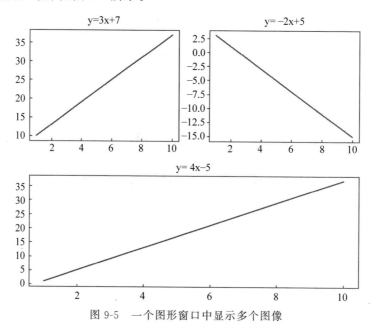

图 9-5 一个图形窗口中显示多个图像

注意:例 9-8 中的 subplot(2,2,1)是将窗口划分为 2 行 2 列 4 个区域,subplot(2,1,2)是将窗口划分为 2 行 1 列 2 个区域,即窗口可划分的区域数不是固定的,用户应根据图像显示位置灵活设置区域数量,并指定图像所在区域编号。上述每个绘图区域只绘制一个图形,其实也可以在一个绘图区域中叠加多个图形。

【例 9-9】 一个绘图区域中绘制多个图形。

程序代码如下:

```
#liti9-9.py
import numpy as np
from matplotlib import pyplot as plt
x = np.arange(1,11)                             #自变量 x 的取值范围
y1 = 2 * x - 9                                  #设置两个不同的一元函数
y2 = -3 * x + 8
plt.plot(x, y1, c='b')                          #在同一个绘图区域中
plt.plot(x, y2, c='r')                          #叠加两个图形
plt.show()                                      #显示图形
```

程序运行后,结果如图 9-6 所示。

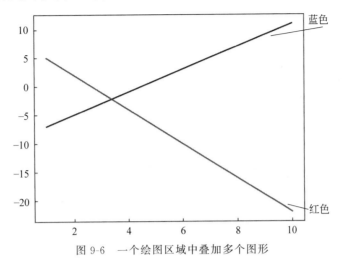

图 9-6　一个绘图区域中叠加多个图形

上述程序没有用 figure 函数创建窗口,pylot 会默认创建图形窗口,同时会自动调用 subplot(1,1,1)创建一个全局绘图区域,然后在该绘图区域中,连续调用两次 plot 函数, 得到两个叠加的图形,这两个图形位于同一个绘图区域中。为了便于区分,y=2x-9 的 图像线条用蓝色显示,y=-3x+8 的图像线条用红色显示。

多个图形可以显示在一个窗口中,也可以分别显示在不同的窗口中。figure 函数用 于创建绘图窗口,将该函数调用多次即创建多个窗口,并可以在不同窗口中分别绘制图 形。figure 函数语法格式如下:

```
figure(num, figsize)
```

参数说明如下。

num:待创建的图形窗口名称,可以设为整数或者字符串。默认情况下,创建一个新 的窗口,并以递增数字命名。

figsize:设定图形窗口大小,以整数元组形式表示,其中两个整数分别表示宽和高,单 位为英寸。

【例 9-10】　在多个图形窗口中分别绘制图形。

程序代码如下:

```
#liti9-10.py
import numpy as np
from matplotlib import pyplot as plt
x = np.arange(1,11)          #自变量 x 的取值范围
y1 = 3 * x + 7               #设置两个不同的一元函数
y2 = -2 * x + 5
plt.figure(1)                #创建图形窗口 1
plt.plot(x, y1)              #在窗口 1 中画出 y=3x+7 的图像
plt.title("y=3x+7")
```

```
plt.figure(2)                          #创建图形窗口 2
plt.plot(x, y2)                        #在窗口 2 中画出 y=-2x+5 的图像
plt.title("y=-2x+5")
plt.show()                             #显示图形
```

程序运行后,结果如图 9-7 所示。

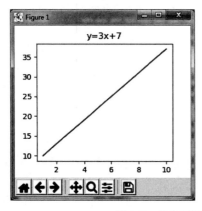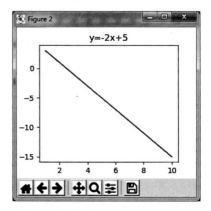

图 9-7　多个图形窗口中分别显示图像

以上图形中显示的文字都是数字和英文,但若要在图形中显示汉字,默认情况下是不能正常显示的。为了能正确显示汉字,可以用以下代码更改系统默认设置。

```
>>> import matplotlib
>>> matplotlib.rcParams['font.family'] = 'SimHei'
>>> matplotlib.rcParams['font.sans-serif'] = ['SimHei']
```

其中的'SimHei'表示黑体,用户也可以设置其他类型的字体,常用的汉字字体如表 9-5 所示。

表 9-5　常用字体中英文名对照表

中文字体名	英文字体名
宋体	SimSun
黑体	SimHei
楷体	KaiTi
隶书	LiSu
仿宋	FangSong
幼圆	YouYuan
微软雅黑	Microsoft YaHei

另外,在设置了中文字体的环境下,为了能正常显示负数前面的负号"-",还要使用以下设置。

Python 语言程序设计基础教程

```
>>> plt.rcParams['axes.unicode_minus'] = False
```

9.3.2 各种类型图形的制作

pyplot 能绘制出折线图、柱形图、散点图、饼状图、雷达图等各种类型的图形,每种图形都是由专门的函数创建的,下面对常见图形的创建函数进行具体介绍。

1. 折线图

折线图就是将相邻的点用线条连接起来的图形,9.3.1 节中绘制的图形就是折线图。绘制折线图的函数是 plot,其语法格式如下。

```
plot(x, y, color, linestyle, marker, linewidth, label)
```

参数说明如下。

x、y:分别指定 x 轴和 y 轴的坐标,一般是两个数组。

color:指定线条的颜色,具体有'r'(红)、'y'(黄)、'g'(绿)、'c'(青)、'b'(蓝)、'k'(黑)、'w'(白)。

linestyle:设置线型,具体有'-'(实线)、':'(虚线)、'--'(短画线)、'-.'(点画线)。

marker:设置坐标的显示样式,具体有'.'(点)、'o'(圆圈)、'*'(星号)、'+'(加号)、'd'(小菱形)、'D'(大菱形)、'v'(向下的三角)、'^'(向上的三角)等。

linewidth:设置线条的宽度,单位为像素。

label:指定线条标签,显示在图例中。

注意:参数 color 可以简写为 c,linestyle 可以简写为 ls,linewidth 可以简写为 lw。

【例 9-11】 绘制折线图。

程序代码如下:

```
#liti9-11.py
import matplotlib.pyplot as plt
x = [0.3, 0.9, 1.8, 2.6]
y = [6, 3, 8, 5]
plt.plot(x, y, c='r', ls='-', lw=1, marker = 'o')        #绘制折线
plt.axis([0, 3, 0, 10])
plt.show()
```

程序运行后,结果如图 9-8 所示。

程序将绘制的折线图线条颜色设为红色,线型为短画线,线条宽度为 1 像素,坐标点以圆圈形式显示。另外,程序中利用 plt.axis 函数设置 x 轴和 y 轴的取值范围,参数前两个数据设置 x 轴的取值范围,后两个数设置 y 轴的取值范围。由于坐标点之间的间隔较大,因此折线特征非常明显,如果坐标点的数量很多,且点与点之间比较密集,则折线图会呈现出圆滑的曲线特征。

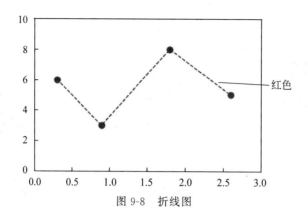

图 9-8　折线图

【例 9-12】　绘制曲线图。

程序代码如下：

```
#liti9-12.py
import matplotlib
import matplotlib.pyplot as plt
import numpy as np
matplotlib.rcParams['font.family'] = 'SimHei'            #显示中文设置
matplotlib.rcParams['font.sans-serif'] = ['SimHei']
plt.rcParams['axes.unicode_minus'] = False               #显示负号设置
x = np.linspace(0, 2 * np.pi, 300)                       #数据准备
y = np.sin(x * x)
z = np.cos(x)
plt.plot(x, y, c='r', ls='-', lw=1, label='$sin(x)$')   #绘制函数曲线
plt.plot(x, z, c='b',ls='--', lw=1, label='$cos(x^2)$')
plt.title('三角函数图像')
plt.xlabel('横轴')
plt.ylabel('纵轴')
plt.legend()                                             #显示图例
plt.show()
```

程序运行后,结果如图 9-9 所示。

三角函数图像是一种光滑曲线,程序将两个三角函数的图像显示在同一个绘图区域中。为了正确显示中文,程序进行了相关设置,同时对图像的横轴/纵轴标签、标题、图例也进行了相关设置。另外要注意的是,'$sin(x)$'、'$cos(x^2)$'线条标签前后加 $,将使用内嵌的 LaTex 引擎显示公式。plot 函数的 label 参数设置的线条标签将显示在图例中,legend 函数实现图例的显示,图 9-9 左下角显示的就是图例。

2. 柱形图

柱形图也是一种常见图形,绘制柱形图的函数是 bar,其语法格式如下。

```
bar(x, height, width, bottom, color)
```

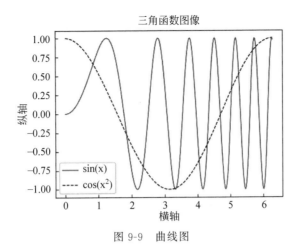

图 9-9 曲线图

参数说明如下。

x：柱形图的 x 轴数据。

height：浮点型数组，柱形图的高度。

width：浮点型数组，柱形图的宽度，默认为 0.8。

bottom：浮点型数组，底座的 y 坐标，默认为 0。

color：设置条柱的颜色；也用一个数组对每个条柱设置不同的颜色。

【例 9-13】 绘制柱形图。

程序代码如下：

```
#liti9-13.py
import matplotlib.pyplot as plt
import numpy as np
x = np.array(["bar-1", "bar-2", "bar-3", "bar-4"])
y = np.array([7, 11, 5, 9])
colors = ['b', 'r', 'g', 'y']                #每个条柱设置不同的颜色
plt.bar(x, y, width=0.4, color=colors)       #绘制 4 个条柱的柱形图
plt.show()
```

程序运行后，结果如图 9-10 所示。

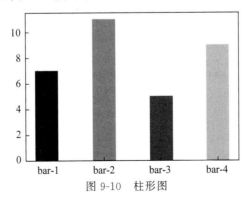

图 9-10 柱形图

利用 pandas 创建的 DataFrame,也能非常方便地绘制图形。下面的例子通过 pandas 读入"样例 2.csv"文件中的内容,选择其中的若干列数据创建柱形图。为了便于理解,将"样例 2.csv"文件的内容展示如下。

学号,姓名,性别,语文,数学,英语

21001,张平,男,75,81,78

21002,王宏,女,90,92,86

21003,陈亮,男,85,90,88

21004,刘梅,女,73,69,77

程序中只需读入"姓名""语文""数学""英语"4 列数据。

【例 9-14】 利用 pandas 快速制作柱形图。

程序代码如下:

```
#liti9-14.py
import matplotlib
import matplotlib.pyplot as plt
import pandas as pd
matplotlib.rcParams['font.family'] = 'SimHei'    #显示中文设置
matplotlib.rcParams['font.sans-serif'] = ['SimHei']
cols = ['姓名','语文','数学','英语']                    #要读入的列,'姓名'列作为行标签
df = pd.read_csv('样例 2.csv',index_col='姓名',usecols=cols)
df.plot(kind='bar')                              #利用 DataFrame 的 plot()方法创建柱形图
plt.ylim(0,100)                                  #设置 y 轴数值范围
plt.xticks(rotation=0)                           #x 轴的姓名水平显示
plt.xlabel('姓名')                               #设置 x 轴标签
plt.ylabel('分数')                               #设置 y 轴标签
plt.title('考试成绩')                            #设置图形标题
plt.show()
```

程序运行后,结果如图 9-11 所示。

3. 散点图

pylot 还可以绘制散点图,绘制散点图的函数语法格式如下:

```
scatter(x, y, s, c, marker, alpha)
```

参数说明如下。

x,y:长度相同的数组,即要绘制散点图的数据点。

s:点的大小,默认为 20;也可以是数组,数组中的每个元素对应一个点的大小。

c:点的颜色,默认为蓝色;也可以是数组,数组中的每个元素对应一个点的颜色。

marker:点的样式,默认为小圆圈。

alpha:透明度设置,范围为 0~1,默认不透明。

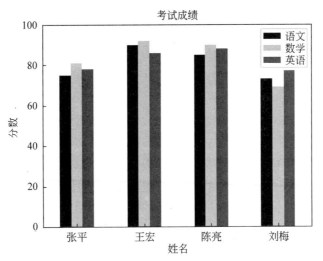

图 9-11　pandas 快速绘制柱形图

【例 9-15】 绘制散点图。
程序代码如下:

```
#liti9-15.py
import numpy as np
import matplotlib
import matplotlib.pyplot as plt
from random import choice
matplotlib.rcParams['font.family'] = 'SimHei'         #显示中文设置
matplotlib.rcParams['font.sans-serif'] = ['SimHei']
x = np.random.randint(1,20,20)                        #20个点的横坐标
y = np.random.randint(1,20,20)                        #20个点的纵坐标
sizes = np.random.randint(10,100,20)                  #存放20个点大小的数组
color_set = ['b', 'r', 'g', 'y', 'c']                 #定义颜色集
colors = [choice(color_set) for i in range(20)]       #随机选取20种颜色
ticks = [i for i in range(2,21,2)]                    #定义坐标轴刻度
plt.scatter(x, y, s=sizes, c=colors, marker='*')      #绘制散点图
plt.xticks(ticks)                                     #绘制 x 轴刻度
plt.yticks(ticks)                                     #绘制 y 轴刻度
plt.title('散点图')
plt.show()
```

程序运行后,结果如图 9-12 所示。

上述主要介绍了折线图、柱形图、散点图的绘制方法,从中读者可以总结出 pylot 绘图的基本原理,其他如饼状图、直方图、雷达图等图形的画法也基本类似,感兴趣的读者可以自行研究。

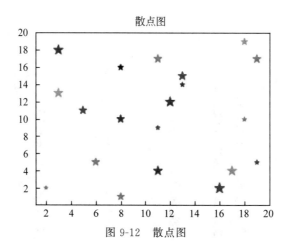

图 9-12　散点图

习　　题

一、填空题

1. 表达式 np.ones((5,4))生成的数组中元素个数为_____。

2. 表达式 len(np.random.randint(1,100,10))的值为_____。

3. 表达式 np.random.randn(5).shape 的值为_____。

4. 执行"x = np.arange(1,10);x.resize(3,3)"语句后,x.sum( )的值是_____,x.sum(axis=0)的值是_____,x.sum(axis=1)的值是_____。

5. 执行"x=np.array([4,2,7,3,5])"语句后,x<5 的值是_____,x[x<5]的值是_____。

6. 执行"x=np.array([1,2,3]);y=np.array([[4],[5],[6]]);z=x*y"语句后,z[1,5]的值是_____,z[np.where(z<10)]的值是_____。

7. 对于一个二维数组 a,若要把第 i 列的所有元素都改为 x,则语句为_____。

8. 若 x 和 y 是两个等长的一维数组,则与 x.dot(y)等价的是_____。

9. pandas 的 DataFrame 数据有两种访问器:一种是标签访问器,方法名为_____;另一种是下标访问器,方法名为_____。

10. plt.subplot(2, 3, 4)可以写为_____。

二、思考题

1. 对于系列(Series),可以用行标签 se[n]访问对应元素;但对于数据帧 DataFrame 却不能用行标签 df[n]访问对应的行。如对"样例 1.xlsx"中的第 2 条记录"亿客隆 d22 金鱼领洁净　4.5　3000"就不能用 df[1]的形式进行访问。请给出原因说明,并给出正确的访问方式。

2. 对于"样例 1.xlsx"中的清单,要查看数量大于 2000 的所有记录的"柜台"和"品名"

两列内容,请写出相关语句。结果如下所示。

	柜台	品名
0	k01	扇牌洗衣皂
1	d22	金鱼领洁净
2	k02	奥妙洗衣粉
4	m16	熊猫洗衣粉
19	m11	拉芳
24	d22	金鱼洗涤灵
25	y02	拉芳
27	d30	舒肤佳香皂

3. 对于"样例1.xlsx"中的清单,输出"数量"列大于"数量"平均值的所有记录,请写出相关语句。

4. 对于"样例1.xlsx"中的清单,得到"单价"列等于单价最大值的所有记录的行标签,所有行标签放在一元组中,请写出相关语句。

5. 将下列数据帧中的'm'改为'男','f'改为'女'。

姓名	性别	年龄		姓名	性别	年龄
张凯	m	25		张凯	男	25
李红	f	21	→	李红	女	21
王鹏	m	19		王鹏	男	19
赵颖	f	24		赵颖	女	24

提示:利用 Series 的 map()方法。

6. 分组对象是 pandas 中一种重要的数据类型,通过下面的实验深入了解分组对象的内部结构。有分组对象 gr = df.groupby(by='商场'),用 type 函数查看 gr 的类型,用 list(gr)查看返回的结果,并分析分组对象的内部组成结构;再用 type 函数查看 gr['柜台']返回的数据类型,并用 list(gr['柜台'])查看和分析结果。

7. 对于"3. DataFrame 统计"一节中最后的分组统计结果,如何在商品名称间用顿号间隔?请写出相关语句,得到如下效果。

商场	柜台	品名	数量
亿客隆	d20	舒肤佳香皂、熊猫洗衣粉	3100
	d22	金鱼领洁净、飘柔绿色装、金鱼洗涤灵	7200
	d30	舒肤佳香皂	2100
双安	y01	飘柔绿色装、力士香皂	2300
	y02	奥妙洗衣粉、汰渍洗衣粉、拉芳	6600
	y03	潘婷去屑装	1500
城乡	k01	扇牌洗衣皂、力士香皂	5000
	k02	奥妙洗衣粉、拉芳	3500
	k03	海飞丝薄荷装	1800
天客隆	m10	海飞丝薄荷装	1500
	m11	汰渍洗衣粉、拉芳	5000

	m13	汰渍洗衣粉、熊猫洗衣粉	3200
	m16	熊猫洗衣粉	3000
联泰	g01	力士香皂、汰渍洗衣粉	3000
	g03	高露洁牙膏、高露洁超感白、中华牙膏	5000

8. 将例 9-14 改为折线图,如图 9-13 所示。

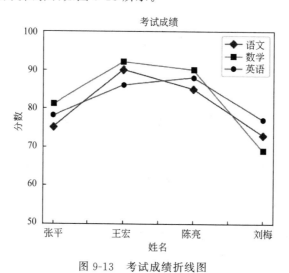

图 9-13　考试成绩折线图

　　要求:线条上的点用大菱形表示,线条宽度为 1,y 轴数值范围为[50,100],y 轴的标签文字为纵向水平方式。

　　9. 给例 9-13 的每个条柱上加上数据标签,如图 9-14 所示。

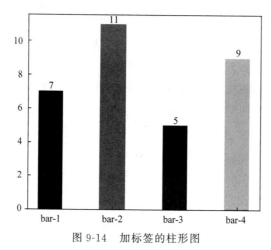

图 9-14　加标签的柱形图

　　提示:采用 pyplot.text(x,y,s)方法在图形的指定位置添加文本;了解 plt.bar()函数返回的 BarContainer 对象,在该例中,BarContainer 对象里面包含了 4 个 Rectangle 条柱对象,根据每个 Rectangle 条柱对象的 get_x()、get_width()、get_height()方法确定当前条柱要添加的数据标签的坐标位置。

Python 语言程序设计基础教程

Python 内置函数一览表

函　数　名	功　　能
abs(x)	求 x 的绝对值,如果参数 x 是复数,则求复数 x 的模
all(iterable)	可迭代对象 iterable 中的元素均为真时,函数返回值为 True,否则为 False
any(iterable)	判断给定的可迭代参数 iterable 是否全部为 False,若全为 False 则返回 False,如果有一个为 True,则返回 True
ascii(x)	返回一个表示参数 x 的字符串
bin(x)	返回一个整数或者长整数 x 的二进制表示
bool(x)	将给定参数 x 转换为布尔类型,如果没有参数,返回 False。如果 x 非 0 或非空返回 True
bytearray()	bytearray() 函数返回一个新字节数组。这个数组里的元素是可变的,并且每个元素的取值范围为 $0 \leqslant x < 256$
bytes([source[, encoding[, errors]]])	bytes 函数返回一个新的 bytes 对象,该对象是一个 $0 \leqslant x < 256$ 区间内的整数不可变序列
callable(x)	函数用于检查一个对象 x 是否是可调用的。如果返回 True,object 仍然可能调用失败;但如果返回 False,调用对象 object 绝对不会成功
chr(x)	返回一个 ASCII 值为 x 所对应的字符
compile()	将一个字符串编译为字节代码
complex([real[, imag]])	用于创建一个值为 $real + imag * j$ 的复数或者转换为一个字符串或复数。如果第一个参数为字符串,则不需要指定第二个参数
delattr(对象,名称)	用于删除指定对象指定名称的属性
dict()	用于创建一个字典
dir()	dir() 函数不带参数时,返回当前范围内的变量、方法和定义的类型列表;带参数时,返回参数的属性、方法列表。如果参数包含方法__dir__(),该方法将被调用。如果参数不包含__dir__(),该方法将最大限度地收集参数信息
divmod(a,b)	返回一个包含商和余数的元组(a // b, a % b)

函 数 名	功 能
enumerate(sequence,[start=0])	将一个可遍历的数据对象(如列表、元组或字符串)组合为一个索引序列,同时列出数据和数据下标。sequence——一个序列、迭代器或其他支持迭代对象;start——下标起始位置
eval(str)	用来执行一个字符串表达式,并返回表达式的值
exec(str)	执行储存在字符串或文件中的 Python 语句,相比于 eval,exec 可以执行更复杂的 Python 代码
filter(function, iterable)	用于过滤序列,过滤掉不符合条件的元素,返回一个迭代器对象,如果要转换为列表,可以使用 list() 来转换。 该函数接收两个参数,第一个为函数,第二个为序列,序列的每个元素作为参数传递给函数进行判断,然后返回 True 或 False,最后将返回 True 的元素放到新列表中
float(x)	用于将整数和字符串转换成浮点数,参数 x 只能为整数或字符串
format()	格式化字符串的函数 str.format(),它增强了字符串格式化的功能。基本语法是通过 {} 和 : 来代替以前的 %。format 函数可以接收的参数不限个数,位置可以不按顺序
frozenset(iterable)	返回一个冻结的集合,冻结后集合不能再添加或删除任何元素
getattr(object, name[, default])	返回 object 对象的 name 属性值,若属性 name 不存在,则返回 default,否则出现异常 AttributeError
globals()	以字典类型返回当前位置的全部全局变量
hasattr(object, name)	用于判断 object 对象是否包含 name 属性,如果对象有该属性返回 True,否则返回 False
hash(object)	用于获取 object 对象(字符串或者数值等)的哈希值
help([object])	用于查看函数或模块用途的详细说明,返回 object 对象帮助信息
hex(x)	将整数 x 转换为十六进制数,返回一个字符串,以 0x 开头
id(x)	返回对象 x 的内存地址
input([prompt])	输入数据,返回为 string 类型。prompt 为提示信息,可省略
int(x[,base])	将一个字符串或数字转换为整型
isinstance(object, classinfo)	判断 object 对象是否是 classinfo 类型,若是返回 True,否则返回 False
issubclass(class, classinfo)	判断参数 class 是否是类型参数 classinfo 的子类,如果 class 是 classinfo 的子类返回 True,否则返回 False
iter()	生成迭代器对象
len(x)	返回对象 x(字符、列表、元组等)长度或项目个数
list(seq)	用于将元组或字符串转换为列表,seq 为要转换为列表的元组或字符串
locals()	以字典类型返回当前位置的全部局部变量

函 数 名	功 能
map(function，iterable，…)	根据提供的函数对指定序列做映射。第一个参数 function 以参数序列中的每一个元素调用 function 函数,返回包含每次 function 函数返回值的新列表
max()	返回给定参数的最大值,参数可以为序列
memoryview()	返回给定参数(字节对象或字节数组对象)的内存查看对象(memory view)
min()	返回给定参数的最小值,参数可以为序列
next(iterable[，default])	返回迭代器的下一个项目。iterable—可迭代对象,default—可选,用于设置在没有下一个元素时返回该默认值,如果不设置,又没有下一个元素则会触发 StopIteration 异常
object()	创建一个空的对象
oct(x)	函数将整数 x 转换成八进制字符串,八进制以 0o 作为前缀表示
open()	用于打开一个文件,并返回文件对象,在对文件进行处理过程都需要使用到这个函数,如果该文件无法被打开,会抛出 OSError
ord()	是 chr() 函数(对于 8 位的 ASCII 字符串)的配对函数,它以一个字符串(Unicode 字符)作为参数,返回对应的 ASCII 数值,或者 Unicode 数值
pow(x,y)	返回 xy(x 的 y 次方)的值
print()	打印输出
property()	返回新式类属性
range(start[,stop[,step]])	返回的是一个可迭代对象
repr(str)	返回一个对象的 string 格式
reversed(seq)	返回一个反转的迭代器
round(x[,n])	返回浮点数 x 的四舍五入值,准确地说,保留值将保留到离上一位更近的一端(四舍五入)
set()	返回新的集合对象
setattr(object,name,value)	用于设置属性值,该属性不一定是存在的
slice()	返回一个切片对象
sorted(iterable，key＝None，reverse＝False)	所有可迭代的对象进行排序操作
staticmethod()	返回函数的静态方法
str()	返回一个对象的 string 格式
sum(seq)	对序列进行求和计算
super()	用于调用父类(超类)的一个方法
tuple()	可迭代系列(如列表)转换为元组

函　数　名	功　　能
type()	返回对象的类型
vars([object])	返回对象 object 的属性和属性值的字典对象
zip([iterable，…])	将可迭代的对象作为参数，将对象中对应的元素打包成一个个元组，然后返回由这些元组组成的对象，这样做的好处是节约了不少的内存
__import__()	用于动态加载类和函数

参 考 文 献

[1] 董付国. Python 程序设计基础[M]. 2 版. 北京：清华大学出版社，2015.

[2] 王学颖，刘立群，刘冰，等. Python 学习从入门到实践[M]. 北京：清华大学出版社，2017.

[3] 罗坚，徐文胜，傅清平，等. C 语言程序设计[M]. 4 版. 北京：中国铁道出版社，2016.

[4] 王恺，王志，李涛，等. Python 程序设计[M]. 北京：机械工业出版社，2019.

[5] 嵩天. Python 语言程序设计基础[M]. 2 版. 北京：高等教育出版社，2017.

[6] 董付国. Python 数据分析、挖掘与可视化[M]. 北京：人民邮电出版社，2020.

[7] 江红. Python 程序设计与算法基础教程[M]. 2 版. 北京：清华大学出版社，2019.

[8] 梁勇. Python 程序设计[M]. 北京：机械工业出版社，2017.

[9] 裘宗燕. 从问题到程序用 Python 学编程和计算 [M]. 北京：机械工业出版社，2017.

图书资源支持

感谢您一直以来对清华版图书的支持和爱护。为了配合本书的使用，本书提供配套的资源，有需求的读者请扫描下方的"书圈"微信公众号二维码，在图书专区下载，也可以拨打电话或发送电子邮件咨询。

如果您在使用本书的过程中遇到了什么问题，或者有相关图书出版计划，也请您发邮件告诉我们，以便我们更好地为您服务。

我们的联系方式：

地　　址：北京市海淀区双清路学研大厦 A 座 714

邮　　编：100084

电　　话：010-83470236　010-83470237

客服邮箱：2301891038@qq.com

QQ：2301891038（请写明您的单位和姓名）

资源下载： 关注公众号"书圈"下载配套资源。

资源下载、样书申请

书圈

图书案例

清华计算机学堂

观看课程直播